21世纪高职高专规划教材

计算机基础教育系列

计算机应用基础教程

诸福磊 杨琴 季国华 靖定国 赵丽敏 喻晗 乔丽 编著

清华大学出版社
北京

内 容 简 介

本书根据江苏省计算机等级考试一级B考试大纲编写。全书共6章，内容包括信息技术概述、计算机组成原理、计算机软件、计算机网络与因特网、数字媒体及应用、计算机信息系统与数据库技术。

本书内容全面、由浅入深、概念清楚、图文并茂、重点突出、技术实用，既适合作为高职高专计算机基础课程的教材，也可作为计算机基础培训教材或自学参考书。

图书在版编目(CIP)数据

计算机应用基础教程/诸福磊，杨琴，季国华编著. --北京：清华大学出版社，2016

21世纪高职高专规划教材. 计算机基础教育系列

ISBN 978-7-302-44685-9

Ⅰ. ①计… Ⅱ. ①诸… ②杨… ③季… Ⅲ. ①电子计算机－高等职业教育－教材 Ⅳ. ①TP3

中国版本图书馆CIP数据核字(2016)第184886号

责任编辑：孟毅新
封面设计：傅瑞学
责任校对：刘 静
责任印制：李红英

出版发行：清华大学出版社
网 址：http://www.tup.com.cn，http://www.wqbook.com
地 址：北京清华大学学研大厦A座 邮 编：100084
社 总 机：010-62770175 邮 购：010-62786544
投稿与读者服务：010-62776969，c-service@tup.tsinghua.edu.cn
质量反馈：010-62772015，zhiliang@tup.tsinghua.edu.cn
课件下载：http://www.tup.com.cn,010-62770175-4278

印 装 者：北京国马印刷厂
经 销：全国新华书店
开 本：185mm×260mm **印 张**：15.5 **字 数**：356千字
版 次：2016年9月第1版 **印 次**：2016年9月第1次印刷
印 数：1～2500
定 价：36.00元

产品编号：069797-01

前　言

在信息时代，随着计算机科学与技术的飞速发展和广泛应用，计算机已经渗透到科学技术的各个领域，渗透到人们的工作、学习和生活中。今天，计算机已成为社会文化不可缺少的一部分，学习计算机知识、掌握计算机的基本应用技能已成为时代对人们的要求。作为新世纪的大学生，尽快了解、掌握计算机及其信息技术的基础知识，迅速熟悉、学会应用计算机及计算机网络的基本技能，是进入大学学习的首要任务之一。为适应高职高专院校培养创业型、复合型人才的发展需要，配合新一轮高职高专教学改革及专业调整方案，结合高职高专培养学生适应工作岗位，提高学生的职业能力、职业素质和团体合作精神的教学目标，编写了本书。

本书介绍的计算机的基础知识和应用技能，既可培养学生使用计算机的技能，又可使学生掌握或了解包括数制、计算机系统组成、数据库及计算机网络、数字媒体等方面的计算机的基础知识和基本理论，为后续课程的学习打下基础。

全书分为6章，内容包括：信息技术概述、计算机组成原理、计算机软件、计算机网络与因特网、数字媒体及应用、计算机信息系统与数据库技术。书中每章都包含学习场景、学习目标、学习任务、真题强化、评价与讨论、资料链接这几方面内容，可供学生轻松地掌握所学知识。本课程建议课时数为48～64学时。

本书编写以突出培养创业型、复合型人才为目标，以企业对人才的需要为导向，内容设置重点突出、主辅分明，以“理论够用、实用性强”为原则，培养学生学、思、练相结合。课题组成员包括赵丽敏、季国华、靖定国、杨琴、诸福磊、喻晗，全书由赵丽敏统稿、定稿。

本书在编写过程中参考、引用了国内外先进职业教育的培养模式、教学手段和教学方法，吸收消化了优秀教材的编写经验和成果，在此特做说明并对有关作者致以诚挚的感谢！此外，还要感谢编者的领导、同事和家人，因为有他们的支持和鼓励，才使得本书能够按时完成。

本书配有免费多媒体课件、教案、授课计划供广大教师和读者使用，旨在为教师授课、读者学习提供方便，需要者可从清华大学出版社网站 http://www.tup.com.cn 下载，或通过邮箱 minli_zhao_ok@163.com 向作者索取。

本书适合作为高职高专院校计算机专业或非计算机专业的计算机基础课程教材，也可以作为计算机等级考试辅导的参考书，也是一本实用的计算机基础自学用书。

由于计算机信息技术发展非常迅速，编者水平有限，书中难免存在不足之处，敬请读者批评指正。

编　者

2016年7月

目　录

第1章

信息技术概述

【学习场景】

信息技术(Information Technology,IT)是用于管理和处理信息所采用的各种技术的总称。它主要是应用计算机科学和通信技术来设计、开发、安装和实施信息系统及应用软件,也常被称为信息和通信技术(Information and Communication Technology,ICT),信息技术的研究包括科学、技术、工程以及管理等学科。

信息技术的应用包括计算机硬件和软件、网络和通信技术、应用软件开发工具等。计算机和互联网普及以来,人们日益普遍地使用计算机来生产、处理、交换和传播各种形式的信息(如书籍、商业文件、报刊、唱片、电影、电视节目、语音、图形、影像等)。

在企业和学校中,信息技术体系结构是一个为达成战略目标而采用和发展信息技术的综合结构。它包括管理和技术的成分。其管理成分包括使命、职能与信息需求、系统配置和信息流程;技术成分包括用于实现管理体系结构的信息技术标准、规则等。由于计算机是信息管理的中心,计算机部门通常被称为"信息技术部门",有些公司称这个部门为"信息服务"(IS)或"管理信息服务"(MIS)。另一些企业选择外包信息技术部门,以获得更好的效益。

信息技术代表着当今先进生产力的发展方向,信息技术的广泛应用使信息的重要生产要素和战略资源的作用得以发挥,使人们能更高效地进行资源优化配置,从而推动传统产业不断升级,提高社会劳动生产率和社会运行效率。

信息技术推广应用的显著成效促使世界各国致力于信息化,而信息化的巨大需求又驱使信息技术高速发展。当前信息技术发展的总趋势是以互联网技术的发展和应用为中心,从典型的技术驱动发展模式向技术驱动与应用驱动相结合的模式转变。

物联网和云计算作为信息技术新的高度和形态被提出、发展。根据中国物联网校企联盟的定义,物联网为当下几乎所有技术与计算机互联网技术的结合,让信息更快更准地收集、传递、处理并执行,是科技的最新呈现形式与应用。

【学习目标】

培养学生理解信息技术,进而应用信息技术的能力。

【学习任务】

(1) 掌握信息与信息技术的概念。

(2) 理解信息处理的全过程,掌握现代信息技术的特征。

(3) 了解信息化与信息社会。

(4) 掌握计算机中信息的表示方法。

(5) 掌握集成电路的分类,了解其发展趋势。

1.1 信息技术与信息化建设

信息技术主要包括传感技术、计算机与智能技术、通信技术和控制技术。信息与信息技术无处不在,无时不有。以 Internet 为代表的信息网络正迅速将全球联成一个整体,“地球村”已不再是梦,信息的交流及传播没有了时间和空间的限制,计算机从处理文字和数值扩展到处理声音、图像、视频等。

1.1.1 信息与信息处理

1. 信息的定义

(1) 信息就是信息,它既不是物质也不是能量。

(2) 信息是事物运动的状态及状态变化的方式。

(3) 信息是认识主体所感知或所表述的事物运动及其变化方式的形式、内容和效用。

(4) 信息普遍存在,是一种基本资源。

2. 信息与数据的关系

(1) 信息是对人有用的数据。

(2) 当数据向人们传递了某些含义时,数据就变成了信息。

(3) 在信息处理领域中,信息是人们要解释的那些数据的含义。

3. 信息处理过程

信息处理过程是人们获取信息、传递信息、加工(处理)信息并按照信息加工的结果,通过手、脚等效应器官作用事物客体的一个典型过程,如图 1-1 所示,包括以下过程。

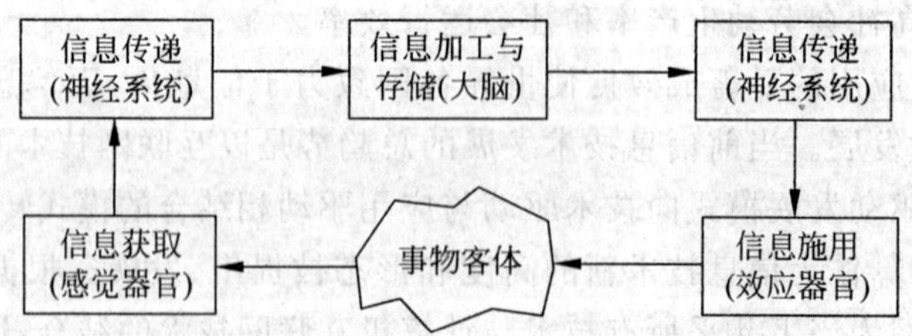

图 1-1 人工进行信息处理的过程

(1) 信息的收集,如信息的感知、测量、获取、输入等。

(2) 信息的加工,如分类、计算、分析、综合、转换、检索、管理等。

(3) 信息的存储,如书写、摄影、录音、录像等。

(4) 信息的传递,如邮寄、出版、电报、电话、广播等。

(5) 信息的施用,如控制、显示等。

1.1.2 信息技术

广义而言,信息技术是指能充分利用与扩展人类信息器官功能的各种方法、工具与技能的总和。该定义强调从哲学上阐述信息技术与人的本质关系。

中义而言,信息技术是指对信息进行采集、传输、存储、加工、表达的各种技术之和。该定义强调人们对信息技术功能与过程的一般理解。

狭义而言,信息技术是指利用计算机、网络、广播电视等各种硬件设备及软件工具与科学方法,对文、图、声、像各种信息进行获取、加工、存储、传输与使用的技术之和。该定义强调信息技术的现代化与高科技含量。

信息技术是用来扩展人们信息器官功能,协助人们更有效地进行信息处理的一类技术,包括以下方面。

(1) 扩展感觉器官功能的感测(获取)与识别技术。

(2) 扩展神经系统功能的通信技术。

(3) 扩大脑功能的计算(处理)与存储技术。

(4) 扩展效应器官功能的控制与显示技术。

现代信息技术的主要特征是以数字技术为基础,以计算机为核心,采用电子技术(包括激光技术)进行信息处理,包括通信、广播、计算机、因特网、微电子、遥感遥测、自动控制、机器人等诸多领域。

微电子技术、通信技术和计算机技术是现代信息技术的三大核心技术。

1.1.3 信息处理系统

1. 信息处理系统简介

信息处理系统是用于辅助人们进行信息获取、传递、存储、加工处理、控制及显示的综合使用各种信息技术的系统。

信息处理系统也是以计算机为基础的处理系统,由输入、输出、处理三部分组成,或者说由硬件(包括中央处理机、存储器、输入/输出设备等)、系统软件(包括操作系统、实用程序、数据库管理系统等)、应用程序和数据库所组成。一个信息处理系统是一个信息转换机构,有一组转换规则。

2. 信息处理系统分类

从自动化程度来分:自动的、半自动的。

从技术手段来分:机械的、电子的、光学的。

从适用范围来分:专用的、通用的。

从应用领域来分,包括以下几种。

(1) 雷达,是一种以感测与识别为主要目的的系统。

(2) 电视/广播系统,是一种单向的、点到多点(面)的、以信息传递为主要目的的系统。

(3) 电话,是一种双向的、点到点的、以信息交互为主要目的的系统。

(4) 银行,是一种以处理金融信息为主要目的的系统。

(5) 图书馆,是一种以信息收藏和检索为主要目的的系统。

(6) 因特网,是一种跨越全球的多功能信息处理系统。

1.1.4 信息化与信息社会

所谓信息化,就是利用现代信息技术对人类社会的信息和知识的生产与传播进行全面的改造,使人类社会生产体系的组织结构和经济结构发生全面变革的一个过程,是一个推动人类社会从工业社会向信息社会转型的过程,如图 1-2 所示。

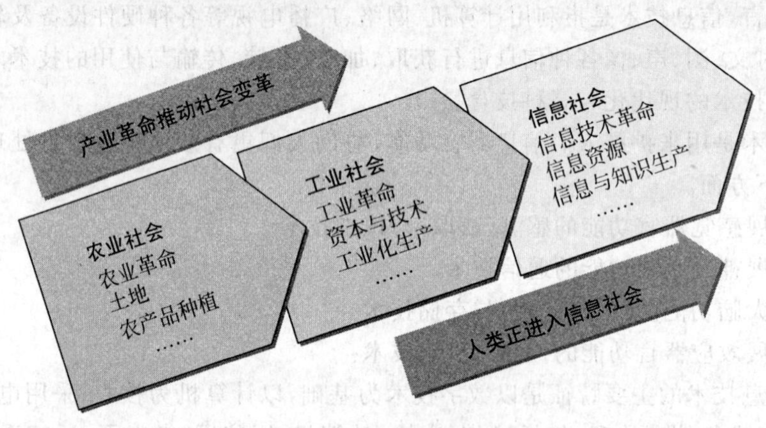

图 1-2 人类正在进入信息社会

从内容上看,信息化可分为信息的生产、应用和保障三大方面。信息生产,即信息产业化,要求发展一系列信息技术及产业,涉及信息和数据的采集、处理、存储技术,包括通信设备、计算机、软件和消费类电子产品制造等领域。信息应用,即产业和社会领域的信息化,主要表现在利用信息技术改造和提升农业、制造业、服务业等传统产业,大大提高各种物质和能量资源的利用效率,促使产业结构调整、转换和升级,促进人类生活方式、社会体系和社会文化发生深刻变革。信息保障,是指保障信息传输的基础设施和安全机制,使人类能够可持续地提升获取信息的能力,包括基础设施建设、信息安全保障机制、信息科技创新体系、信息传播途径和信息能力教育等。

我国政府高度重视信息化建设,于 2006 年发布了《国家信息化发展战略(2006—2020)》,对信息化发展做出了全面部署。该战略指出,大力推进信息化,是覆盖中国现代化建设全局的战略举措,是贯彻落实科学发展观、全面建设小康社会、构建社会主义和谐社会和建设创新型国家的迫切需要和必然选择。整体来看,中国是在工业化水平较低的基础上推进信息化的,不可能也不应该走发达国家"先工业化,后信息化"的发展道路,只能是把工业化与信息化结合起来,优先发展信息产业,以信息化带动工业化,以工业化促进信息化。发展战略中制定了 2020 年我国信息化发展的总目标,如下所述。

(1) 综合信息基础设施基本普及。

(2) 信息技术自主创新能力显著增强,信息产业结构全面优化。

(3) 国民经济和社会信息化取得明显的成效,新型工业化发展模式初步确立。

(4) 国家信息化发展的制度环境和政策体系基本完善，国民信息能力显著提高。

1.2　比特与二进制数

数字技术是采用有限个状态（主要是用 0 和 1 两个数字）来表示、处理、存储和传输信息的技术。电子计算机就采用了数字技术，通信和信息存储领域也大量采用了数字技术，广播电视领域正走向全面数字化。

1.2.1　信息的基本单位——比特

1. 信息表示的基本单位

数字技术的处理对象是以比特（bit）为单位的，即二进位，有时简称为“位”。比特只有两种状态，即数字 0 或数字 1。它是计算机和其他数字系统处理、存储和传输信息的最小单位。但是这个单位太小，一个西文字符需要用 8 个比特表示，而一个汉字至少需要 16 个比特才能表示，因此，人们引进了一个较大的计量单位——字节（Byte），一般用大写的字母 B 表示。一个字节包含 8 个比特。

2. 比特的运算

逻辑运算，包含逻辑加、逻辑乘、取反等运算，如图 1-3 所示。

逻辑加	$\begin{array}{r}0\\ \vee 0\\ \hline 0\end{array}$	$\begin{array}{r}0\\ \vee 1\\ \hline 1\end{array}$	$\begin{array}{r}1\\ \vee 0\\ \hline 1\end{array}$	$\begin{array}{r}1\\ \vee 1\\ \hline 1\end{array}$
逻辑乘	$\begin{array}{r}0\\ \wedge 0\\ \hline 0\end{array}$	$\begin{array}{r}0\\ \wedge 1\\ \hline 0\end{array}$	$\begin{array}{r}1\\ \wedge 0\\ \hline 0\end{array}$	$\begin{array}{r}1\\ \wedge 1\\ \hline 1\end{array}$
取反	0取反是1;1 取反是0			

图 1-3　逻辑运算的运算规则

逻辑加：也称为“或”运算，用符号 OR 或＋表示。

逻辑乘：也称为“与”运算，用符号 AND、∧或·表示。

取反：也称为“非”运算，用符号 NOT 或－表示。0 取反后是 1，1 取反后是 0。

当两个多位的二进制信息进行逻辑运算时，按位独立进行，即每一位不受同一信息的其他位的影响。

【例 1-1】　求 11001101∨10101011；11001101∧10101011。

$$\begin{array}{r}11001101\\ \vee\ 10101011\\ \hline 11101111\end{array}\qquad\qquad\begin{array}{r}11001101\\ \wedge\ 10101011\\ \hline 10001001\end{array}$$

3. 比特的存储

在计算机信息处理系统中,使用各种不同类型的存储器来存储二进制信息时,存储容量是一项很重要的性能指标,且存储容量要比字节大得多。

8 比特=1 字节(Byte,B)

计算机内存储器(主内存、Cache 缓存等)容量的计量单位用 2 的幂次来计算。

千字节(KB): $1KB = 2^{10}B = 1024B$

兆字节(MB): $1MB = 2^{20}B = 1024KB$

吉字节(GB): $1GB = 2^{30}B = 1024MB$

太字节(TB): $1TB = 2^{40}B = 1024GB$

外存储器(硬盘、光盘、U 盘等)容量经常使用 10 的幂次来计算。

$$1MB = 10^3 KB = 1000KB$$

$$1GB = 10^6 KB = 1000000KB$$

$$1TB = 10^9 KB = 1000000000KB$$

通常所说的 2GB 内存容量为: $2GB=2\times 2^{10}MB=2\times 1024MB=2048MB$。

通常所说的 1TB 硬盘的容量为: $1TB=1\times 1000GB=1000GB$。

4. 比特的传输

在计算机网络中传输二进制信息时,由于是一位一位串行传输的,传输速率的度量单位与上述有所不同,且使用的是十进制。经常使用的速率单位为"比特/秒"(b/s)。

千比特/秒(Kb/s): $1Kb/s = 10^3 b/s = 1000b/s$

兆比特/秒(Mb/s): $1Mb/s = 10^6 b/s = 1000Kb/s$

吉比特/秒(Gb/s): $1Gb/s = 10^9 b/s = 1000Mb/s$

太比特/秒(Tb/s): $1Tb/s = 10^{12} b/s = 1000Gb/s$

1.2.2 不同进制之间的转换

1. 常用进制数

常用进制数包括十进制数、二进制数、八进制数和十六进制数。进制对照表如表 1-1 所示。

表 1-1 十进制、二进制、八进制、十六进制对照表

十进制	二进制	八进制	十六进制
0	0000	0	0
1	0001	1	1
2	0010	2	2
3	0011	3	3
4	0100	4	4
5	0101	5	5
6	0110	6	6
7	0111	7	7
8	1000	10	8

续表

十 进 制	二 进 制	八 进 制	十 六 进 制
9	1001	11	9
10	1010	12	A
11	1011	13	B
12	1100	14	C
13	1101	15	D
14	1110	16	E
15	1111	17	F

十进制数：由 0、1、2、3、4、5、6、7、8、9 共 10 个不同的数字符号表示的数字，基数是 10，逢 10 进 1。这些数字符号处于十进制中不同的位置时，其权值各不相同，十进制数各位的权值是 10 的整数次幂。十进制数的标志是尾部加 D 或省略。

二进制数：二进制是计算技术中广泛采用的一种数制。二进制数据是用 0 和 1 两个数码来表示的数。它的基数为 2，进位规则是"逢二进一"，借位规则是"借一当二"。当前的计算机系统使用的基本上是二进制系统，数据在计算机中主要是以补码的形式存储的。二进制数各位的权值是 2 的整数次幂。二进制的标志是尾部加 B。

八进制数：由 0、1、2、3、4、5、6、7 共 8 个不同的数字符号表示的数字，基数为 8，逢 8 进 1。八进制数各位的权值是 8 的整数次幂。八进制数的标志是尾部加 Q。

十六进制数：由 0、1、2、3、4、5、6、7、8、9、A、B、C、D、E、F 共 16 个不同的数字符号表示的数字，基数是 16，逢 16 进 1。十六进制的权值是 16 的整数次幂。十六进制的标志是尾部加 H。

任意(R)进制数：每种进位制都有固定的数码——基数；按基数进行进位或借位——逢 R 进一；用位权值来计算。位权的值等于基数的若干次幂。

2. 其他进制数与二进制数的转换

1）十进制数转换为二进制数

转换方法 1：整数部分除以 2，自下向上取余；小数部分乘以 2，自上向下取整。

【例 1-2】 310.6875＝(　　)B。

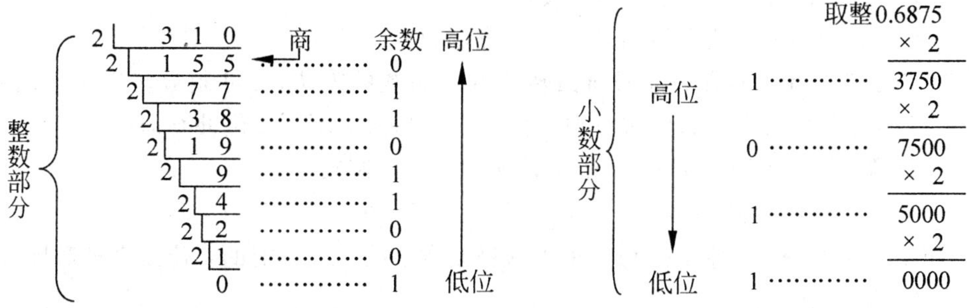

因此，310.6875＝100110110.1011B。

转换方法 2：将一个十进制数用 2 的幂次方的值相加，然后取该多项式的系数。

例如：

$$73.25 = 64+8+1+0.25 = 2^6+2^3+2^0+2^{-2}$$
$$= 1\times2^6+0\times2^5+0\times2^4+1\times2^3+0\times2^2$$
$$+0\times2^1+1\times2^0+0\times2^{-1}+1\times2^{-2}$$
$$73.25 = (1001001.01)B$$

相同的方法可以用于下面十进制数转换成八进制数、十六进制数。

2）二进制数转换为十进制数

转换方法：按权展开后相加。

【例 1-3】 二进制数 110.01 的按权展开。

$$101.01\ B = 1\times2^2+0\times2^1+1\times2^0+0\times2^{-1}+1\times2^{-2}$$

这种过程叫作数值的按权展开。任意一个具有 n 位整数和 m 位小数的 R 进制数 N 的按权展开如下：

$$(N)_R = (K_nK_{n-1}\cdots K_1K_0K_{-1}K_{-2}\cdots K_{-m})_R$$
$$= K_n\times R_n + K_{n-1}\times R_{n-1} + \cdots + K_1\times R_1 + K_0\times R_0$$
$$+ K_{-1}\times R_{-1} + K_{-2}\times R_{-2} + \cdots K_{-m}\times R_{-m}$$

3）八进制数与二进制数的相互转换

转换方法：1 位八进制数对应 3 位二进制数。

(1) 二进制→八进制：整数部分从低位向高位方向每 3 位为一组，用一个等值的八进制数字替代，不足 3 位时高位用 0 补满；小数部分从高位向低位方向每 3 位为一组，用一个等值的八进制数字替代，不足 3 位时低位用 0 补满。

【例 1-4】 将二进制数 11100101.1 转换为八进制数。

$$(11100101.1)_2 = (\underline{011}\ \underline{100}\ \underline{101}.\underline{100})_2 = (345.4)_8$$

(2) 八进制→二进制：把每一个八进制数字改写成等值的 3 位二进制数即可，保持高低位次序不变。

例如，将八进制数 76.3 转换为二进制数的方法如下。

$$\frac{7}{1\ 1\ 1}\quad\frac{6}{1\ 1\ 0}\quad\frac{3}{0\ 1\ 1}$$

因此，$(76.3)_8 = (111110.011)_2$。

4）十六进制数与二进制数的相互转换

转换方法：1 位十六进制数对应 4 位二进制数。

(1) 二进制→十六进制：根据前面转换八进制数的方法，二进制数转换成十六进制数时，以小数点为中心向左右两边分组，每 4 位一组，两头不足 4 位补 0 即可。

【例 1-5】 将二进制数 11100101.1 转换为十六进制数。

$$(11100101.1)_2 = (\underline{1110}\ \underline{0101}.\underline{1000})_2 = (E5.8)_{16}$$

(2) 十六进制→二进制：把每一个十六进制数字改写成等值的 4 位二进制数即可，保持高低位次序不变。

例如，将十六进制数 7C.3 转换为二进制数的方法如下。

$$\frac{7}{0\ 1\ 1\ 1}\quad\frac{C.}{1\ 1\ 0\ 0}\quad\frac{3}{0\ 0\ 1\ 1}$$

因此，$(7C.3)_{16}=(1111100.0011)_2$。

提示：整数之间的进制转换可直接通过计算器进行。

3. 二进制数的算术运算

与十进制数一样，二进制数也可以进行加、减、乘、除等运算。规则如图 1-4 所示。

被加数	加数	和	进位
0	0	0	0
0	1	1	0
1	0	1	0
1	1	0	1

(a) 加法规则

被减数	减数	差	借位
0	0	0	0
0	1	1	1
1	0	1	0
1	1	0	0

(b) 减法规则

被乘数	乘数	积
0	0	0
0	1	0
1	0	0
1	1	0

(c) 乘法规则

被除数	除数	商
0	1	0
1	1	1

(d) 除法规则

图 1-4　1 位二进制数的算术运算规则

加法：0＋0＝0；0＋1＝1；1＋0＝1；1＋1＝10。

减法：0－0＝0；1－0＝1；10－1＝1；1－1＝0。

乘法：0×0＝0；0×1＝0；1×0＝0；1×1＝1。

除法：0/1＝0；1/1＝1。

【例 1-6】　二进制数的加减法。

$$\begin{array}{r}00111\\+01001\\\hline 10000\end{array}\qquad\begin{array}{r}01001\\-00111\\\hline 00110\end{array}$$

1.3　信息在计算机中的表示

计算机应用的核心是进行信息处理。任何信息，包括数字、文字、声音、图像等，都必须被转换成为二进制形式的数据后才能由计算机进行表示、处理、存储和传输。

1.3.1　数值信息的表示

数值信息指的是数学中的数，它有正负和大小之分，计算机中的数值分为整数和实数两大类。

1. 整数(定点数)的表示

整数不使用小数点，或者说小数点始终隐含在个位数的右面，所以整数也叫作“定点数”。计算机中的整数分为两大类：①无符号的整数，此类整数一定是正整数；②带符号的整数，此类整数既可表示为正整数，又可表示为负整数。

1）无符号的整数

所谓无符号数，就是整个机器字长的全部二进制位均表示数值位(没有符号位)，相当于数的绝对值。常用来表示地址、索引等正整数。无符号整数的取值范围如下。

8 位：0～255(2^8-1)；

16 位：0～65535($2^{16}-1$)；

32 位：0～$2^{32}-1$。

2) 带符号的整数

带符号的整数必须使用一个二进制位来作为符号位，一般总是使用最高位(即最左边的一位)来表示的正负，通常使用 0 表示(正数)，使用 1 表示(负数)。

(1) 原码表示法。在原码表示中，最高位是符号位，余下各位是数的绝对值。例如，用 8 位二进制表示原码＋12 和－12，则有$[+12]_{原}=00001100$，$[-12]_{原}=10001100$。取值范围如下。

8 位：－127～＋127(-2^7+1 ～ $+2^7-1$)，共 2^8-1 个数；

16 位：－32767～＋32767($-2^{15}+1$ ～ $+2^{15}-1$)，共 $2^{16}-1$ 个数；

32 位：$-2^{31}+1$ ～ $+2^{31}-1$，共 $2^{32}-1$ 个数。

(2) 补码表示法。在计算机中，负数使用补码表示。正数的补码与原码相同。

原码表示简单直观，与真值间的转换方便。但用它做加减法运算不方便，而且 0 有＋0 和－0 两种表示方法($[+0]_{原}=0000\cdots0$，$[-0]_{原}=100\cdots0$)。为了统一加减运算规则，方便计算机运算，数值为负的整数在计算机内部实际上是采用“补码”来表示的。

负整数补码求解的步骤为：先将负整数转换成原码的形式，最高位即符号位为 1，将绝对值的每一位取反，得到称为反码的表示形式，最后将反码的最低位(末位)加 1，即可得到补码的表示形式。

例如：$[-73]_{原}=11001001$，绝对值部分每一位取反后为 10110110，末位加 1 得到：$[-73]_{补}=10110111$。

补码表示的整数范围如下。

8 位补码：－128～＋127(-2^7～ $+2^7-1$)。规定：补码 10000000 表示－128。整数 0 唯一的被表示为 00000000。正因为如此，相同位数的二进制补码可表示数的个数比原码多一个。8 位补码可表示 256 个数。

n 位补码：-2^{n-1}～ $+2^{n-1}-1$，n 位补码可表示 2^n 个数。

【例 1-7】 用 8 个二进位表示无符号整数时，可表示的十进制整数的范围是多大?

无符号整数表示时，8 位都用于表示数值。

最大值为 8 位都为最大数字(二进制最大数字 1)的数，即 11111111，转为十进制为 255。

最小值为 8 位都为最小数字(二进制最小数字 0)的数，即 00000000，转为十进制为 0。

因此，可表示的十进制整数的范围是 0～255。

【例 1-8】 用 8 个二进位表示有符号原码时，可表示的十进制整数的范围是多大?

有符号整数时最高位表示正负号，剩余的 7 位表示数值。

7 位都是二进制最大数字时，其值为最大，即 1111111，转为十进制为 127。分别加上正、负号，正号时为最大值；负号时，其绝对值最大，即值最小。

因此，8 位有符号原码可表示的十进制整数的取值范围是－127～＋127。

【例 1-9】 用 8 个二进位表示有符号补码时，可表示的十进制整数的范围是多大？

因为相同位数的二进制补码可表示的数的个数比原码多一个。所以，至少包含例 1-8 的范围：－127～＋127。

另外，编码 10000000 表示负整数-2^{8-1}，即$-2^7=-128$。

因此，8 位有符号补码可表示的十进制整数的取值范围是－128～＋127。

2. 实数(浮点数)的表示

实数通常带有小数点，整数和纯小数都是实数的特例。由于实数的小数点位置不确定，故也称之为浮点数。

任何一个实数总可以表达成一个乘幂和一个纯小数之积；任意一个实数在计算机内部都可以用指数(一个整数，称为阶码)和尾数(一个纯小数)来表示。这种方法叫作浮点表示法。

任意一个二进制实数 N 一般可如下表示。

$$N=\pm S\times 2^{\pm P}\quad (0<S<1)$$

其中，S 称为尾数，是纯二进制小数，指出数 N 的全部有效位，S 前面的一位数符表示数的正负；P 称为阶码，指明小数点移动的位置，P 前面的符号为阶符，指明小数点向右或向左浮动。

需要注意的是，浮点数的长度可以是 32 位、64 位、80 位或更长。一般说来，阶码位数越多，可表示的实数的范围就越大；尾数位数越多，可表示的实数的精度就越高。

1.3.2 文字符号的表示

西文字符包括拉丁字母、数字、标点符号和一些特殊符号，统称为字符(Character)。所有字符的集合称作字符集。字符集中每一个字符对应一个编码，构成编码表。

显然编码表是用二进制表示的，人们理解起来很困难。为保证人和计算机之间能进行正确的信息交换，人们编制了统一的信息交换代码。目前使用最广泛的(但并不是唯一的)西文字符集代码表是美国制定的 ASCII(美国标准信息交换码)码表。

7 位的 ASCII 码用一个字节的低 7 位进行编码，最高位为 0，因此，共有 128 个不同的编码值，可以表示 128 个不同字符的编码，包括 52 个英文大小写字母、10 个阿拉伯数字、32 个标点符号和 34 个控制码，其编码如表 1-2 所示。

表 1-2　ASCII 码二进制表示

高 3 位 / 低 4 位	000	001	010	011	100	101	110	111
0000	NUL	DEL	SP	0	@	P	`	p
0001	SOH	DC1	!	1	A	Q	a	q
0010	STX	DC2	"	2	B	R	b	r
0011	ETX	DC3	#	3	C	S	c	s
0100	EOT	DC4	$	4	D	T	d	t
0101	ENQ	NAK	%	5	E	U	e	u
0110	ACK	SYN	&	6	F	V	f	v

续表

低4位 \ 高3位	000	001	010	011	100	101	110	111
0111	BEL	ETB	'	7	G	W	g	w
1000	BS	CAN	(	8	H	X	h	x
1001	HT	EM	)	9	I	Y	i	y
1010	LF	SUB	*	:	J	Z	j	z
1011	VT	ESC	+	;	K	[	k	{
1100	FF	FS	,	<	L	\	l	|
1101	CR	GS	−	=	M	]	m	}
1110	SO	RS	.	>	N	^	n	~
1111	SI	US	/	?	O	_	o	DEL

虽然标准 ASCII 码是 7 位的编码，但由于字节是计算机中最基本的存储和处理单位（内存最小的存储单元为 1B），故计算机在存储处理 ASCII 码时仍使用一个字节来存放。此时，每个字节中多余出来的一位（最高位）在计算机内部通常用 0 表示，并在数据传输时可用作奇偶校验位。例如，字符 E 的 ASCII 码为 1000101，在计算机存储处理实际表示为 01000101。

中文的基本组成单位是汉字。汉字是表意文字，属于大字符集，数量巨大，这给汉字在计算机内的表示、传输、处理及输入和输出带来了一系列的问题。

我国先后颁布了 GB 2312、GBK、GB 18030 编码，具体内容将在第 5 章介绍。

1.3.3 图像信息的表示

为了在计算机中表示一幅图像，首先必须把图像离散成为 M 列、N 行，这个过程称为图像的取样，取样后的图像分解成为 $M \times N$ 个取样点，每个取样点称为图像的 1 个像素。彩色图像的像素通常由红、绿、蓝（R、G、B）这 3 个基色（分量）组成，灰度图像和黑白图像的像素只有一个亮度分量，然后对亮度分量用无符号的二进制整数表示。如图 1-5 所示为一幅黑白图像在计算机中的表示示意图。

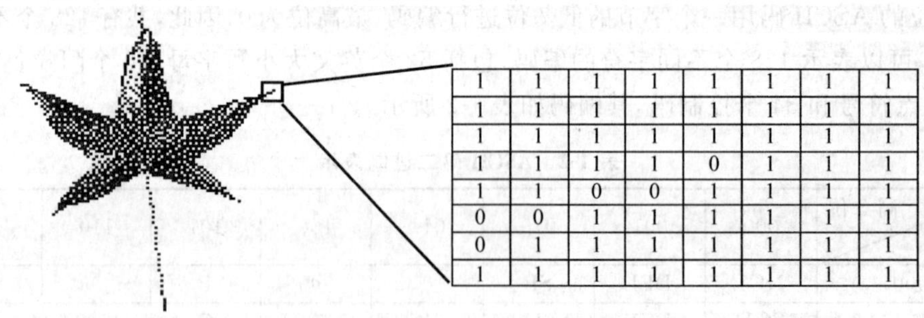

图 1-5 黑白图像在计算机中表示

计算机中任何信息，包括数字、文字、声音、图像等，都必须被转换成为二进制形式的数据后才能由计算机进行表示、处理、存储和传输。数字、文字、声音、图像、动画等在计算机中的表示方法均有国际标准。

1.4　集成电路的分类与发展

1. 微电子技术

微电子技术是以集成电路为核心的技术，它的目标是实现电子电路和电子系统超小型化及微型化。

微电子学是一门发展极为迅速的学科，高集成度、低功耗、高性能、高可靠性是微电子学发展的方向。信息技术发展的方向是多媒体(智能化)、网络化和个体化。要求系统获取和存储海量的多媒体信息，以极高速度精确可靠地处理和传输这些信息并及时地把有用信息显示出来或用于控制。所有这些都只能依赖于微电子技术的支撑才能成为现实。超高容量、超小型、超高速、超高频、超低功耗是信息技术无止境追求的目标，是微电子技术迅速发展的动力。

电子电路中使用的基础元件的演变依次为：真空电子管、晶体管、小规模集成电路(SSI)、中规模集成电路(MSI)、大规模集成电路(LSI)、超大规模集成电路和极大规模集成电路(VLSI)。

2. 集成电路

集成电路，简称 IC，以半导体单晶片(现代半导体材料主要是硅，也可以是化合物半导体如砷化镓等)为材料，经多道工艺加工制造，将大量的晶体管、电阻、电容等元器件互连构成的电子线路集成在基片上，构成的一个微型化的电路或系统，如 CPU、内存单元以及芯片组等，如图 1-6 所示。

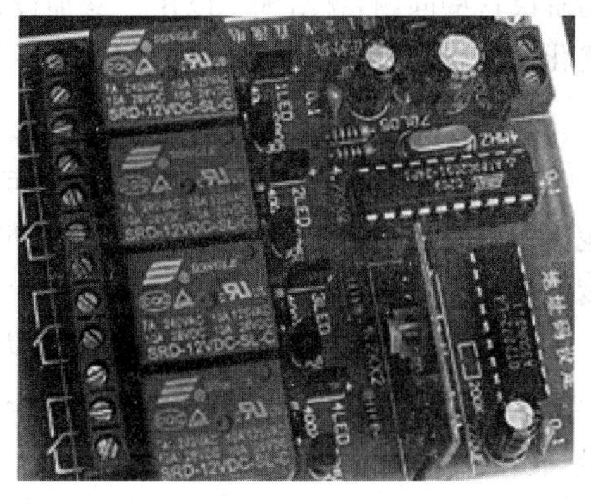

图 1-6　集成电路示例

集成电路的生产始于 1959 年，其特点是体积小、重量轻、可靠性高、工作速度快。

3. 集成电路的分类

集成电路按照所包含的晶体管、电阻、电容等电子元件分为以下几类，如表 1-3 所示。

表 1-3　集成电路规模分类

集成电路规模	元器件数目
小规模集成电路(SSI)	＜100 个
中规模集成电路(MSI)	100～3000 个
大规模集成电路(LSI)	3000～10 万个
超大规模集成电路(VLSI)	10 万～100 万个
极大规模集成电路(ULSI)	＞100 万个

(1) 小规模集成电路(SSI，电子元件数目小于 100 个的集成电路)。

(2) 中规模集成电路(MSI，电子元件数目在 100～3000 个的集成电路)。

(3) 大规模集成电路(LSI,电子元件数目在3000～10万个的集成电路)。

(4) 超大规模集成电路(VLSI,电子元件数目在10万～100万个的集成电路)。

(5) 极大规模集成电路(ULSI,电子元件数目超过100万个的集成电路)。

按照集成电路的功能来分,有两种:①数字集成电路;②模拟集成电路。

模拟集成电路又称线性电路,用来产生、放大和处理各种模拟信号(指幅度随时间变化的信号,如半导体收音机的音频信号、录放机的磁带信号等),其输入信号和输出信号成比例关系。而数字集成电路用来产生、放大和处理各种数字信号(指在时间上和幅度上离散取值的信号,如4G手机、数码相机、计算机CPU、数字电视的逻辑控制和重放的音频信号和视频信号)。

按照集成电路的用途来分,有两种:①专用集成电路;②通用集成电路。

通用集成电路一般指通用性较强的集成电路,不是特为某个产品设备研发的,如计算机CPU、内存储器等。通用集成电路的通用性和大批量生产,使电子产品成本大幅度下降,推进了计算机通信和电子产品的普及。而专用集成电路是为特定用户或特定电子系统制作的集成电路,简称ASIC芯片。相对于通用集成电路而言,用户在某种程度上参与该产品的开发。同时,集成电路规模越大,组建系统时就越难以针对特殊要求加以改变。为解决这些问题,就出现了以用户参加设计为特征的专用集成电路,它能实现整机系统的优化设计,性能优越,保密性强,如苹果手机芯片A9、防火墙专用芯片等。

4. 集成电路的发展趋势

集成电路的特点是体积小、重量轻、可靠性高。集成电路的工作速度主要取决于组成逻辑门电路的晶体管的尺寸。晶体管的尺寸越小,其极限工作频率越高,门电路的开关速度就越快。

根据Moore定律,单块集成电路的集成度平均每18～24个月翻一番。30多年来,Intel公司生产的80x86、Pentium(奔腾)系列和Core(酷睿)系列微处理器的集成度大体是按照这个规律发展的,如图1-7所示。

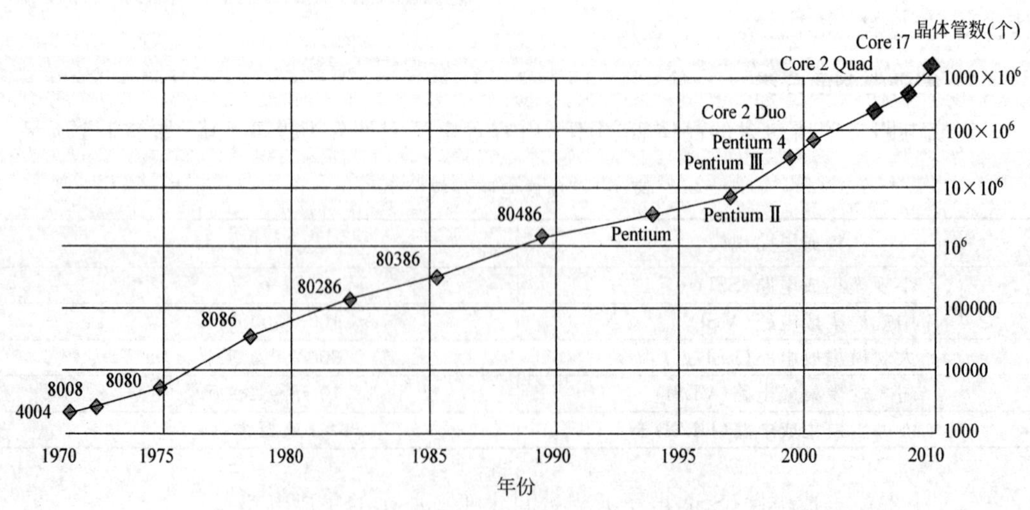

图1-7 Intel公司微处理器集成度的发展

5. 集成电路卡

集成电路卡，有些国家和地区也称智能卡(Smart Card)、智慧卡(Intelligent Card)、微电路卡(Microcircuit Card)或微芯片卡等。它是将一个微电子芯片嵌入符合 ISO 7816 标准的卡基中，做成卡片形式。几乎每个人每天都与 IC 卡打交道，如身份证、手机 SIM 卡、交通卡、饭卡等。

IC 卡工作的基本原理是，射频读写器向 IC 卡发一组固定频率的电磁波，卡片内有一个 LC 串联谐振电路，其频率与读写器发射的频率相同，这样在电磁波激励下，LC 谐振电路产生共振，从而使电容内有了电荷；在这个电容的另一端，接有一个单向导通的电子泵，将电容内的电荷送到另一个电容内存储，当所积累的电荷达到 2V 时，此电容可作为电源为其他电路提供工作电压，将卡内数据发射出去或接收读写器的数据。

IC 卡核心是集成电路芯片，是利用现代先进的微电子技术，将大规模集成电路芯片嵌在一块小小的塑料卡片之中。其开发与制造技术比磁卡复杂得多。IC 卡主要技术包括硬件技术、软件技术及相关业务技术等。硬件技术一般包含半导体技术、基板技术、封装技术、终端技术及其他零部件技术等；而软件技术一般包括应用软件技术、通信技术、安全技术及系统控制技术等。

IC 卡按卡中所镶嵌的集成电路芯片可分为以下两大类。

(1) 存储器卡，其内嵌芯片相当于普通串行 EEPROM 存储器，这类卡信息存储方便，使用简单，价格便宜，很多场合可替代磁卡，但由于其本身不具备信息保密功能，因此，只能用于保密性要求不高的应用场合，主要用于电话卡、水电费卡、公交卡等。

(2) CPU 卡，也叫智能卡，CPU 卡内嵌芯片相当于一个特殊类型的单片机，内部除了带有控制器、存储器、时序控制逻辑等外，还带有算法单元和操作系统。由于 CPU 卡有存储容量大、处理能力强、信息存储安全等特性，广泛用于信息安全性要求特别高的场合，如手机的 SIM 卡、第二代身份证。

IC 卡按使用方式可分为以下两类。

(1) 接触式 IC 卡，如电话 IC 卡。

(2) 非接触式 IC 卡，又叫射频卡、感应卡。该类卡与 IC 卡设备无电路接触，而是通过非接触式的读写技术进行读写(如光或无线技术)。其优点是，采用电磁感应方式无线传输数据，解决了无源(卡中无电源)和免接触问题；操作方便、快捷，采用全密封胶固化，防水、防污，使用寿命长；用于读写信息较简单的场合。这类 IC 卡在我国第二代居民身份证中有很广泛的应用。

1.5　真题强化

1. 判断题

(1) 信息技术是用来扩展人们信息器官功能、协助人们进行信息处理的一类技术。(2014 年秋真题)

(2) 信息系统的感测与识别技术可替代人的感觉器官功能，但不能增强人的信息感知的范围和精度。(2014 年秋真题)

(3) 信息是人们认识世界和改造世界的一种基本资源。(2014 年秋真题)

(4) 信息技术主要包括信息获取与识别技术、通信与存储技术、计算技术、控制与显示技术等内容。(2015 年秋真题)

(5) 目前个人计算机(PC)中使用的电子电路都是大规模集成电路。(2015 年春真题)

(6) 在描述数据传输速率时,常用的度量单位 Mb/s 是 Kb/s 的 1024 倍。(2014 年春真题)

2. 单项选择题

(1) 计算机的分类方法有多种,按照计算机的性能和用途分,台式机和便携机属于________。(2014 年秋真题)

A. 巨型计算机　　B. 大型计算机

C. 嵌入式计算机　　D. 个人计算机

(2) 当前使用的个人计算机中,在 CPU 内部,比特的两种状态是采用________表示的。(2014 年秋真题)

A. 电容的大或小　　B. 电平的高或低

C. 电流的有或无　　D. 灯泡的亮或暗

(3) 计算机在进行以下运算时,高位的运算结果可能会受到低位影响的是________操作。(2015 年秋真题)

A. 两个数作"逻辑加"　　B. 两个数作"逻辑乘"

C. 对一个数作按位"取反"　　D. 两个数"相减"

(4) 逻辑运算中的逻辑乘常用符号________表示。(2014 年秋真题)

A. ∨　　B. ∧　　C. 一　　D. ·

(5) 某计算机内存储器容量是 2GB,则它相当于________MB。(2015 年秋真题)

A. 1024　　B. 2048　　C. 1000　　D. 2000

(6) 天气预报往往需要采用________计算机来分析和处理气象数据,这种计算机的 CPU 由数以百计、千计、万计的处理器组成,有极强的运算处理能力。(2015 年秋真题)

A. 巨型　　B. 微型　　C. 小型　　D. 个人

(7) 若在一个非零的无符号二进制整数右边加两个零形成一个新的数,则其数值是原数值的________。(2014 年秋真题)

A. 四倍　　B. 二倍　　C. 四分之一　　D. 二分之一

(8) 下列逻辑加运算规则的描述中,________是错误的。(2014 年秋真题)

A. 0 ∨ 0=0　　B. 0 ∨ 1=1

C. 1 ∨ 0=1　　D. 1 ∨ 1=2

(9) 计算机有很多分类方法,按其字长和内部逻辑结构目前可分为________。(2014 年秋真题)

A. 服务器/工作站　　B. 小型机/大型机/巨型机

C. 16 位/32 位/64 位计算机　　D. 专用机/通用机

(10) 计算机硬盘存储器容量的计量单位之一是 TB,制造商常用 10 的幂次来计算硬

盘的容量，那么1TB硬盘容量相当于________字节。(2015年秋真题)

A. 10的3次方　　B. 10的6次方

C. 10的9次方　　D. 10的12次方

(11) 就计算机对人类社会的进步与发展所起的作用而言，下列叙述中不够确切的是________。(2013年春真题)

A. 增添了人类发展科学技术的新手段

B. 提供了人类创造和传承文化的新工具

C. 引起了人类工作与生活方式的新变化

D. 创造了人类改造自然所需要的新物质资源

(12) 若A=1100，B=1010，A与B运算的结果是1000，则其运算一定是________。(2013年春真题)

A. 算术加　　B. 算术减　　C. 逻辑乘　　D. 逻辑加

(13) 集成电路是现代信息产业的基础。目前PC中CPU芯片采用的集成电路属于________。(2015年春真题)

A. 小规模集成电路　　B. 中规模集成电路

C. 大规模集成电路　　D. 超(极)大规模集成电路

(14) 下列关于比特的叙述中错误的是________。(2015年春真题)

A. 比特是组成数字信息的最小单位

B. 比特通常使用大写的英文字母B表示

C. 比特既可以表示数值和文字，也可以表示图像或声音

D. 比特只有0和1两个符号

(15) 3个比特的编码可以表示________种不同的状态。(2014年春真题)

A. 3　　B. 6　　C. 8　　D. 9

(16) 下面关于集成电路(IC)的叙述中，错误的是________。(2014年春真题)

A. 集成电路是在晶体管之后出现的

B. 集成电路应用非常广泛，集成电路产业的发展十分迅速

C. 集成电路使用的都是金属导体材料

D. 集成电路的工作速度与组成逻辑门电路的晶体管尺寸有密切关系

(17) 小规模集成电路(SSI)的集成对象一般是________。(2013年春真题)

A. 存储器芯片　　B. 芯片组芯片

C. 门电路芯片　　D. CPU芯片

(18) 存储在U盘和硬盘中的文字、图像等信息，都采用________代码表示。(2014年秋真题)

A. 二进制　　B. 八进制

C. 十进制　　D. 十六进制

(19) 在表示U盘的存储容量时，1MB为________字节。(2015年秋真题)

A. 1024×1024　　B. 1000×1024

C. 1024×1000　　D. 1000×1000

(20) 某内存的容量是1GB,这里的1GB是________字节。(2014年秋真题)

A. 2的30次方　　B. 2的20次方

C. 10的9次方　　D. 10的6次方

3. 填空题

(1) 在用原码表示带符号整数"0"时,有"1000…00"与"0000…00"两种表示形式,而在补码表示法中,整数"0"的表示形式有________种。(2013年秋真题)

(2) 用8个二进位表示无符号整数时,可表示的十进制整数的数值范围是0~________。(2013年秋真题)

(3) 与十进制数165等值的十六进制数是________。(2014年秋真题)

(4) 在计算机内部,8位带符号二进制整数(补码)可表示的十进制最小值是________。(2014年秋真题)

(5) 在计算机内部,带符号二进制整数是采用________码方法表示的。(2014年秋真题)

(6) 与十进制数0.25等值的二进制数是________。(2015年春真题)

(7) 带符号整数最高位使用"0""1"表示该数的符号,用"________"表示负数。(2015年春真题)

(8) 与十六进制数FF等值的二进制数是________。(2015年秋真题)

1.6 评价与讨论

1. 抛出问题

(1) 阐述你所学的专业与信息技术有什么联系。

(2) 阐述内存容量和外存容量的度量单位有何差别。

(3) 你能识别出日常生活中常见的电子设备中的集成电路吗?微电子技术会达到极限吗?

2. 说一说、评一评

学生在解决问题过程中,分小组讨论,最后选派代表回答问题,其他小组成员及教师给出点评,并从回答问题过程中了解学生对学习目标的掌握情况。

课堂重点突出,培养学生的实际应用能力,教师做好记录,为以后的教学获取第一手材料。

1.7 资料链接

计算机存储容量的度量单位

1.2.1小节中曾经提及,现在计算机中内存储器和外存储器的容量的度量单位,虽然使用的符号相同,但实际含义却不一样。内存储器容量通常使用2的幂次作为其单位:

$1KB=2^{10}B$，$1MB=2^{20}B$，$1GB=2^{30}B$，$1TB=2^{40}B$，等等。而外存储器（包括硬盘、光盘、U盘等）的存储容量则以 10 的幂次作为其单位：$1KB=10^3B$，$1MB=10^6B$，$1GB=10^9B$，$1TB=10^{12}B$，等等。这样一来，用户在使用计算机的过程中就会发现一个奇怪的现象，安装在计算机中的外存储器容量被“缩水”了。例如，明明硬盘的容量是 320GB，操作系统显示的却是 298.09GB，明明买的是 8GB 的 U 盘，系统显示出来却是 7.21GB，如图 1-8 所示。

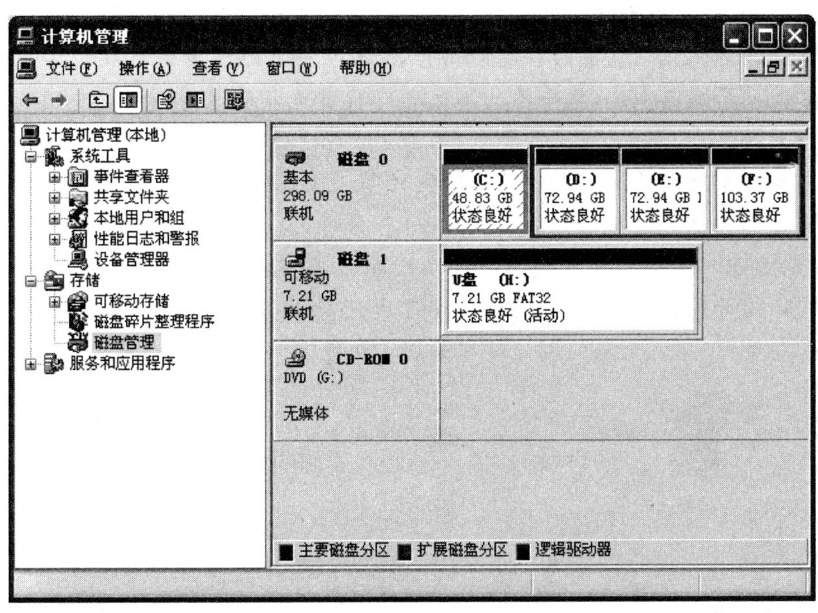

图 1-8　系统中显示的外存储器容量

原因其实很简单。因为 Windows 操作系统（其他大部分软件也一样）在显示外存容量、内存容量、Cache 容量和文件及文件夹的大小时，其容量的度量单位一概都是以 2 的幂次作为 K、M、G、T 等符号的定义，而外存储器生产厂商使用的 K、M、G、T 等符号却是以 10 的幂次定义的，这就是外存储器容量在系统中变小的原因。

为什么内存（包括 Cache 存储器）容量单位使用 2 的幂次呢？因为内存储器是以字节为单位编址的，每个字节有一个自己的地址，CPU 使用二进位表示的地址码来指出需要访问（读/写）的内存单元。地址码是一个无符号整数，n 个二进位的地址码共有 2^n 个不同组合，可以表示 2^n 个不同的地址，也就可以用来指定内存中 2^n 个不同的字节，所以内存的容量一般都以 2 的幂次来计算。而外存储器却不是以字节为单位而是以扇区为单位进行编址的。以硬盘为例，每个扇区的容量一般是 512 字节，总容量＝盘面数×磁道数/面×扇区数/磁道×512 字节。为了计算方便，也为了使标称容量可以比以 2 的幂次为单位进行计算更大一些，所以，外存储器厂商都以传统的 10 的幂次作为其容量的度量单位。

集成电路的制造过程及发展趋势

集成电路是在硅衬底上制作而成的。硅衬底是将单晶硅锭经切割、研磨和抛光后制成的像镜面一样光滑的圆形薄片，它的厚度不足 1mm，其直径可以是 6in、8in、12in 甚至更大，这种硅片称为硅抛光片。硅抛光片经过严格清洗后即可直接用于集成电路的制备。

制备集成电路所用的工艺技术称为硅平面工艺，它包括氧化、光刻、掺杂和互连等多项工序。把这些工序反复交叉使用，最终在硅片上制成包含多层电路及电子元件(如晶体管、电阻、电容、逻辑开关等)的集成电路。视硅大小和集成电路的复杂程度，每一硅抛光片上可制作出成百上千个独立的集成电路，这种整整齐齐排满了集成电路的硅片称作"晶圆"。

晶圆制成后，用集成电路检测仪对每一个独立的集成电路逐个进行检测，将不合格的集成电路用磁浆点上记号。然后将晶圆切开，分割成一个个单独的集成电路小片，通过电磁法把点了磁浆的废品剔除，将合格的集成电路按其电气特性进行分类。这些集成电路小片就称为晶片。

接下来是将每个晶片固定在塑胶或陶瓷的基座上，并把芯片上蚀刻出来的引线与基座底部伸出的插脚进行连接，然后盖上盖板进行封焊，以保护晶片免受机械刮伤或环境污染，这样就制成了一块集成电路成品。成品经测试后，按照它们的性能参数分为不同等级，贴上规格、型号等标识的标签，包装后即可出厂，这就是人们通常所说的"集成电路芯片"或简称"芯片"。集成电路的制造过程如图 1-9 所示。

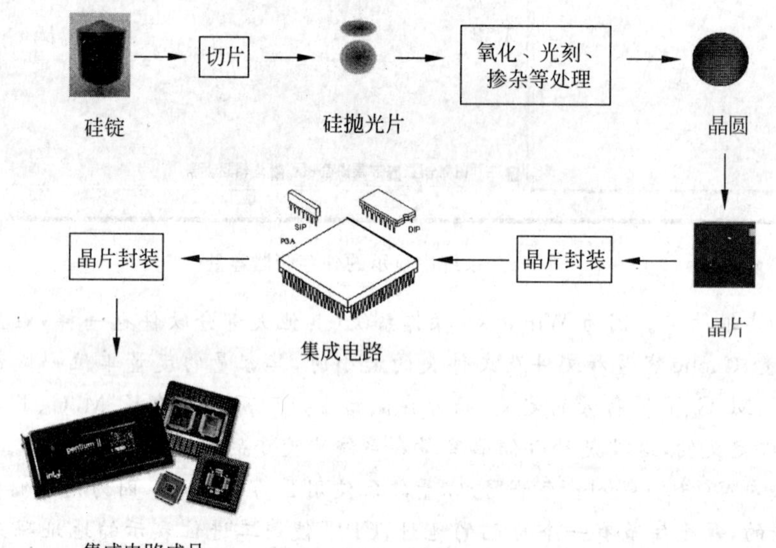

图 1-9　集成电路的制造过程

集成电路的技术发展很快(见表 1-4)。现在，世界上集成电路批量生产的主流技术已经达到 12～14in 晶圆、22nm(纳米，1nm＝10^{-9}m)甚至 14nm 线宽的工艺水平，并还在进一步提高。最复杂的 CPU 芯片所集成的晶体管数量已超过 10 亿个，移动设备存储卡所用的每个芯片包含的晶体管数量已达 100 亿个，先进的 CMOS 集成技术已经可以实现数字电路、模拟电路、射频电路等的集成。不用几年，人们就有可能制造出线宽更小的新一代芯片。然而，当线宽进一步缩小、线路相互间的距离越来越窄以后，干扰将更趋严重。为了减少这种干扰，可以采取减小电流的方法来解决。但是，当晶体管的基本线条小到纳米级、线路的电流微弱到仅有几十个甚至几个电子流动时，晶体管已逼近其物理极限，它将无法正常工作。在纳米尺寸下，纳米结构会表现出一些新的量子现象和效应。人们正在研究如何利用这些量子效应研制具有新功能的量子器件，从而把芯片的研制推向量子世界的新阶段——纳米芯片技术。同时，人们还在研究将自然界传播速度最快的光作为信息的载体，发展光子学，研制集成光路，或把电子与光子并用，实现光电子集成。因此有理由相信，纳米芯片技术和许多其他新的微电子技术的发展，必将在电子学领域中引起一次新的革命，把信息技术推向一个更高的发展阶段。

表 1-4　集成电路技术的发展趋势

年　　度	1999	2001	2004	2008	2010	2014
工艺/um	0.18	0.13	0.09	0.045	0.032	0.014
晶体管数量/M	23.8	47.6	135	539	1000	3500
时钟频率/GHz	1.2	1.6	2.0	2.655	3.8	5
面积/mm^2	34.0	34.0	390	468	600	901
连线层数	6	7	8	9	9	10
晶圆直径/in	12	12	14	16	16	18

第 2 章

计算机组成原理

【学习场景】

计算机是 20 世纪最伟大的发明之一。自从 1946 年 2 月 14 日，在美国宾夕法尼亚大学诞生第一台电子数字计算机 ENIAC(Electronic Numerical Integrator And Calculator)以来，计算机技术的发展可谓日新月异。尤其是微型计算机的问世，打破了计算机的神秘和计算机只能由少数专业人员使用的局面，使得计算机及其应用渗透到社会的各个领域。计算机技术的飞速发展和广泛应用，使计算机应用成为人们必不可少的技能，计算机已经成为人们生活中最重要的工具，它承担着信息加工、存储、传递、感测、识别、控制和显示等任务。

目前计算机的应用已推广到社会的各个领域，从科研、生产、教育、卫生到家庭生活，几乎无所不在。计算机促进了生产率的大幅度提高，将社会生产力的发展推高到前所未有的水平。随着计算机的功能的不断增强，其应用领域不断扩展，计算机系统也变得越来越复杂，但它们的基本组成和工作原理还是大体相同的。

计算机系统主要由两部分组成：硬件和软件。

计算机硬件是指计算机系统中所有实际物理装置的总和。从功能上讲，计算机硬件主要包括中央处理器(CPU)、内存储器、外存储器、输入设备和输出设备，它们通过总线相互连接。

计算机软件是指在计算机中运行的各种程序及其处理的数据和相关文档的集合。从应用角度出发，软件又分为系统软件和应用软件两大类。

人们认识计算机的过程大体分为 3 个阶段：①初始阶段。计算机刚刚引进企业和家庭，认为计算机就像彩电、录音机一样，买来设备就会解决问题，因而应用不广泛也不深入。比较普遍的应用方式就是用计算机完成一些报表统计、数学计算、打字办公等工作。计算机的使用停留在一个低水平上。②扩展阶段。企业、家庭等相关人员对计算机有所了解，希望使用计算机来解决自己应用中的问题。这个时候，计算机的应用种类迅速增加，但出现比较盲目地购买机器、软件等现象，缺少计划和规划，因而应用水平仍旧不高。③控制和成熟阶段。企业、家庭的计算机用户用投入产出的法则审视计算机的应用，发现现实并不如以前设想的那样美好，甚至是花钱多，效益低。因而对计算机的需求做出规划。希望首先用好现有设备和系统，然后在计划指导下发展。在这个阶段才真正有效地把计算机同整个实际需求比较好地结合起来，真正地把计算机的资源很好地规划利用，为管理和决策服务。

如何购买、使用、维护好一台性价比高、稳定性好的属于自己的计算机，可以说是每位计算机用户非常关心的问题。本章主要介绍计算机的硬件组成及其工作原理，了解计算机系统的配置及主要性能指标。

【学习目标】

培养学生对计算机硬件认知能力。

【学习任务】

(1) 掌握计算机的组成与分类。
(2) 掌握 CPU 的结构与原理。
(3) 掌握 PC 主机的组成。
(4) 掌握常用的输入和输出设备。
(5) 掌握常用的计算机存储设备。
(6) 了解笔记本电脑的选购。
(7) 了解组装一台计算机的基本步骤。
(8) 了解使用计算机的保健知识。

2.1　计算机的发展、分类与组成

2.1.1　计算机的发展与作用

1. 计算机的发展

世界上第一台电子数字计算机 ENIAC(读作埃尼阿克)，于 1946 年 2 月 14 日诞生于美国宾夕法尼亚大学，ENIAC 长 30.48m，宽 1m，占地面积约 170m²，30 个操作台，重达 30t，耗电量 150kW，造价 48 万美元。它包含了 17468 个真空管，7200 个水晶二极管，1500 个中转，70000 个电阻器，10000 个电容器，1500 个继电器，6000 多个开关，每秒执行 5000 次加法或 400 次乘法，是继电器计算机的 1000 倍、手工计算的 20 万倍。它的诞生是科学史上一次划时代的创新，奠定了电子计算机的基础。

60 多年来，在微电子技术的发展和社会应用需求的强力推动下，其发展速度之快，大大超出了人们的预料。从 20 世纪 80 年代开始，计算机的性能几乎每 3 年就提高 4 倍，成本却下降一半，其使用的集成电路的集成度更是遵循著名的 Moore 定律。在计算机的发展过程中，人们习惯按照计算机主机所使用的元件将计算机的发展按“代”划分为 5 个阶段，如表 2-1 所示。

(1) 第一代：电子管时代(1946 年—20 世纪 50 年代末期)。计算机的运算速度为每秒几千次至几万次，体积庞大，成本很高，可靠性较低。在此期间，形成了计算机的基本体系，主要用于科学和工程计算。

表 2-1　第 1～5 代计算机的对比

代别	年　代	使用的元器件	使用的软件类型	主要应用领域
第 1 代	1946 年—20 世纪 50 年代末期	CPU：电子管 内存：磁鼓	使用机器语言和汇编语言编写程序	科学和工程计算
第 2 代	20 世纪 50 年代中后期—60 年代中期	CPU：晶体管 内存：磁芯	使用 FORTRAN 等高级程序设计语言	开始广泛应用于数据处理领域
第 3 代	20 世纪 60 年代中期—70 年代初期	CPU：SSI、MSI 内存：SSI、MSI 的半导体存储器	操作系统、数据库管理系统等开始使用	在科学计算、数据处理、工业控制等领域得到广泛应用
第 4 代	20 世纪 70 年代中期—80 年代末期	CPU：LSI、VLSI 内存：LSI、VLSI 的半导体存储器	软件开发工具和平台、分布式计算、网络软件等开始广泛使用	深入到各行各业，家庭和个人开始使用计算机
新一代	20 世纪 90 年代初期至今	CPU：VLSI、ULSI 内存：VLSI、ULSI 的半导体存储器	知识库管理、智能计算机系统、云计算时代等开始广泛使用	能处理声音图像等，问题求解与推理，模拟人的智能活动

(2) 第二代：晶体管时代(20 世纪 50 年代中后期—60 年代中期)。计算机的运算速度提高到每秒几万次至十几万次，可靠性提高，体积缩小，成本降低。在此期间，开始广泛应用于数据处理领域，工业控制机开始得到应用。

(3) 第三代：中小规模集成电路时代(20 世纪 60 年代中期—70 年代初期)。计算机的可靠性进一步提高，体积进一步缩小，成本进一步下降，运算速度提高到每秒几十万次至几百万次。在此期间，形成了计算机种类多样化、生产系列化、使用系统化的特点，小型计算机开始出现，同时采用多处理器并行结构的大型机、巨型机也得到快速发展。

(4) 第四代：超大规模集成电路时代(20 世纪 70 年代中期—80 年代末期)。计算机的可靠性更进一步提高，体积更进一步缩小，成本更进一步降低，速度提高到每秒 1000 万次至 1 亿次。在此期间，由几片大规模集成电路组成的微型计算机开始出现，同时巨型向量机、阵列机等高级计算机得到发展，深入到各行各业，家庭和个人普遍使用计算机。

(5) 新一代计算机(20 世纪 90 年代初期至今)。运算速度提高到每秒 10 亿次，由一片极大规模集成电路实现的单片计算机开始出现。计算机正向巨型化、微型化、网络化、智能化和多媒体化方向发展。

注：自 20 世纪 90 年代开始，学术界和工业界都不再沿用“第几代计算机”的说法。人们主要着力研究计算机的智能化，以知识处理为核心，可以模拟或部分代替人的智能活动，具有自然的人机通信能力。当然，这是一个需要长期努力才能实现的目标。

2. 计算机的巨大作用

计算机进入办公室、家庭，已渗透到社会的各行各业，正在改变着传统的工作、学习和生活方式，推动着社会的发展。计算机的主要应用归纳为如下几个方面。

(1) 科学计算(数值计算)，是指利用计算机来完成科学研究和工程技术中提出的数学问题的计算。计算机最开始是为了解决科学研究和工程设计中遇到的大量数学问题的数值计算而研制的计算工具。利用计算机的高速计算、高精度、大存储容量和连续运算的能力，可以解决人工无法解决的各种科学计算问题，如嫦娥奔月卫星轨迹的计算、宇航飞机的研究设计、天气预报等都离不开计算机的精确计算。

（2）数据处理和信息管理，是指利用计算机对各种数据进行收集、存储、整理、分类、统计、加工、利用、传播等一系列活动的统称。在科学研究和日常生活中，会得到大量的原始数据，其中包括文字、图片、声音和视频等。数据处理就是对数据进行收集、分类、计算和存储等。计算机的信息管理更为普遍，如人事管理、仓库管理、图书管理等。据统计，全世界计算机用于数据处理和信息管理的工作量占全部计算机应用的 80%以上，显著地提高了工作效率和管理水平。

（3）计算机辅助功能，包括计算机辅助设计 CAD、计算机辅助制造 CAM、计算机集成制造 CIMS 和计算机辅助教学 CAI 等多方面，是近几年来迅速发展的一个计算机应用领域。CAD 指借助计算机的帮助，人们可以自动或半自动地完成工程和产品的设计；CAM 是利用计算机系统进行生产设备的管理、控制和操作，能提高产品质量、降低成本、提高生产效率和改善劳动条件；CIMS 是利用计算机使企业的设计、制造、管理等组成一个有机整体，形成高度的自动化系统，实现自动化生产线和无纸化办公；CAI 指利用计算机来辅助完成教学过程或模拟某个实验，这样不仅减轻了教师的负担，而且激发了学生学习的兴趣。

（4）自动控制，也称实时控制，是指通过计算机对某一过程进行自动操作，不需要人工干预，能按人预定的目标和预定的状态进行过程控制。

（5）人工智能，是指用计算机来模拟人的智能活动，代替人的部分脑力劳动。

（6）互联网应用与多媒体。互联网是计算机技术与通信技术结合的产物，其发展有着广阔前景。互联网改变了人与世界的联系，人们通过互联网可以浏览新闻、发布信息、检索信息、传送文件、游戏、购物等。多媒体技术是指通过计算机对文字、数据、图形、图像、动画、声音等多种媒体信息进行综合处理和管理，使用户可以通过多种感官与计算机进行实时信息交互，多媒体技术在教育、电子图书、广告、电子娱乐、家庭、视频会议等方面得到了广泛应用。

计算机科学技术对于一个国家在政治、经济、科技、军事、国防等方面发展的催化作用和强化作用，都具有难以估量的意义。

虽然计算机和互联网正在迅速地、不可逆转地改变着世界，但是，先进信息技术给人们带来进步和机遇的同时，它们也会带来一些新的社会问题和引发某些潜在的危机，如个人隐私受到威胁，信息欺骗和互联网犯罪增加，知识产权保护更加困难，计算机系统崩溃将带来不可预测的后果，不良和有害的信息肆意传播和泛滥，长期沉迷于计算机游戏、网络聊天等给青少年生理和心理带来严重的危害，等等。这些对于人们来说都必须予以足够的关注和重视。

2.1.2 计算机的分类

计算机发展到今天，可谓品种繁多、门类齐全、功能各异。从不同的角度计算机的分类有多种方法，主要有以下 3 种。

1. 按照其内部逻辑结构分类

计算机按照内部逻辑结构分为 16 位机、32 位机或 64 位机等。

一般说来，计算机在同一时间内处理的一组二进制数称为一个计算机的“字”，而这组二进制数的位数就是“字长”。字长与计算机的功能和用途有很大的关系，是计算机的一个重要技术指标。字长直接反映了一台计算机的计算精度，字长越大计算机处理数据的速度就越快。早期的微机字长一般是 8 位和 16 位，386 以及版本更高的处理器大多是 32 位。目前市面上的计算机的处理器大部分已达到 64 位。

2. 按照工作原理分类

计算机按照工作原理分为模拟计算机和数字计算机。

1）模拟计算机

模拟计算机又称“模拟式电子计算机”。它问世较早，采用模拟技术处理连续量，内部所使用的电信号模拟自然界的实际信号，因而称为模拟电信号。以连续变化的电流或电压来表示被运算量。模拟电子计算机处理问题的精度差，所有的处理过程均需模拟电路来实现，电路结构复杂，抗外界干扰能力极差。

2）数字计算机

数字计算机又称“数字式电子计算机”。它采用数字技术处理离散量，以数字形式的量值在机器内部进行运算和存储。数的表示法常采用二进制。它是当今世界电子计算机行业中的主流，其主要特点是“离散”，在相邻的两个符号之间不可能有第三种符号存在。这种处理信号的差异使得它的组成结构和性能优于模拟式电子计算机。数字计算机通常由运算器、控制器、存储器、输入和输出设备、系统总线等组成。

3. 按照计算机的性能和用途分类

1）巨型计算机

巨型计算机也称为超级计算机，它采用大规模并行处理的体系结构，包含数以千万计的 CPU。它具有极强的运算处理能力，运算速度达到每秒千万亿次浮点运算，大多使用在军事、科研、气象预报、石油勘探、模型设计、生物信息处理等领域。近些年，我国国防科技大学、曙光公司等先后研制成功运算速度达到每秒数千万亿亿次甚至数亿次的巨型计算机，在全球排行榜中居于前列，如图 2-1(a)所示。

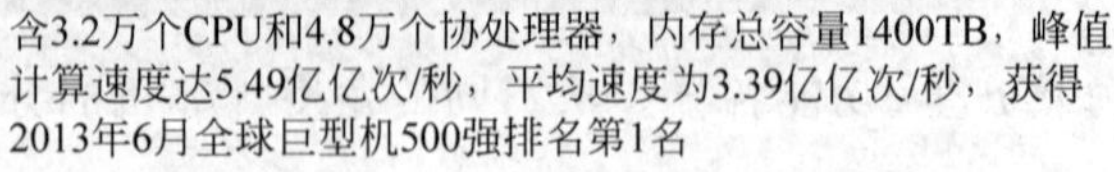
含3.2万个CPU和4.8万个协处理器，内存总容量1400TB，峰值计算速度达5.49亿亿次/秒，平均速度为3.39亿亿次/秒，获得2013年6月全球巨型机500强排名第1名

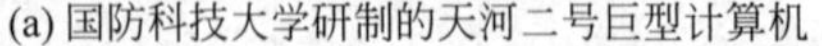
(a) 国防科技大学研制的天河二号巨型计算机

(b) 大型计算机

图 2-1 巨型计算机和大型计算机

2）大型计算机

大型计算机是指运算速度快、存储容量大、通信联网功能完善、可靠性高、安全性好、有丰富的系统软件和应用软件的计算机，通常含有几十个甚至更多个 CPU。它可以同时运行多个操作系统，因而可以代替多台普通的服务器，一般为企业或政府承担主服务器（企业级服务器）的功能，在信息系统中起着核心作用。它可以同时为许多用户执行信息处理，即使同时有几百个甚至上千个用户递交处理请求，其响应的速度快得能让用户感觉好像只是他一个人在使用计算机一样。如用于处理企事业订单数据、银行数据、航班信息等，如图 2-1(b)所示。

3）小型计算机（服务器）

小型计算机原本只是一个逻辑上的概念，指的是网络中专门为其他计算机提供资源和服务的那些计算机及相关软件，巨、大、中、小、微各种计算机原理上都可以作为服务器使用。但由于服务器往往需要具有较强的计算能力、高速的网络通信和良好的多任务处理功能，因此计算机生产厂商专门开发了用作服务器的一类计算机产品。与普通的 PC 相比，服务器需要连续工作在 7×24 小时的环境中，对可靠性、稳定性和安全性等要求更高。

根据不同的计算机能力，服务器又分为工作组服务器、部门级服务器和企业级服务器。小型机的典型应用是帮助中小企业（或大型企业的一个部门）完成信息处理任务，如教务系统成绩管理、库存管理、销售管理等。

4）个人计算机

个人计算机俗称个人电脑，也称 PC 或微型计算机，它是 20 世纪 80 年代初由于单片微型处理器的出现而开发成功的。个人计算机的特点是体积小、结构精简、功能丰富、使用方便，适合办公室或家庭使用。通常，个人计算机由一个用户专用，一般只处理一个用户的任务，并由此而得名。

个人计算机分为台式机和便携机（笔记本电脑）两大类，前者在办公室和家庭中使用，后者体积小、重量轻，便于外出携带，性能接近台式机，但价格稍贵。近两年开始流行更小更轻的超级便携式计算机，如平板电脑（如苹果公司的 iPad）、智能手机等，它们采用多点触摸屏进行操作，功能丰富，有通用性，能无线上网，可随身携带进行工作和娱乐，如图 2-2 所示。

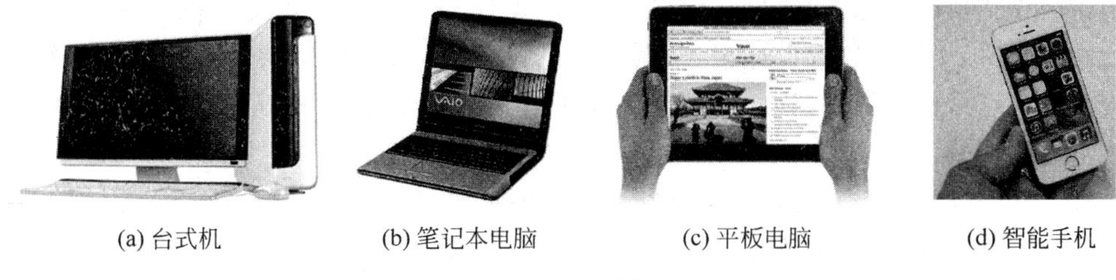

(a) 台式机　(b) 笔记本电脑　(c) 平板电脑　(d) 智能手机

图 2-2　个人计算机

需要注意，由于平板电脑和智能手机的软硬件结构、配置和应用有许多新的特点，虽然它们也是个人计算机的一个品种，但人们在很多场合提及 PC 时，往往专指那些使用微软公司 Windows 操作系统和 Intel(或 AMD)公司 CPU 芯片的台式机和笔记本电脑,而把智能手机、平板电脑等称为“移动终端”。

5) 嵌入式计算机

20 世纪七八十年代出现了微处理器和个人计算机。微型处理器简称 μP 或 MP,通常指使用单片大规模集成电路制成的、具有运算和控制功能的部件。微型处理器是各种类型计算机的核心组成部分。目前无论是巨型机还是个人计算机,服务器还是工作站,它们的中央处理器几乎都采用微处理器组成,区别仅在于所使用的微处理器性能的高低和数量的多少不同而已。

如果不仅把运算器和控制器集成在一起,而且把存储器、输入/输出控制与接口电路等也都集成在同一块芯片上,这样的超大规模集成电路称为单片计算机或嵌入式计算机。嵌入式计算机是内嵌在其他设备中的计算机,如安装在手机、数码相机、MP3 播放器、电视机顶盒、汽车和空调等产品中。它们执行着特定的任务,如控制办公室的温度和湿度,控制微波炉的温度和工作时间,播放 MP3 音乐等。

嵌入式计算机促进了各种各样电子产品的发展和更新换代:手机、手表、玩具、游戏机、照相机、音响、录放像机、微波炉等。嵌入式计算机也被广泛应用于工业生产和军事领域,如机器人、数控机床、汽车、导弹、航天器等。实际上,嵌入式计算机是计算机市场中增长最快的部分,世界上 90%的计算机(微处理器)都是以嵌入方式在各种设备里运转的。

除了复杂程度不同,嵌入式计算机的逻辑结构和工作原理与通常的计算机很相似。需要注意的是,大多数嵌入式计算机都把软件固化在芯片上,所以它们的功能和用途一般不会轻易改变。另外,嵌入式计算机大多应满足实时信息处理、节省存储容量、最小化功耗、适应恶劣工作环境等要求,并力求以最低成本来满足这些要求,这些都是嵌入式计算机及其应用的特点。

2.1.3 计算机的组成

1. 计算机的逻辑组成

一个完整的计算机系统包括硬件和软件两部分。计算机硬件是指构成计算机的所有实际物理装置的总称,如处理器芯片、存储器芯片、各类扩展卡、键盘、鼠标、显示器、打印机等,它们都是计算机的硬件。计算机软件是指在计算机中运行的各种程序及其处理的数据和相关文档的集合。程序用来指挥计算机硬件一步步进行规定的操作,数据则为程序处理的对象,文档是软件设计报告、操作使用说明等,它们都是软件不可缺少的组成部分。硬件是计算机系统的基础,软件是计算机系统的灵魂,两者相互依赖、相互支持、缺一不可。

从逻辑上(功能上)来讲,计算机硬件主要包括中央处理器(CPU)、内部存储器、外部存储器、输入设备和输出设备等,它们通过总线相互连接,如图 2-3 所示。CPU、内存储器等构成了计算机的主机,外存储器、输入设备和输出设备等通常称为计算机的外部设备,简称外设。

1) 中央处理器

负责对输入的信息进行各种处理(如计算、分类、检索等)的部件称为处理器。处理器

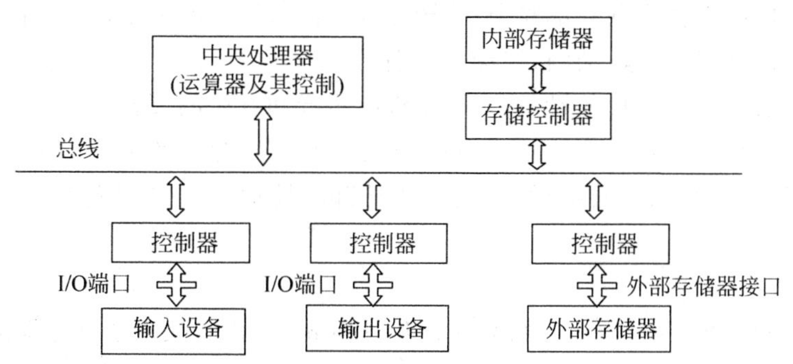

图 2-3　计算机硬件的逻辑组成

的结构很复杂，能高速执行指令完成二进制的算术、逻辑运算和数据传送等操作。超大规模集成电路的出现，使得处理器的所有组成部分都可以制作在一块面积仅几平方厘米的半导体芯片上，因为体积小，这样的处理器称为微处理器。

一台计算机中往往有多个处理器，它们各有其不同的任务，有的用于绘图，有的用于通信。其中承担系统软件和应用软件运行任务的处理器称为中央处理器（CPU），它是任何一台计算机必不可少的核心组成部件。

为提高处理速度，计算机可以包含 2 个、4 个、8 个甚至几百个、几千个 CPU。使用多个 CPU 实现超高速计算的技术称为并行处理技术。近些年来，个人计算机（PC）也普遍采用集成有 2 个、4 个甚至更多 CPU 在同一芯片内的所谓多核 CPU，使 PC 性能得到了进一步提高。

2）内部存储器

存储器是计算机的记忆部件，用于存放计算机进行信息处理所必需的原始数据、中间结果、最后结果以及指示计算机工作的程序。

存储器分为内部存储器（简称内存或主存）和外部存储器（外存或辅存）两大类。内存存取速度快而容量相对较小（成本较高）。内存与 CPU 直接相连，用于存放已经启动运行的程序和需要立即处理的数据。CPU 工作时，它所执行的指令集处理的数据都是从内存中取出的，产生的结果一般也存放在内存中。

3）外部存储器

外部存储器也称辅助存储器，它能长期存放计算机系统中的所有的信息。外存存取速度较慢而容量相对很大，但它不能与 CPU 直接相连，计算机执行程序时，外存中的程序及相关数据必须先传送到内存，然后才能被 CPU 存取和使用。

4）输入设备

输入是把信息送入计算机的过程，输入可以由人、外部环境或其他计算机来完成。用来向计算机输入信息的设备通称为输入设备。输入设备是外界向计算机传送信息的装置，常见的输入设备有鼠标、键盘、扫描仪、话筒、阅读器等。不论信息的原始形态如何，输入到计算机中的信息都使用二进制位来表示。

5）输出设备

输出是把信息送出计算机，负责完成把信息输出的设备称为输出设备。输出设备是将计算机处理的结果传送到外部媒介，并转化成人们所需要的表示形式，计算机的输出可以是文本、语音、音乐、图像、动画、视频等多种方式。例如，在 PC 中，显示器、打印机、绘图仪等都是输出文字和图形的设备，音响是输出语音和音乐的设备。

输入设备和输出设备通称 I/O(Input/Output)设备，这些设备是计算机与外界(人、环境或其他设备)联系和沟通的桥梁，用户或外部环境通过 I/O 设备与计算机系统相互通信。

6）总线

总线(BUS)是用于在 CPU、内存、外存和各种输入/输出设备之间传输信息并协调它们工作的一组部件(含传输线和控制电路)。人们还习惯把用于连接 CPU 和内存的总线称为 CPU 总线(或前端总线)，把连接内存和 I/O 设备(包括外存)的总线称为 I/O 总线。为了方便地更换与扩充 I/O 设备，计算机系统中的 I/O 设备一般都通过 I/O 接口与各自的控制器链接，然后由控制器与 I/O 总线相连。

2. PC 主机的组成

用户看到的台式 PC，通常由机箱、显示器、鼠标、键盘、音响和打印机等组成。机箱内有主板、硬盘、光驱、电源、风扇等，其中主板上安装了 CPU、内存、总线、I/O 控制器等部件，它们属于主机部分(这里的主机是生活中俗称)。下面对 CPU、内存之外的主机其他部分做简单介绍。

1）主板

主板又称母板，在主板上通常安装有 CPU 插座、芯片组、内存插槽、扩充卡插槽、显卡插槽、BIOS、CMOS 和若干用于连接外围设备的 I/O 接口等，如图 2-4 所示。

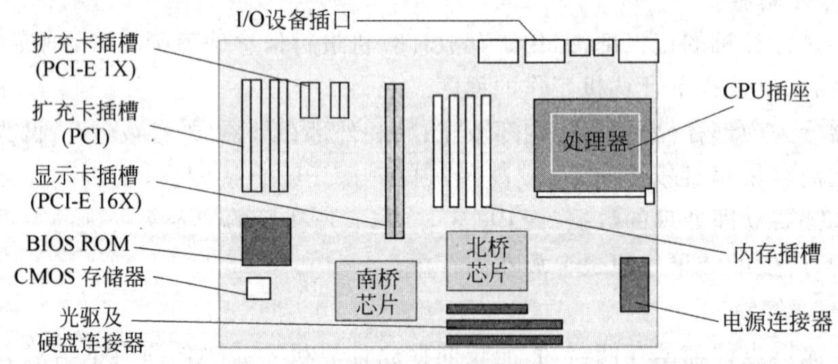

图 2-4　台式 PC 主板示意图

CPU 芯片和内存条分别通过主板上的 CPU 插座和内存插槽安装在主板上，PC 常用的外围设备通过扩展卡(如声音卡、显示卡等)或 I/O 接口与主板相连，扩展卡借助卡上的印刷插头插在主板上的 PCI 总线插槽中。随着集成电路的发展和计算机设计技术的进步，许多扩展卡的功能可以部分或全部集成在主板上(如串行口、并行口、声卡、网卡等控制电路)。主板实物图如图 2-5 所示。

为了便于不同 PC 主板的互换，主板的物理尺寸已经标准化。现在使用的主要是 ATX 和 BTX 规格的主板。

图 2-5 华硕主板实物图

2）芯片组

芯片组(Chipset)是 PC 各组成部分相互连接和通信的枢纽，它是主板的灵魂，存储控制、I/O 控制器的功能几乎都集成在芯片组内，它既实现了 PC 总线的功能，又提供了各种 I/O 接口及相关的控制。没有芯片组，CPU 就无法与内存、扩充卡、外设等交换信息。

芯片组一般由两块超大规模集成电路组成：北桥芯片和南桥芯片。北桥芯片是存储控制中心(Memory Controller Hub，MCH)，用于高速连接 CPU、内存条、显卡，并与南桥芯片互连；南桥芯片是 I/O 控制中心(I/O Controller Hub，ICH)，主要与 PCI 总线槽、USB 接口、硬盘接口、音频编解码器、BIOS 和 CMOS 存储器等连接，并借助 Super I/O 芯片提供对键盘、鼠标、串行口和并行口的控制。CPU 的时钟信号也由芯片组提供。如图 2-6 所示是芯片组与主板上各个部件互连的示意图。

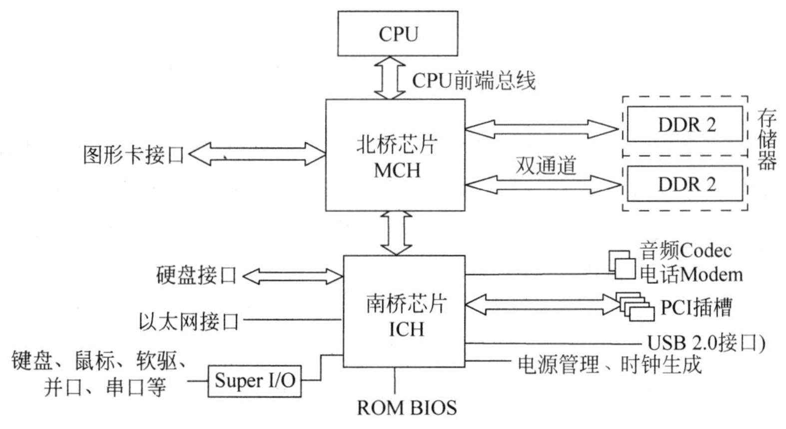

图 2-6 芯片组与主板上其他部件的连接

需要特别注意的是，CPU 与主板是要兼容的，有什么样功能和速度的 CPU，就需要使用什么样的芯片组(特别是北桥芯片)。芯片组还决定了主板上所能安装的内存最大容量、速度及可使用的内存条的类型。此外，显卡、硬盘等设备性能的提高，芯片组中的控制接口电路也要相应的变化。所以芯片组是与 CPU 芯片及外设同步发展的。

3）BIOS

除北桥芯片、南桥芯片外，主板上还有两块特别有用的集成电路芯片：一块是只读存储器，其中存放的是基本输入/输出系统(BIOS)；另一块是CMOS存储器。

BIOS的中文意思是基本输入/输出系统，它是PC软件中最基础的部分，没有它计算机就无法启动，它是一组固化在计算机内主板ROM芯片上的机器语言程序。由于存放在ROM中，即使计算机关机，它的内容也不会改变。每次计算机加电时，CPU总是首先执行BIOS程序，它具有诊断计算机故障及加载操作系统并启动其运行的功能。

BIOS主要包括4个部分的程序：加电自检程序、系统盘主引导记录装入程序(简称引导装入程序)、CMOS设置程序和基本外围设备的驱动程序。

4）CMOS

CMOS由主板上的电池供电，即使计算机关机它也不会丢失所存储的信息。CMOS中存放着与计算机系统相关的一些参数(称为配置信息)，包括当前的系统日期和时间、开机口令、已安装的光驱和硬盘的个数及类型等。用户在系统自举之前，一般按Delete键(或F2、F12键，各种BIOS规定不同)就可以进入CMOS设置状态。

5）I/O操作与I/O总线

(1) I/O操作。输入/输出(I/O)设备是计算机系统的重要组成部分，没有I/O设备计算机就无法与外界(包括人、其他的计算机及设备)交换信息。

I/O操作的任务是将输入设备输入的信息送入内存的指定区域，或者将内存指定区域的内容送出到输出设备。通常，每个(类)I/O设备都有各自专用的控制器(I/O控制器)，它们的任务是接收CPU启动I/O操作命令后，独立地控制I/O设备的操作，直到I/O操作完成。

(2) I/O总线。I/O设备控制器与CPU、存储器之间相互交换信息、传输数据的一组公用信号线称为I/O总线，它与主板上扩展插槽中的各扩展板卡(I/O控制器)直接相连。I/O设备的工作速度比CPU慢得多，为了提高系统的效率，I/O操作与CPU的数据处理操作往往是并行进行的。

总线上有三类信号：数据信号、地址信号和控制信号，传输这些信号的线路分别是数据线、地址线和控制线，协调与管理总线操作的是总线控制器(在CPU或芯片组内)。

总线最重要的性能是它的数据传输速率，也称总线的带宽，即单位时间内总线上可传输的最大数据量，总线带宽的计算公式如下。

$$\text{总线带宽(MB/s)} = (\text{数据线宽度}/8) \times \text{总线工作频率(MHz)} \times \text{每个周期的数据传输次数}$$

20世纪90年代开始，PC一直采用一种称为PCI的I/O总线，它的工作频率是33MHz，数据线的宽度是32位(64位)，传输速率达133MB/s(266MB/s)，可以用于连接中等速度的外部设备，其性能已经跟不上实际使用需求。

PCI-Express(简称PCI-E)是PC的I/O总线的一种新标准，如图2-7所示，它采用了高速点对点串行连接。PCI-E包括1X、4X、8X和16X等多种规格，分别包含1个、4个、8个和16个传输通道，每个通道的数据传输速率为250MB/s。例如，PCI-E 1X(250MB/s)已经可以满足主流的声卡、网卡和多数外存储器对数据传输带宽的要求，而PCI-E 16X可提供 4GB/s 的带宽，可更好地满足独立显卡对数据传输速率的要求。因此，现在 PCI-E 16X 接口的显卡已经越来越多地取代了曾经流行的 AGP 接口的显卡。

除了数据传输速度快的优点外，由于 PCI-E 是串行接口，其插座的针脚数目也大为减少，这样就降低了 PCI-E 设备的体积和生产成本，如图 2-7 所示。另外，PCI-E 也支持高级电源管理和热插拔。目前 PCI-E 1X 和 PCI-E 16X 已经成为 PCI 的主流规格，大多数芯片组生产商在北桥芯片中添加了对 PCI-E 16X 的支持，在南桥芯片中添加了对 PCI-E 1X 的支持。

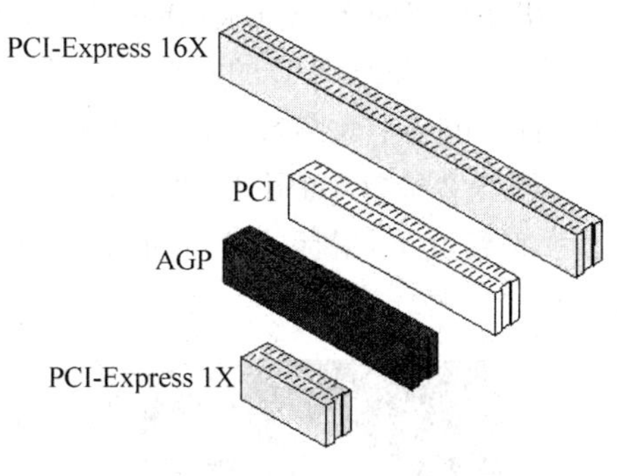

图 2-7　AGP、PCI 与 PCI-E 插座的比较

6) I/O 设备接口

I/O 设备与主机一般需要通过连接器实现互连，计算机中用于连接 I/O 设备的各种插头/插座以及相应的通信规程及电器特性称为 I/O 设备接口，简称 I/O 接口。

(1) I/O 接口的分类。PC 可以连接许多不同种类的 I/O 设备，所使用的 I/O 接口也有多种类型。按数据传输方式来分，可分为串行(一次只传输 1 位)和并行(多位一起进行传输)两种；按是否能连接多个设备来分，可分为总线式(可连接多个设备)和独占式(只能连接 1 个设备)两种。按是否符合标准来分，I/O 接口可分为标准接口(通用接口)和专用接口两种；从数据传输速率来看，有低速和高速之分。表 2-2 是当前 PC 常用的 I/O 接口及性能的对比。

表 2-2　PC 常用 I/O 接口

名称	传输方式	数据传输速率	插头/插座形式	连接设备数目	连接的设备
PS/2 接口	串行，双向	低速	圆形 6 针	1	鼠标器、键盘
USB 2.0	串行，双向	60MB/s(高速)	矩形 4 线	最多 127	几乎所有外围设备
USB 3.0	串行，双向	400MB/s(超高速)	矩形 8 线	最多 127	几乎所有外围设备
IEEE 1394	串行，双向	12.5MB/s、25MB/s、50MB/s、100MB/s	矩形 6 线	最多 63	数字视频设备、光驱、硬盘
ATA	并行，双向	66MB/s、100MB/s、133MB/s	(E-IDE)40/80 线	1～4	硬盘、光驱、软驱
SATA(串行 ATA)	串行，双向	150MB/s、300MB/s、600MB/s	7 针插头/插座	1	硬盘、光盘
eSATA	串行，双向	300MB/s	连接线最长 2m	1	外置的 SATA 接口，连接移动硬盘
显示器接口 VGA	并行，单向	200～500MB/s	HDB15	1	显示器
高清晰多媒体接口 HDMI	并行，单向	10.2Gb/s	19 针插座	1	显示器、电视机

(2) 常用的 I/O 接口标准。

① IDE 接口和 SATA 接口,如图 2-8 所示。IDE 接口主要用于连接硬盘、光驱和软驱,采用并行双向传送方式,体积小,数据传输快。SATA 接口采用串行方式传输数据,是一种不同于并行 IDE 的新型硬盘接口类型。SATA 接口的数据传输速率比 IDE 接口要快,目前市场上大多数的硬盘都采用 SATA 接口。

② PS/2 接口,如图 2-9 所示。PS/2 接口的功能比较单一,仅能用于连接键盘和鼠标。一般情况下,鼠标的接口为绿色,键盘的接口为紫色。PS/2 接口的传输速率比 COM 接口稍快一些。

图 2-8 IDE 接口和 SATA 接口

图 2-9 COM 接口、LPT 接口和 PS/2 口

③ USB 接口。USB(Universal Serial Bus,通用串行总线)是一种可以连接多个设备的总线式串行接口,由 Compaq、IBM、Intel、Microsoft 等公司共同研制开发的,现在已经在 PC、数码相机、MP3 播放器、手机等设备中普遍使用。

最早的 USB 1.0 是在 1996 年出现的,速度只有 1.5Mb/s,两年后升级为 USB 1.1,速度提升到 12Mb/s,它们用于连接中低速设备,现在已很少使用;现在广泛使用的 USB 2.0 速度达到了 480Mb/s(60MB/s),可支持数字摄像设备、扫描仪、打印机及移动存储器等高速设备;性能更好的 USB 3.0 有效传输速率可达 3.2Gb/s(400MB/s),正在被越来越多的设备应用,如图 2-10 所示为 USB 接口图。

图 2-10 USB 2.0 和 USB 3.0 接口

USB 2.0 接口使用 4 线连接器,USB 3.0 接口使用 8 线连接器。它们的插头都比较小,符合即插即用规范,支持热插拔,即使在计算机运行时(不需要关机)也可以插拔设备。从理论上讲,借助 USB 集线器,一个 USB 接口可连接 127 个设备。带有 USB 接口的 I/O 设备可以有自己的电源,也可通过计算机主机提供电源(+5V)。

近几年来,越来越多的智能手机和平板电脑采用 USB 2.0 OTG(On-The-Go)接口,这种接口扩展了传统的 USB 2.0 的功能,使得智能手机和平板电脑具有双重身份:它们既可以为从设备(外围设备)连接到 PC(主控设备)使用,由 PC 对其进行控制、访问、数据传输和充电,又可以让智能手机和平板电脑本身作为主控设备,去连接 U 盘、打印机等从设备,以达到扩充外存容量、方便输入/输出甚至向后者供电的目的。注意,USB 2.0

OTG 接口使用的微型连接器中，增加了 1 个用于识别是主控设备还是从设备的引脚(ID)。当使用普通的 USB 连接线进行连接时，它是从设备；若使用专门的 OTG 连线时，它就成为主控设备了。

苹果公司的 iPhone、iPad 使用的 Lightning 接口有 8 个引脚，连接线插头正反均可插入使用，它与 USB 接口并不兼容，但通过专门的转换器也能作为 USB 2.0 OTG 接口使用。

④ IEEE 1394 接口，如图 2-11 所示。

IEEE 1394(简称 1394，又称 i. Link 或 FireWire)是一种高效的串行接口标准，中文译为“火线接口”，主要用于连接需要高速传输大量数据的音频和视频设备，其数据传输速率可达 50～100MB/s。同 USB 接口一样，IEEE 1394 接口也支持即插即用和热插拔，也可为外设提供电源。

图 2-11　IEEE 1394 接口

最后需要说明的是，有些设备(如鼠标、扫描仪、打印机等)可以连接在主机的不同接口上，这取决于该设备本身使用的是什么接口。现在越来越多的设备改用 USB 接口了。

2.2　CPU 的结构与原理

2.2.1　CPU 的作用与组成

迄今为止，人们所使用的计算机大多是按照匈牙利数学家冯·诺依曼(Von Neumman)提出的“存储程序控制”的原理进行工作的。即一个问题的解算步骤(程序)连同它所处理的数据都使用二进制表示，并预先存放在存储器中。程序运行时，CPU 从内存中一条一条地取出指令和相应的数据，按指令操作码的规定，对数据进行处理，直到程序执行完毕为止，如图 2-12 所示。

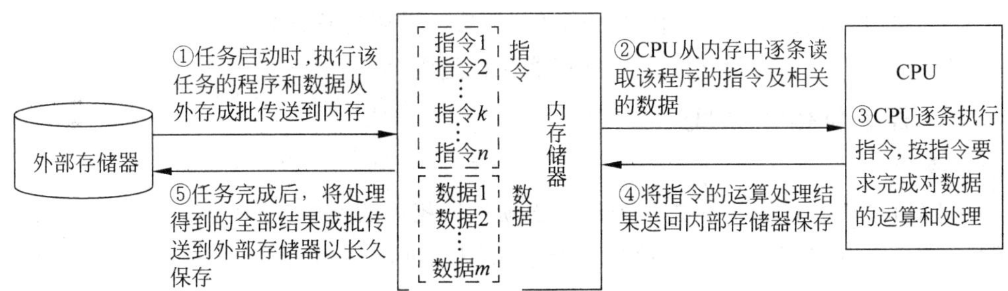

图 2-12　程序在计算机中的执行过程

CPU 的具体任务是执行指令，按照指令的要求完成对数据的运算和处理。CPU 的结构如图 2-13 所示，原理上它主要由以下三部分组成。

1. 控制器

控制器是 CPU 的指挥中心。它有一个指令计数器，用来存放 CPU 正在执行的指令

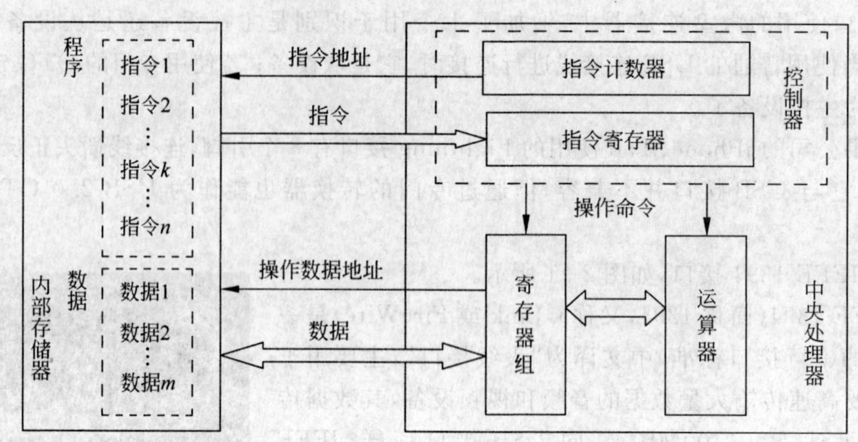

图 2-13 CPU 的组成及与内存的关系

的地址，CPU 按照该地址从内存中读取所要执行的指令。通常情况下，指令是顺序执行的，所以 CPU 每执行一条指令后它就加 1(因而称为指令计数器)。控制器中还有一个指令寄存器，它用来保存当前正在执行的指令，通过译码器解释该指令的含义，控制运算器的操作，记录 CPU 的内部状态等。

2. 运算器

运算器用来对二进制数据进行加、减、乘、除或者与、或、非等各种基本的算术运算和逻辑运算，所以也称为算术逻辑部件(ALU)。

说明：为加快运算速度，运算器中的 ALU 可能有多个，有的负责完成整数运算，有的负责完成浮点数运算，有的还能进行一些特殊的运算处理。

3. 寄存器组

寄存器组由十几个甚至几十个寄存器组成。寄存器的速度很快，它们用来临时存放参加运算的数据和运算得到的中间(或最后)结果。需要运算器处理的数据总是预先从内存传送到寄存器，运算的最终结果从寄存器保存到内存。

2.2.2 指令与指令系统

1. 指令

在计算机内部，计算机完成某个任务必须执行相应的程序，而程序是由一连串的指令组成的，指令是构成程序的基本单位。指令采用二进制表示，由操作码和地址码两部分组成。

(1) 操作码：指计算机执行何种操作。例如，算术运算、逻辑运算、存取数据等，每一种操作均有各自的二进制代码，称为“操作码”。

(2) 操作数地址：指出该指令所处理的数据或者数据所在的位置。操作数地址可以为 1 个、2 个甚至多个，这需要由操作码决定。

2. 指令执行的过程

计算机完成工作任务，总是由 CPU 一条一条地执行指令来完成的。CPU 执行每一条指令分成如下 4 个步骤。

(1) 取指令。CPU 的控制器从存储器读取一条指令并放入指令寄存器。

(2) 指令译码。指令寄存器中的指令经过译码，决定该指令应进行何种操作、操作数放在哪里。

(3) 执行指令。根据操作数的位置取出操作数，运算器按照操作码的要求完成相应的数据处理，并将最终结果保存至内存单元。

(4) 修改指令计数器，决定下一条指令的地址。

3. 指令系统及其兼容性

(1) 指令系统。每种 CPU 都有它自己独特的一组指令。CPU 所能执行的全部指令称为该 CPU 的指令系统。通常，指令系统中有数以百计的不同的指令，这些指令按其功能可以分成以下六类：算术运算类、逻辑运算类、数据传送类、程序控制类、输入/输出类、其他类。

(2) 指令系统的兼容性。由于每种类型的 CPU 都有自己的指令系统，因此，某一类计算机的可执行程序代码未必能在其他计算机上运行，这个问题称为计算机的兼容性。

同一公司同一系列的 CPU 为解决软件兼容性问题，采用向下兼容的方式开发新的处理器，即所有新处理器均保留老处理器的全部指令，同时还扩充功能更强的新指令。

不同公司生产的 CPU 指令系统未必相互兼容。目前生产 CPU 的公司主要有 Intel 和 AMD，虽然公司不同，但是两者在很多产品上使用的指令系统是一致的，其指令系统相互兼容。而平板电脑、智能手机使用的则是英国 ARM 公司设计的微处理器，它们的指令系统有很大差别，再加上操作系统不同，它们与 PC 就不兼容，即 PC 上的程序代码不能在平板电脑、智能手机上运行；反之亦然。

2.2.3　CPU 的性能指标

计算机的性能在很大程度上是由 CPU 决定的。CPU 的性能主要表现在程序执行速度的快慢，CPU 的主要性能指标有以下几个。

1. 字长(位数)

字长指的是 CPU 中整数寄存器和定点运算器的宽度(即二进制整数运算的位数)。如果一个 CPU 的字长为 32 位，它每执行一条指令就可以处理 32 位二进制数据，如果要处理更多位数的数据，就需要执行多条指令。显然，字长越长，CPU 的功能就越强，工作速度就越快。多年来个人计算机使用的 CPU 大多是 32 位处理器，近些年使用的 Core 2 和 Core i3/i5/i7 则是 64 位的。

2. 主频(CPU 的时钟频率)

主频即 CPU 中电子线路工作频率，单位是 MHz，它决定着 CPU 内部数据传输与操作速度的快慢。一般而言，主频越高，执行一条指令需要的时间就越少，CPU 的处理速度就越快。目前大多数 CPU 的主频为 1～4GHz。

3. CPU 总线宽度

CPU 总线的工作频率和数据线宽度决定着 CPU 与内存之间传输数据的快慢，数据线越宽，一次性传输的信息量就越大，CPU 访问内存的时间就越短。

4. 高速缓存(Cache)的容量

程序运行过程中，高速缓存有利于减少 CPU 访问内存的次数。通常，Cache 容量越大，CPU 的性能越好，计算机的速度越快。

5. 指令系统

CPU 依靠指令来计算和控制系统。指令的类型和数目、指令的功能等都会影响程序执行的速度。

6. 内核个数

为提高 CPU 芯片的性能，现在 CPU 芯片往往包含 2 个、4 个甚至多个 CPU 内核，每个内核都是一个独立的 CPU。在操作系统的支持下，多个 CPU 内核并行工作，内核个数越多，CPU 芯片的整体性能越优。

7. 逻辑结构

CPU 包含的定点运算器和浮点运算器的数目、是否有数字信号处理功能、有无指令预测和数据预测能力、流水线结构和级数等都对指令执行的速度有影响，甚至对某些特定的应用有很大的影响。

2.3 内部存储器

2.3.1 计算机存储器的层次结构

1. 概述

计算机中的存储器分为内存和外存两大类。内存的存取速度快而容量相对比较小，它与 CPU 高速连接，用来存放已经启动运行的程序和正在处理的数据。外存的存取速度较慢而容量相对很大，它不能与 CPU 直接连接，用于持久地存放计算机中的数据，其数据需经过内存传送给 CPU。

在日常生活中，存取速度较快的存储器成本较高，速度较慢的存储器成本较低。为使存储器的性能/价格比得到优化，计算机中各存储器往往采用一个层次的塔状结构(见图 2-14)，它们相互取长补短，协调工作。

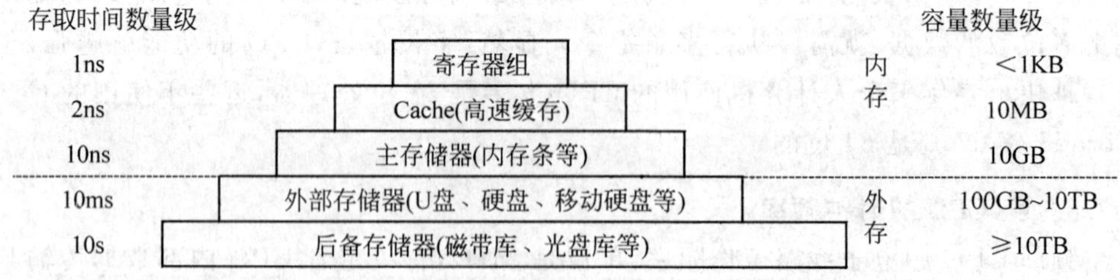

图 2-14 存储器的层次结构

2. 分类

内存储器由称为存储器芯片的半导体集成电路组成，按照关机时信息是否丢失，可以分为随机存储器(RAM)和只读存储器(ROM)两大类。

1) 随机存储器(RAM)

RAM 目前多数采用 MOS 型半导体集成电路芯片制成,根据其保存数据的机理又分为 DRAM 和 SRAM 两种。

(1) DRAM(动态随机存储器)。芯片的电路简单,集成度高,功耗小,成本较低,适合使用于内存储器的主体部分。但是它的速度较慢,比 CPU 慢得多,因此出现了许多不同的 DRAM 结构,以改善其性能。

(2) SRAM(静态随机存储器)。与 DRAM 相比,它的电路较复杂,集成度低,功耗大,制造成本高,价格贵,但工作速度很快,与 CPU 速度相差不多,适用于作高速缓冲存储器 Cache,目前大多已经与 CPU 集成在同一芯片中。

2) 只读存取器(ROM)

无论是 DRAM 还是 SRAM,关机或断电时,其中的信息都将随之丢失。ROM 是一种能够永久性或半永久性地保存数据的存储器,即使掉电(或关机),存放在 ROM 中的数据也不会丢失,所以也叫非易失性存储器。目前使用最多的是 Flash ROM(闪烁存储器,简称闪存),它主要用于存储 BIOS 程序、U 盘、存储卡和固态硬盘中。

2.3.2 主存储器

一般所说的内存是指内存系统,即寄存器组、Cache 和主存储器合称。在这 3 种部件中,主存储器的容量最大,是主要内存储器,简称主存。通常所说的主存是指内存条,多数情况下,内存也指内存条,需要根据实际使用场合理解其含义。

主存是 CPU 可直接访问的存储器,它包含大量的存储单元,每个存储单元为 1 个字节(8 个二进制位),即以字节为基本单位存储数据,每个存储单元都有一个地址,CPU 按地址对存储器进行访问。其主要性能指标有以下两个。

(1) 存储容量:主存储器中所包含的存储单元的总数(单位为 MB 或 GB)。

(2) 存取时间:从 CPU 给出存储器地址开始到存储器读出数据并送到 CPU 所需要的时间。主存储器存取时间的单位是 ns($1ns=10^{-9}s$)。

由于 CPU 的速度很高,而且越来越高,而 DRAM 芯片所组成的主存储器速度比 CPU 要慢一个数量级。从主存储器取数或存数时,CPU 必须停下来等待,这显然难以发挥 CPU 的高速特性。解决这个矛盾通常从两个方便着手:一是采用 Cache 存储器。Cache 是将 SRAM 存储器电路直接制作在 CPU 芯片内的一种小容量高速存储器,其存取速度几乎与 CPU 一样快。计算机在执行程序时,CPU 预先将数据和指令成批存入 Cache,当 CPU 需要从内存读取数据或指令时,先检查 Cache 中有没有,若有,就直接从 Cache 中读取,而不需要访问主存,这就大大提高了 CPU 的效率。另一个方法是改进存储器芯片的电路和工艺,并对 DRAM 的存储控制技术进行改进,开发出 DRAM 的新品种,如 DDR、DDR 2、DDR 3 等。

主存储器在物理结构上一般由 1～4 个内存条组成,内存条是把若干片 DRAM 芯片焊在一条印制的电路板上做成的部件,如图 2-15 所示。

内存条必须插在主板上的内存条插槽中才能使用,主板中一般都配备 2 个或 4 个

DIMM 插槽，如图 2-16 所示。目前流行的 DDR 2、DDR 3 内存条采用双列直插式，其触点分布在内存条的两面。

图 2-15 内存条

图 2-16 DIMM 内存插槽

2.4 外部存储器

计算机传统的外部存储器有软盘、硬盘、磁带等，随着计算机技术发展，各种光盘、U 盘和存储卡普及和应用，为大容量信息存储提供了更多的选择。在日常生活中，常用的有硬盘、移动硬盘、U 盘、存储卡、光盘等。

2.4.1 硬盘存储器

几十年来，硬盘存储器一直是计算机最重要的外存储器。由于微电子、材料、机械等领域的先进技术不断地应用到新型硬盘中，硬盘的容量不断增大，性能不断提高。下面介绍硬盘的组成、原理、与主机的接口和主要性能指标等。

1. 硬盘的结构与原理

硬盘存储器由磁盘盘片、主轴、主轴电机、移动臂、磁头和控制电路组成，它们全部封装在盒状装置内，这就是通常所说的硬盘，如图 2-17 所示。

硬盘的盘片由铝合金或玻璃材料制成，盘片的上下两面都涂有一层很薄的磁性材料，通过磁性材料粒子的磁化来记录数据。磁性材料粒子有两种不同的磁化方向，分别用来表示记录的是 0 还是 1。盘片表面由外向里分成许多同心圆，每个圆称为一个磁道(图 2-17)，盘片上一般有几千个磁道，每个磁道还要分成几千个扇区，每个扇区的容量一般为 512 字节。盘片的两面各有一个磁头，两面都可记录数据。

通常，一块硬盘有 1～5 张盘片，所有盘片上相同半径的一组磁道称为“柱面”，如图 2-18 所示。所以硬盘上的数据需要使用 3 个参数来定位：柱面号、扇区号和磁头号。

图 2-17 硬盘的盘片与硬盘的组成

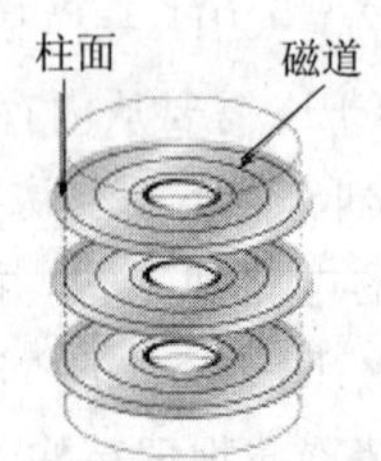

图 2-18 柱面和磁道

硬盘中的所有单碟都固定在主轴上，主轴底部有一个电机，当硬盘工作时，电机带动主轴，主轴带动盘片高速旋转；磁头负责在盘片上写入或读出数据；移动臂用来固定磁头，并带动磁头沿着盘片径向高速移动，以便定位到指定的磁道。这就是硬盘的基本工作原理。

另外，硬盘与主机的接口是主机与硬盘之间信息传输的通道。多年来 PC 大多采用 IDE（也称并行 ATA 接口）作为硬盘接口，传输速率有 100MB/s 和 133MB/s 两种。近几年流行的是一种串行 ATA 接口（简称 SATA），它采用高速串行的方式传输数据，其传输速率达 150MB/s、300MB/s 和 600MB/s。

2. 硬盘的性能指标

衡量硬盘存储器性能的主要技术指标有如下几个。

（1）容量。硬盘一般有 1～5 张盘片，其存储容量为所有单碟容量之和。作为 PC 的外部存储器，硬盘的容量自然越大越好，目前 PC 单碟容量大多在 100GB 以上。

（2）平均存取时间。它由硬盘的旋转速度、磁头的寻道时间和数据的传输速率所决定。硬盘旋转的速度越高，磁头移动到数据所在磁道越快，对于缩短数据存取时间越有利。目前 PC 硬盘大多数为每分钟 7200 转或 5400 转，硬盘的平均存取时间大约在几毫秒至几十毫秒之间。

（3）缓存容量。高速缓冲存储器能有效地改善硬盘的数据传输性能，理论上讲 Cache 容量是越大越好。目前硬盘的缓存的容量大多已达到 8MB 以上。

（4）数据传输速率。它分为外部数据传输速率和内部数据传输速率。外部数据传输速率指主机从（向）硬盘缓存读出（写入）数据的速率，现在 SATA 接口一般为 150～300MB/s。内部传输速率指在盘片上读写数据的速率，通常远小于外部传输速率。一般而言，当单碟容量相同时，转速越高内部传输速率越快。

总之，在选购硬盘时，存储容量、平均存取时间、缓存大小、数据传输速率、接口类型等都是需要考虑的因素。

3. 使用硬盘的注意事项

正确使用和维护硬盘非常重要，否则会缩短硬盘的使用寿命、丢失数据甚至损坏硬盘，给工作带来不可挽回的损失，硬盘使用应注意如下问题。

（1）正在对硬盘读写时不能关掉电源。

（2）保持使用环境的清洁卫生，注意防尘；控制环境温度，防止高温、潮湿和磁场的影响。

（3）防止硬盘受震动，工作时不要移动机器。

（4）及时对硬盘内容进行整理，包括目录的整理、文件的清理、磁盘碎片整理等。

（5）防止计算机病毒对硬盘的破坏，定期对硬盘进行病毒检测和数据备份。

4. 移动硬盘

除了固定安装在主机中的硬盘外，还有一类硬盘产品，它们的体积小、重量轻，采用 USB 接口或者 eSATA 接口，可随时从计算机上插拔（类似 U 盘），非常方便携带和使用，称为移动硬盘。

移动硬盘通常采用微型硬盘加上特制的配套硬盘盒构成。一些超薄型的移动硬盘，厚度仅 1cm 左右，比手掌还小一些，重量只有 200～300g，存储容量可以达到 100GB 甚至更大。移动硬盘的优点如下。

(1) 容量大。非常适合携带大型图库、数据库、音像库、软件库的需要。

(2) 兼容性好，即插即用。由于采用了 PC 的主流接口 USB 或 IEEE 1394，因此移动硬盘可以与各种计算机连接，并且支持即插即用，支持热插拔。

(3) 速度快。采用 USB 2.0 接口的速度是 60MB/s，eSATA 接口的传输速率高达 150～300MB/s。

(4) 体积小，重量轻。USB 移动硬盘体积仅手掌般大小，重量只有 200g 左右，无论放在包中还是口袋内都十分轻巧方便。

(5) 安全可靠。移动硬盘具有防震性能，在剧烈震动的情况下盘片会自动停转，并将磁头复位到安全区，防止盘片损坏。

2.4.2 U 盘、存储卡和固态硬盘

目前广泛使用的移动存储器除了移动硬盘之外，还有 U 盘和存储卡两种。它们存取数据的速度快，工作无噪声，尺寸更小，更轻便，如图 2-19 所示。

图 2-19　U 盘和存储卡

1. U 盘

U 盘和存储卡都是采用闪存做成的。闪存是一种半导体集成电路存储器，其存储单元的工作机理基于隧道效应，即使断电后也能永久性保存其中的信息。U 盘和存储卡都被认为是一种固态存储设备，它们没有机械移动部件，信息存取速度比较快，工作无噪声，尺寸更小、更轻便。

U 盘采用 USB 接口，它几乎可以与所有的计算机连接。U 盘的容量可以从几百 MB 到几十 GB 甚至更大，它能安全可靠地保存数据，使用寿命长达数年之久。此外，U 盘还可模拟光驱和硬盘启动操作系统，当操作系统受到病毒感染时，U 盘可以同软盘、光盘一样，起到引导操作系统的作用。

2. 存储卡

存储卡是闪存做成的另一种固态存储器，形状为扁平的长方形或正方形，如图 2-19 所示，可插拔。现在存储卡的种类较多，如 SD 卡、CF 卡、MMC 卡等，它们具有 U 盘相同的优点，但是只有配置了读卡器才能对存储卡进行读写操作。

3. 固态硬盘

固态硬盘(Solid State Disk/Solid State Drive，SSD)是使用 NAND 型闪存做成的一

种外部存储器，用来在便携式计算机中代替传统的硬盘。由于其接口规范、功能和使用方法与普通硬盘完全相同，外形和尺寸也保持一致，所以把这类存储器称为固态硬盘。与传统的硬盘相比，固态硬盘具有低功耗、无噪声、抗震动、发热少的特点。目前的容量大多为32GB、64GB 或 128GB 甚至更大，读写速度也超过了传统的硬盘，且发展潜力很大。

说明：多数平板电脑的外存储器既不是传统硬盘也不是 SSD，例如，iPad 是将 NAND 型 Flash 芯片直接焊接在主板上作为外部存储器，容量可以是 16GB、32GB、64GB 或 128GB；而微软公司的平板电脑 Surface 使用的是 Micro-SDXC 存储卡；多数智能手机的外存储器是 Micro-SD 存储卡。

2.4.3　光盘存储器

自 20 世纪 70 年代初光盘存储技术诞生以来，光盘存储技术获得迅速发展，形成了CD、DVD 和 BD(蓝光盘)三代光盘存储器产品。

光盘存储器成本不高，容量较大，还具有很高的可靠性，不容易损坏，在正常情况下是非常耐用的。这是由于光盘的读出头离盘面有几毫米距离，这比磁头与磁盘表面的距离至少大 1000 倍，因此光盘不易划破。即使盘面有指纹或灰尘存在，数据仍然可以读出。光盘的表面介质也不容易受温度、湿度的影响，便于长期保存。光盘存储器的缺点是读出速度和数据传输速度比硬盘慢得多。

1. 光盘存储器的结构与原理

光盘存储器由光盘片和光盘驱动器两部分组成，如图 2-20 所示。光盘片用来存储数据，其基片是一种耐热的有机玻璃，直径 120mm(约 5in)，用来记录数据的是一条由里向外的连续的螺旋状光道。其存储数据的原理与磁盘不同，它是通过在盘面上压制凹坑的方法来记录信息，凹坑的边缘处表示 1，凹坑内和凹坑外的平坦处表示 0，信息的读取需要使用激光来分辨和识别，如图 2-21 所示。

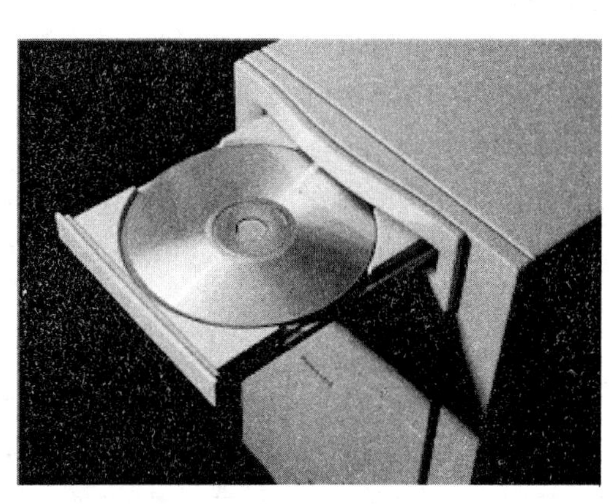

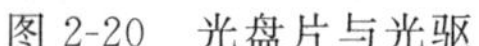

图 2-20　光盘片与光驱

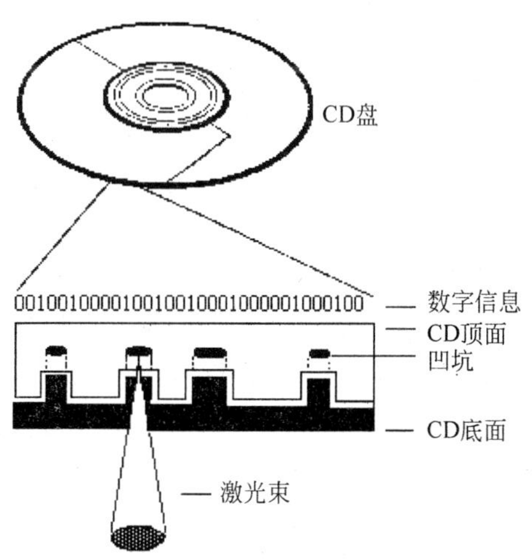

图 2-21　光盘存储原理

光盘驱动器(简称光驱)用来带动光盘盘片旋转并读出盘片上的(或向盘片上刻录)数据，光驱与主机的接口大多是 IDE 接口或 SATA 接口，也可以使用 USB 接口。

2. 光驱的类型

目前光盘驱动器按照其信息读写能力分为只读光驱和光盘刻录机两大类；按照可处理的光盘类型又可分为CD只读光驱、CD刻录机、DVD只读光驱、DVD刻录机、康宝、BD只读光驱、BD刻录机。由于DVD光驱均能兼容CD光盘的读出，单纯的CD只读光驱和CD刻录机目前市场已很少见。

康宝是曾经在笔记本电脑上流行的一种光驱，既有DVD只读光驱的功能，又有CD刻录机的功能(可以刻录CD-R和CD-RW)，是CD刻录机和DVD只读光驱的组合，故名组合(Combo，读作"康宝")光驱。

3. 光盘的类型

光盘片是光盘存储器的信息存储载体，主要有CD光盘、DVD光盘、BD光盘3类，按其信息读写特性又分为只读光盘、一次可写光盘和可擦写光盘3种，如表2-3所示。

表2-3 CD光盘的类型

类型及性能	CD	DVD	BD
只读	CD-ROM	DVD-ROM	BD-ROM
可写一次	CD-R	DVD+R、DVD-R	BD-R
可多次读写	CD-RW	DVD-RAM、DVD-RW或DVD+RW	BD-RW

1) CD光盘

CD光盘最早用于存储数字立体声音乐(CD唱片)，后来开始作为计算机的外存储器使用，它有只读(CD-ROM)、可写一次(CD-R)、可多次读写(CD-RW)3种不同类型。

(1) CD-ROM。把需要记录的信息事先制作到光盘上，光盘上的数据不能删除和修改，只能读出光盘中的信息，每张光盘的存储容量为650MB～700MB。

(2) CD-R。可写一次，使用光盘刻录机可以将信息写入CD-R光盘。但写过一次后，该光盘中的数据只能读取信息不能删除和修改信息。

(3) CD-RW，也称可擦写盘，在这种光盘上写入的信息可以多次改写，擦写次数可达几百次甚至上千次之多。

2) DVD光盘

DVD光盘与CD光盘的大小相同，但它分有单面单层、单面双层、双面单层和双面双层4个品种。DVD存储的数据比CD更加密集，所以要利用聚焦更细的红色激光进行信息的读取，因而DVD盘片的存储容量大大提高，如表2-4所示。

表2-4 各种不同DVD光盘的存储容量

DVD光盘类型	120mm DVD存储容量/GB	80mm DVD存储容量/GB
单面单层(SS/SL)	4.7(DVD-5)	1.46(DVD-1)
单面双层(SS/DL)	8.5(DVD-9)	2.66(DVD-2)
双面单层(DS/SL)	9.4(DVD-10)	2.92(DVD-3)
双面双层(DS/DL)	17(DVD-18)	5.32(DVD-4)

和 CD 光盘一样，DVD 光盘片也分为只读(DVD-ROM)、可写一次(DVD-R)、可多次读写(DVD-RW)3 种类型。需要说明的是，可刻录的 DVD 光盘的规格国际上没有完全统一，所以用户在购买时务必选择适合自己刻录机的光盘。

3) BD 光盘

蓝光(BD)光盘是索尼、飞利浦、松下等公司联合设计开发的，是目前最先进的大容量光盘片，单层单面的存储容量为 25GB，双层盘片的容量为 50GB，读写速度可达 4.5～9MB/s，足够录制一部长达 4 小时的高解析影片，是全高清晰度影片的理想存储介质。飞利浦的蓝光盘还采用高级真空连接技术，形成约 100μm 厚度的一个安全层，以保护光盘上的数据记录，使它能经受住频繁的使用、触摸、划痕和污垢，确保蓝光光盘的存储质量和数据安全。与 CD 光盘、DVD 光盘一样，BD 盘片也分为 BD-ROM、BD-R 和 BD-RW 3 种类型，它们分别适用于只读、一次记录和可擦写 3 种不同的应用。

2.5　常用的输入设备

2.5.1　键盘

键盘是计算机最常用也是最主要的输入设备，通过键盘可以将英文字母、数字、标点符号等输入计算机中，从而向计算机发出命令，输入中西文字和数据。

1. 键盘的组成

键盘由一组印有不同符号标记的按键组成，这些按键以矩形排列安装在电路板上，根据键盘上的按键的功能可以划分成以下 4 个区域。

(1) 功能键区：包含 12 个功能键 F1～F12，这些功能键在不同的软件系统中有不同的定义。

(2) 主键盘区(打字键)：包含数字键(1～9)、字母键(A～Z)、符号键、运算键及若干控制键等。

(3) 数字小键盘区：包含 10 个数字键和运算符号键，另外还有 Enter 键和一些控制键。数字小键盘区的主要功能是数字输入与运算，由 NumLock 键控制。

(4) 控制键区：包含插入、删除、光标控制键、翻屏键等。表 2-5 是 PC 键盘中部分常用的控制键及主要功能。

表 2-5　PC 键盘中部分常用的控制键

名　称	功　能	名　称	功　能
Alt	控制键	Insert	插入/覆盖键
Ctrl	控制键	Shift	换挡键
Caps Lock	英文大小写切换键	NumLock	数字小键盘的开关键
Esc	强行退出键	Backspace	退格键
Home	用于把光标移动到开始位置	End	用于把光标移动到末尾
PageUp	向上翻页	PageDown	向下翻页
F1～F12	功能键，其功能由操作系统及运行的应用程序决定	Pause	临时性挂起一个程序或命令
PrintScreen	记录当时的屏幕映像，将其复制到剪贴板中	Delete	删除光标右面的一个字符，或删除一个选定的对象

目前的标准键盘主要有 104 键和 107 键。后者比 104 键多了“睡眠(Sleep)”“唤醒(Wake Up)”“开/关机(Power)”3 个电源管理方面的按键,顾名思义,这 3 个按键是用于快速开关计算机及让计算机快速进入/退出休眠模式的。

2. 键盘的工作原理

目前,键盘上的按键大多是电容式的。电容式键盘的优点是,击键声音小,无触点,不存在磨损和触点不良等问题,寿命长,手感好。为了避免电极间进入灰尘,按键采用密封组装,键体不可拆卸。

用户按下每个按键时,它们会发出不同的信号,这些信号由键盘内部的电子线路转换成相应的二进制代码,然后通过键盘接口(PS/2 或 USB)送入计算机。

此外,无线键盘与“软键盘”也广泛使用。无线键盘采用无线通信技术,它不需要物理线路,直接通过无线电波将输入信息传送给主机上安装的专用接收器,距离可达 10m,所以使用比较灵活方便;平板电脑和智能手机使用的是“软键盘”(虚拟键盘),当用户需要输入信息时,屏幕会出现类似键盘的一个图像,用户用手指触摸其中的按键即可输入相应的信息,完成输入后,键盘图像便可从屏幕上消失。

2.5.2 鼠标

1. 鼠标的基本概念

鼠标能方便地控制屏幕上鼠标箭头准确地定位在指定位置,并通过按键进行各种操作。鼠标是计算机必备的输入设备之一。

鼠标是计算机显示系统纵横坐标定位的指示器,它的外形轻巧,操作自如,尾部有一条连接电缆,形似老鼠,故名鼠标。鼠标在使用过程中其箭头常见的形状及含义如表 2-6 所示。

表 2-6 鼠标箭头的常见形状及含义

鼠标箭头的形状	含 义	鼠标箭头的形状	含 义
	标准选择		调整窗口垂直大小
	文字选择		调整窗口水平大小
	帮助选择		窗口对象调整
	后台操作		窗口对象调整
	程序忙		移动对象

2. 鼠标的工作原理

当用户移动鼠标时,借助于机电或光学原理,鼠标移动的距离和方向将分别变换成脉冲信号输入计算机,计算机中运行的驱动程序把接收到的脉冲信号再转换成鼠标在水平方向和垂直方向的位移量,从而控制屏幕上鼠标箭头的运动。

鼠标通常有两个按键,称为左键和右键,它们的按下和放开,均会以电信号形式传送给主机。至于按动键后计算机做些什么,则由正在运行的软件决定。除了左键和右键之外,鼠标中间还有一个滚轮,可以用来控制屏幕内容进行上、下移动,它与窗口右边的滚动条的功能一样，当看一篇比较长的文章时，向后或向前移动滚轮，就能使窗口的内容向上或向下移动。

鼠标的结构经过了几次演变，现在流行的是光电鼠标。它使用一个微型镜头不断地拍摄鼠标器下方的图像，经过一个特殊的微处理器（数字信号处理器 DSP）对图像颜色或纹理的变化进行分析，计算鼠标器的移动方向和距离。光电鼠标的工作速度快，准确性和灵敏度高（分辨率达 8000dpi），几乎没有机械磨损，很少需要维护，也不需要专用鼠标垫，几乎在任何平面均可以操作。图 2-22 是光电鼠标的正面和底面图。

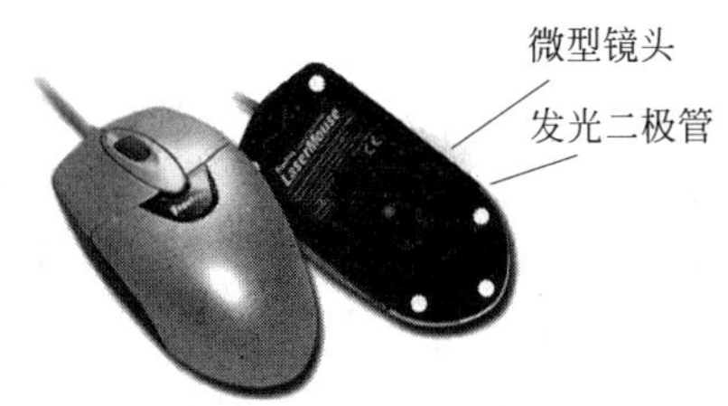

图 2-22　光电鼠标器

鼠标与主机的接口主要有两种：PS/2 接口和 USB 接口。现在，无线鼠标也逐步流行，作用距离可达 10m。

与鼠标作用类似的设备还有轨迹球、指点杆、触摸板、触摸屏和操纵杆，如图 2-23 所示。操纵杆由基座和控制杆组成，它能将控制杆的物理运动转换成电子信号向主机输入并完成相应操作，操纵杆在飞行模型、工业控制和电子游戏等应用领域广泛应用。

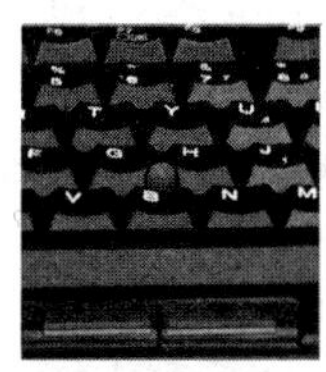

(a) 指点杆

(b) 触摸板

(c) 触摸屏

(d) 操纵杆

图 2-23　与鼠标作用类似的设备

2.5.3　触摸屏

随着因特网进入千家万户，计算机应用得到极大的发展。但使用键盘输入汉字仍然是许多计算机新手的一大障碍。此外便携式数字设备如平板电脑、智能手机、MP3 播放器、GPS 定位仪等移动信息设备，由于体积限制，也需要寻找键盘和鼠标的替代品，触摸屏（图 2-24）作为一种新颖的输入设备最近几年得到了广泛应用，它兼有鼠标和键盘的功能，甚至还可以用来手写汉字输入，深受用户欢迎。除了平板电脑、智能手机、GPS 定位仪等移动设备之外，博物馆、酒店、机场等公共场所的多媒体计算机或查询终端上也已广泛使用触摸屏。

(a) 平板电脑

(b) 查询终端

(c) 智能手机

图 2-24　触摸屏

触摸屏是在液晶面板上覆盖一层触摸面板，当手指或塑料笔尖施压其上时会有电流产生以确定压力源的位置，并对其进行跟踪，用以取代机械式的按钮面板。透明的触摸面板附着在液晶屏上，不占用额外的物理空间，具有视觉对象与触觉对象完全一致的效果，实现无损耗、无噪声的控制操作。

近两年开始流行一种称为多点触摸屏的触摸屏。与传统电阻型(压感式)的单点触摸屏不同，多点触摸屏大多基于电容传感器原理，可以同时感知屏幕上的多个触控点。用户除了能进行单击、双击、平移等操作外，还可以双手(或多个手指)对指定的对象(如一幅图像、一个窗口)进行缩放、旋转、滚动等控制操作。这种新鲜感十足的操控设计为苹果公司的 iPhone、iPod 和 iPad 等产品增色不少，成为吸引消费者的一个亮点。目前已经在平板电脑等许多智能数码产品中推广使用。

2.5.4 扫描仪

扫描仪是利用光电技术和数字处理技术，以扫描方式将图形或图像信息转换为数字信号的装置，是将原稿(图片、照片、底片、书稿等)的影像输入计算机的一种输入设备。

1. 扫描仪的分类及工作原理

扫描仪的种类很多，按照扫描仪的结构来分，扫描仪可分为手持式、平板式、胶片专用和滚筒式等几种。

手持式扫描仪工作时，操作人员手拿着扫描仪在原稿上移动。它的扫描头比较窄，只适用于扫描较小的原稿，如图 2-25 所示。

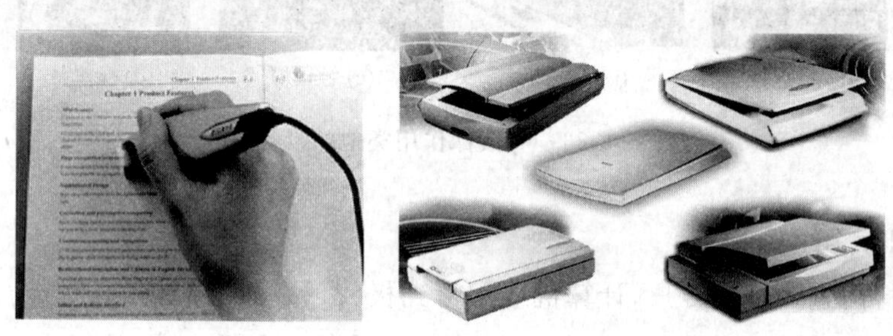

(a) 手持式扫描仪　　(b) 平板式扫描仪

图 2-25　扫描仪

平板式扫描仪主要扫描反射式原稿，它的适用范围非常广，单页纸可以扫描，一本书也可以逐页扫描。它的扫描速度、精度、质量比较好，在家庭和办公自动化领域得到了广泛的应用，如图 2-25 所示。

胶片专用和滚筒式扫描仪都是高分辨率的专业扫描仪，它们在光源、色彩捕捉等方面均具有较高的技术性能，光学分辨率很高，主要用于专业印刷排版领域。

扫描仪是基于光电转换原理设计的，上述几种类型的扫描仪工作原理大体相同，只是结构和使用的感光器件不同而已。现以平板式扫描仪为例，介绍它的工作原理，如图 2-26 所示。

扫描仪工作时，将被扫描的原稿正面朝下，放置在扫描仪玻璃板上。扫描仪采用高密度的光束照射图像，由电机牵动的扫描头沿着原稿移动，并接收从原稿反射回来的光束。

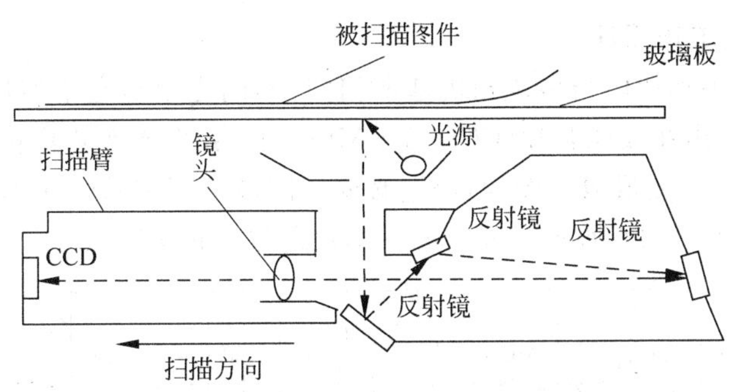

图 2-26　CCD 扫描仪工作原理

由于黑色、白色、彩色的不同以及灰度的区别，反射回来的光强度也有不同，这种反射光被聚焦后照射在 CCD(电荷耦合)器件上，通过光电转换产生电流输出。照射光强，电流大，照射光弱，电流小，再经模数转换器(A/D 转换器)转换，就变成计算机可以处理的数字信号。这种数字信号还要由专门的软件进行各种校正和平滑处理，得到的图像数据以指定的文件格式(如 TIF 文件)存储在计算机中。

2. 扫描仪的主要性能指标

(1) 分辨率。它反映了扫描仪扫描图像的清晰程度，用纵向和横向每英寸的取样点数目(dpi)来表示。普通家用扫描仪的分辨率为 1600～3200dpi，用户根据需要选择使用。

(2) 色彩位数(像素深度)。它反映了扫描仪对图像色彩的辨析能力，色彩位数越多，反映的色彩就越丰富，得到的图像效果就越真实、逼真。色彩位数有 24 位、36 位、48 位等，分别可表示 2^{24}、2^{36}、2^{48} 种不同的颜色。使用时可根据应用需要选择黑白、灰度或彩色工作模式，并设置灰度级数或彩色的位数。

(3) 扫描的幅面。指允许被扫描原稿的最大尺寸，如 A4、A3 等。

(4) 接口类型。如 USB 接口、IEEE 1394 等。

2.5.5　数码相机

数码相机(Digital Camera，DC)是一种利用电子传感器把光学影像转换成电子数据的照相机，是一种重要的图像输入设备，如图 2-27 所示。与传统照相机相比，数码相机不需要使用胶卷，能直接将照片以数字形式记录下来，并输入计算机进行存储、处理和显示，或通过打印机打印出来，或与电视机连接进行观看。

(a) 普通数码相机

(b) 专业数码相机

图 2-27　数码相机

1. 数码相机的工作原理

数码相机的镜头和快门与传统相机基本相同,不同之处是它不使用光敏卤化银胶片成像,而是将影像聚焦在成像芯片(CCD 或 CMOS)上,并由成像芯片转换成电信号,再经模/数转换(A/D 转换)变成数字图像,经过必要的图像处理和数据压缩之后,存储在相机内部的存储器中,如图 2-28 所示。其中成像芯片是数码相机的核心。

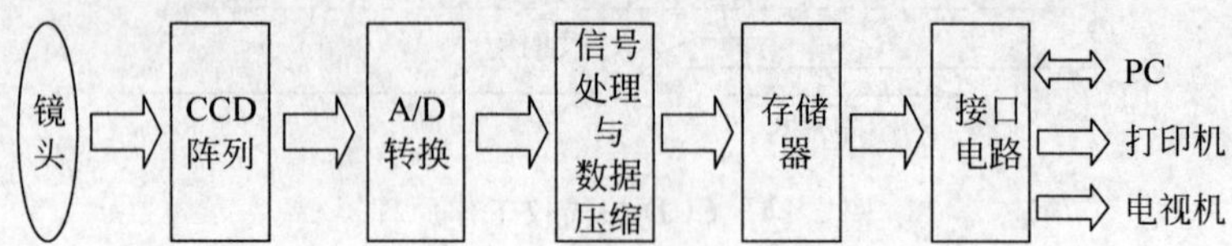

图 2-28 数码相机工作原理

2. 数码相机主要性能指标

1) CCD 像素个数

它决定照片图像能达到的最高分辨率。采用 CCD 芯片成像时,CCD 芯片中数以亿计的 CCD 像素排列成宽高比为 4∶3 或者 3∶2 的矩形成像区,每个 CCD 像素可感测影像中的一个点,将其光信号转换为电信号。显然,CCD 像素越多,影像分解的点就越多,最终所得到影像的分辨率就越高,影像就越清晰,图像的质量也就越好。

2) 存储器的容量

存储器的容量即保存 CCD 成像并转换后得到的数字图像的数据量。经过 CCD 芯片成像并转换得到数字图像,存储在数码相机的存储器中,数码相机的存储器大多采用由闪存组成的存储卡(如 MMC 卡、SD 卡等),即使关机也不会丢失信息,在分辨率和质量要求相同的情况下,存储器的容量越大,可存储的数字相片就越多。

3) 接口类型

数字接口 USB(连接计算机)、模拟视频信号输出(连接电视机)。目前数码相机的结构已日趋完善,功能趋于多样化。一般使用的数码相机都配置有用于取景的彩色液晶显示屏、与计算机连接的 USB 接口和与电视机连接的模拟视频信号接口,具有自动聚焦、自动曝光、数字变焦等功能,大多还能拍摄视频和进行录音,满足了人们多样化的需求。

2.6 常用的输出设备

2.6.1 显示器

显示器通常也被称为监视器,它是一种将计算机中的数字信号转换成光信号,并在屏幕上以图文的形式显示出来的输出设备。显示器是计算机最基本的输出设备,它是用户操作计算机传递各种信息的窗口,没有显示器用户便无法了解计算机的工作状态,也无法进行操作。

计算机显示器通常由两部分组成:显示器和显示控制器(显卡)。

1. 显示器

计算机使用的显示器主要有两类：阴极射线管显示器(CRT)和液晶显示器(LCD)，如图 2-29 所示。

1) 阴极射线管(CRT)显示器

CRT 显示器是通过电子枪，从阴极发射出大量电子，经过强度控制，聚集和加速，使其形成电子流，再经过偏转线圈的控制，快速地轰击显示器的荧光屏，从而使荧光屏上的荧光粉发亮显示图像。

(a) CRT显示器

(b) 液晶显示器

图 2-29　显示器

CRT 显示器通常有 3 支电子枪，分别发射红色、蓝色和绿色电子束。显示器工作时改变电子束的发射强度，也就改变了红、蓝、绿 3 种颜色各自所占的比例，就能产生不同的色彩。近些年，CRT 显示器只有一些台式 PC 还在使用，由于 CRT 显示器笨重、耗电、有辐射，正在逐步被液晶显示器所取代。

2) 液晶显示器(LCD)

LCD 显示器是借助液晶对光线进行调制而显示图像的一种显示器。液晶是介于固态和液态之间的一种物质，它既具有液态的流动性，又具有固态晶体排列的有向性。通电时在电场的作用下，液晶排列变得有秩序，使光线通过；不通电时，排列则变得混乱，可阻止光线通过。

与 CRT 显示器相比，LCD 显示器具有工作电压低，辐射危害小，功耗低，不闪烁，体积薄，适用于大规模集成电路驱动，易于实现大画面显示等特点，现在已经在计算机、手机、数码相机、电视机等方面得到了广泛应用。

LCD 显示器的主要性能指标如下。

(1) 显示屏的尺寸：与电视机相同，计算机显示器的尺寸也是以显示屏对角线的长度来衡量的。目前常用的显示器有 15in、17in、19in、22in 等。

(2) 显示器的分辨率：它指的是整屏最多可显示像素的多少，一般用“水平分辨率×垂直分辨率”来表示，如 800×600、1024×768 等。

(3) 刷新速率：指所显示的图像每秒钟更新的次数。刷新速率越高，图像的稳定性越好，不会产生闪烁和抖动。一般 PC 刷新速率在 60Hz 以上。

(4) 辐射与环保：显示器工作时产生的辐射对人体有不良的影响，也会产生信息的泄漏，影响信息安全。因此，显示器必须达到国家标准和通过 MPRⅡ和 TCO 认证(电磁辐射标准)，以节约能源、保证人体安全和防止信息泄露。

(5) 色彩、亮度和对比度：一般而言，亮度越高，显示的色彩就越鲜艳，效果也越好。对比度是最亮区域与最暗区域之间亮度的比值，对比度小时图像容易产生模糊的感觉。

此外，还有响应时间、背光源类型等指标。

2. 显示控制器(显卡)

显示控制器又称显示卡(显卡)，是主机与显示器之间的“桥梁”，其作用是将计算机系统所需要的显示信息进行转换驱动，并向显示器提供行扫描信号，控制显示器的正确显示，是连接显示器和PC主板的重要元件，是“人机对话”的重要设备之一。显卡在PC中多半做成插卡的形式，如图2-30所示。

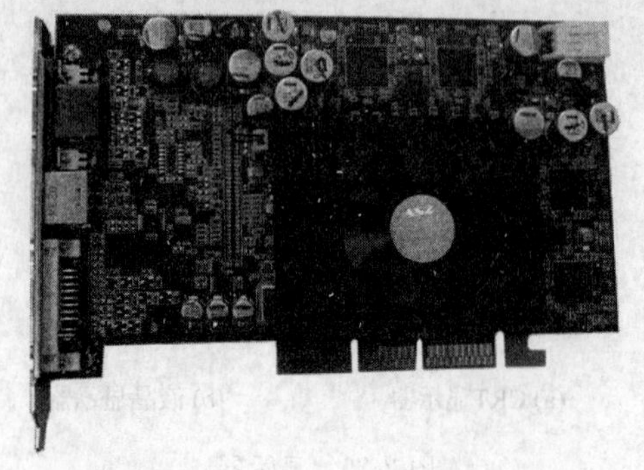

图2-30 显示控制器(显卡)

显卡主要由显示控制电路、绘图处理器、显示存储器和接口电路四部分组成。它与显示器、CPU及RAM的相互关系如图2-31所示。显示控制电路负责对显示器的操作进行控制，包括对液晶(或CRT)显示器进行控制，如光栅扫描、画面刷新等；绘图处理器(GPU)是显卡的核心，它是一种处理图形、图像的专用处理器；显示存储器负责存储屏幕上所有像素的颜色信息；接口电路负责显卡与CPU和内存的数据传输，由于经常需要将内存中的图像数据成批地传送到显示存储器，因此相互间的连接方法和传输速度十分重要。

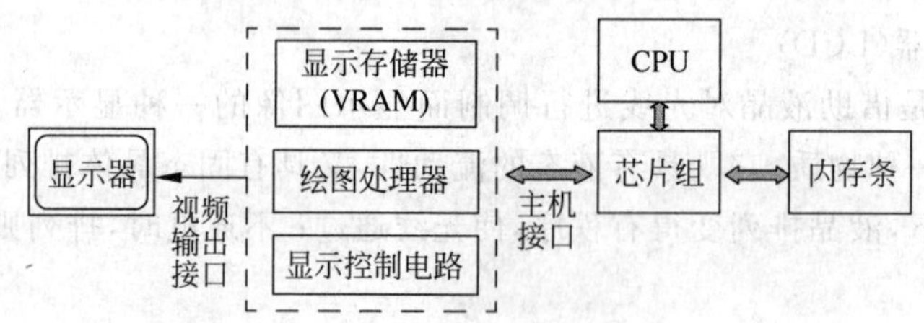

图2-31 显示器、显卡、CPU及RAM的关系

说明：虽然许多显卡还使用AGP接口，但目前越来越多的显卡开始采用性能更好的PCI-E 16X接口了。为了降低成本，现在显卡已经越来越多地集成在CPU或芯片组中，不再需要独立的显卡。但是独立显卡具有高速图像处理和图形绘制处理能力，还有专门的显示存储器，其性能明显优于集成显卡，人们在日常生活中要根据需要灵活选用。

2.6.2 打印机

打印机也是PC的一种主要的输出设备，用于将计算机处理的程序、数据、字符、图形打印在纸上。目前广泛使用的打印机主要有针式打印机、激光打印机和喷墨打印机3种。

1. 针式打印机

针式打印机是一种击打式打印机。它的工作原理主要体现在打印头上。打印头安装了若干根钢针，有9针、16针、24针等几种。钢针垂直排列，它们靠电磁铁驱动，一根钢针一个电磁铁。当打印头沿纸横向运动时，由控制电路产生的电流脉冲驱动电磁铁，使其螺旋线圈产生磁场吸动衔铁，钢针在衔铁的推动下产生击打力，顶推色带，就把色带上的油墨打印到纸上而形成一个墨点；当电流脉冲消失后电磁场减弱，复位弹簧使钢针和衔铁复位。打印完一列后，打印头平移一格，然后打印下一列，如图2-32所示。打印头安装在字车上，字车由步进电机牵引的钢丝拖动，作水平往返运动，使打印头在两个方向上能打印。

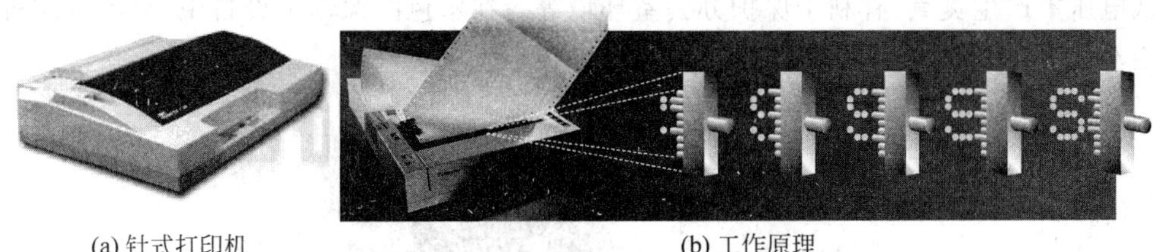

(a) 针式打印机　　(b) 工作原理

图 2-32　针式打印机工作原理

针式打印机在过去很长一段时间广泛使用，由于它打印的质量不高，工作噪声大，现在已被淘汰出办公和家用市场。但使用的耗材(色带)成本低，能多层套打，特别是其独特的平推式进纸技术，在打印存折和票据方面，具有其他种类打印机不具有的优势，在银行、税务、证券、邮电、商业等领域继续使用。

2. 激光打印机

激光打印机是激光技术和复印技术(静电)结合的产物，它是一种高质量、高速度、低噪声、价格适中的输出设备，如图 2-33 所示。

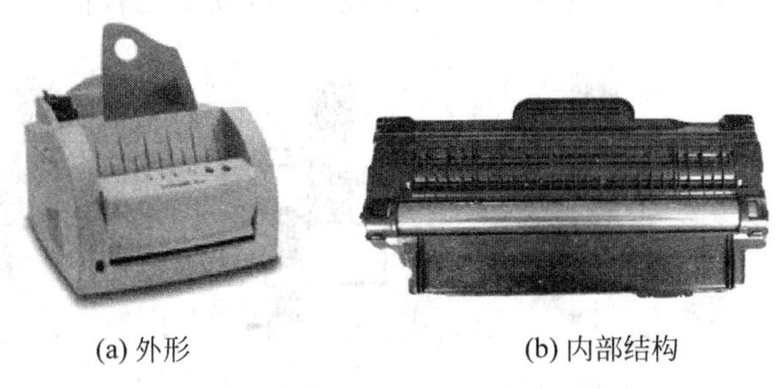

(a) 外形　　(b) 内部结构

图 2-33　激光打印机

激光打印机由激光器、旋转反射镜、聚焦透镜和感光鼓等部分组成。打印机工作时，激光束经棱镜反射后聚焦到感光鼓上，以静电的形式形成“潜像”；之后，感光鼓表面的电荷会吸附上厚度不同的碳粉；最后通过温度与压力的联合作用，把表现的文字或图形的碳粉附着在纸上。由于激光能聚焦成很细的光点，因此激光打印机的分辨率很高，打印的质量相当好。激光打印机的工作原理如图 2-34 所示。

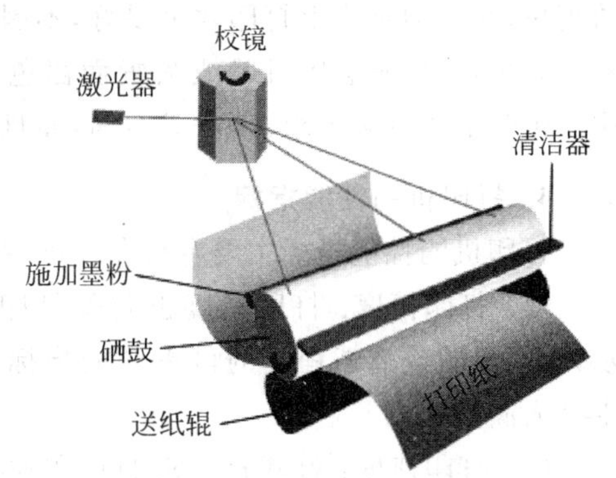

图 2-34　激光打印机的工作原理

激光打印机与主机的接口过去以并行接口为主，现在多半使用 USB 接口。同时，激光打印机分为黑白和彩色两种，其中低速的黑白激光打印机已普及，而彩色激光打印机的价格还比较高，适合专业用户使用。

3. 喷墨打印机

喷墨打印机也是一种非击打式的输出设备，它的优点是能打印彩色、经济、噪音低、使用低电压不产生臭氧、有利于保护办公室环境等。在彩色图像输出设备中,喷墨打印机已占绝对优势,如图 2-35 所示。

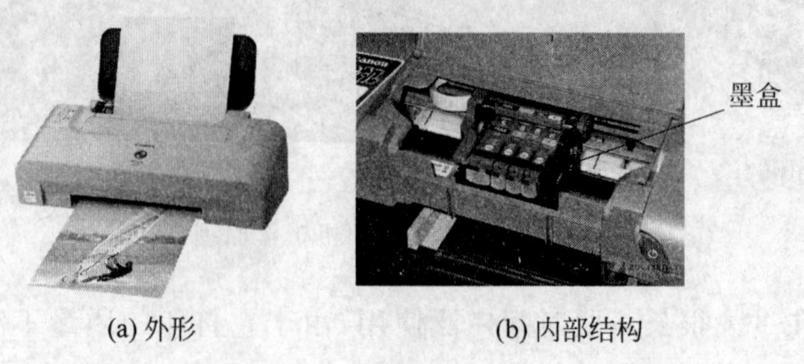

(a) 外形　　(b) 内部结构

图 2-35　喷墨打印机

喷墨打印机从技术上可以分为压电喷墨技术和热喷墨技术两类。Canon 和 HP 等公司的产品采用热喷墨技术,其工作原理是让墨水通过细喷嘴,在强电场的作用下,将喷头管道中的一部分墨汁气化,形成气泡,气泡将喷嘴处的墨水顶出喷嘴,以每秒数千次的高频喷射到输出介质表面,形成图案或字符,如图 2-36 所示。这种喷墨打印机有时又被称为气泡打印机,用这种技术制作的喷头工艺比较成熟,成本也较低廉。

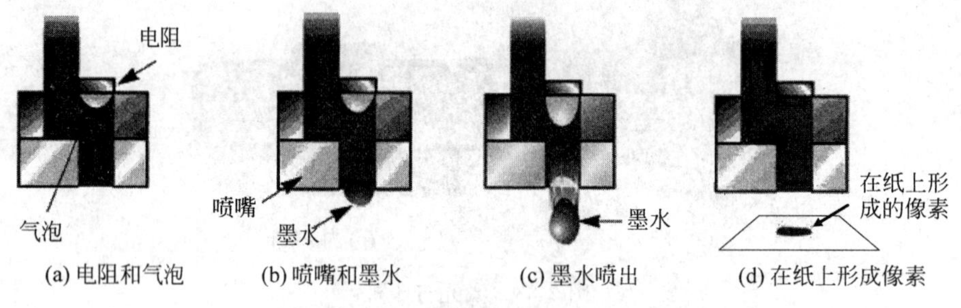

(a) 电阻和气泡　　(b) 喷嘴和墨水　　(c) 墨水喷出　　(d) 在纸上形成像素

图 2-36　喷墨打印机的工作原理(热喷墨技术)

喷墨打印机的关键技术是喷头,要使墨水从喷嘴中以每秒近万次的频率喷射到纸上,这对喷嘴的制造材料和工艺要求很高。喷墨打印机所使用的耗材是墨水,理想的墨水应不损伤喷头,能快速干但又不在喷嘴处结块,防水性好,不在纸张表面扩散或产生毛细渗透现象,在普通纸张上打印效果要好,不因纸张种类不同而产生色彩偏移现象,黑色要纯,彩色要艳,图像不会因日晒或久置而褪色,墨水应无毒、不污染环境、不影响纸张再生使用。由于上述许多要求,墨水成本高,而且消耗快,这是喷墨打印机的不足之处。

4. 打印机的性能指标

打印机的性能指标主要有打印精度、打印速度、色彩数目和打印成本等。

(1) 打印精度:打印精度也就是打印机的分辨率,用 dpi(每英寸打印的点数)来表示,是衡量图像清晰程度的最重要的指标。一般情况下,360dpi 以上的打印效果才能基本令人满意。

(2) 打印速度:针式打印机的打印速度通常使用每秒钟打印的字符或行数来度量;激光打印机和喷墨打印机的打印速度指每分钟打印多少张纸(PPM),办公室里使用的高速激光打印机的打印速度可达 10PPM 以上。

(3) 色彩数目：它指打印机可打印不同颜色的总数，可打印颜色种类越多图像的效果越真实、越逼真。例如，对于喷墨打印机，最初使用 3 色墨盒，色彩效果不佳；后来改用青、黄、洋红、黑 4 色墨盒(CMYK)，而在专业领域又加入了淡青和淡洋红两种颜色，从而使打印输出的色彩更细致入微。

此外，打印机的成本、噪声、可打印的幅面大小、功耗、与主机接口类型等也都是打印机的重要性能指标。

2.7　真题强化

1. 判断题

(1) 计算机系统由硬件和软件两部分组成。键盘、鼠标、显示器等都是计算机硬件。(2012 年秋真题)

(2) 从逻辑功能上讲，计算机硬件包括 CPU、内部存储器、外部存储器、输入设备和输出设备等，它们通过总线互相连接。(2012 年秋真题)

(3) 中央处理器(CPU)、存储器、输入/输出设备等通过总线互相连接，构成计算机硬件系统。(2012 年秋真题)

(4) 计算机的分类方法有多种，按照计算机的性能和用途来分类，台式机和便携机均属于传统的小型计算机。(2013 年春真题)

(5) 智能手机、数码相机、MP3 播放器等产品中一般都含有嵌入式计算机。(2013 年春真题)

(6) PC 的所有外设必须通过在主板扩展槽中插入扩充卡才能与主机相连。(2013 年秋真题)

(7) PC 的主板上有电池，它的作用是在计算机断电后，给 CMOS 芯片供电，保持该芯片中的信息不丢失。(2013 年秋真题)

(8) USB 接口是一种通用的串行接口，通常可连接的设备有移动硬盘、U 盘、鼠标器、扫描仪等。(2012 年秋真题)

(9) I/O 设备的工作速度比 CPU 慢得多，为了提高系统的效率，I/O 操作与 CPU 的数据处理操作往往是并行进行的。(2012 年秋真题)

(10) 串行 I/O 接口一次只能传输一位数据，并行接口一次传输多位数据，因此，串行接口用于连接慢速设备，并行接口用于连接快速设备。(2014 年秋真题)

(11) 一台计算机只能有一个处理器，即 CPU。(2013 年春真题)

(12) 一个 CPU 所能执行的全部指令称为该 CPU 的指令系统，不同厂家生产的 CPU 的指令系统相互兼容。(2013 年秋真题)

(13) CPU 的主频是 CPU 执行一条指令所需要的时间。(2013 年秋真题)

(14) CPU 的运算速度与 CPU 的工作频率、Cache 容量、指令系统、运算器的逻辑结构等都有关系。(2013 年秋真题)

(15) 为了使存储器的性能/价格比得到优化，计算机中各种存储器组成一个层次结

构，如PC中通常有寄存器、Cache、主存储器、硬盘等多种存储器。(2012年秋真题)

(16) 半导体存储器芯片可以分为DRAM和SRAM两种，其中SRAM芯片的电路简单，集成度高，成本较低，一般用于构成主存储器。(2012年秋真题)

(17) 计算机在突然断电时，ROM中的信息会全部丢失。(2014年秋真题)

(18) PC的CPU不能直接读取存储在硬盘中的数据，也不能直接执行硬盘中的程序。(2012年秋真题)

(19) U盘和存储卡都是采用闪存芯片做成的。(2012年秋真题)

(20) CD-ROM盘片表面有许多极为微小、长短不等的凹坑，所记录的信息与此有关。(2013年春真题)

(21) CD-R光盘是一种能够多次读出和反复修改已写入数据的光盘。(2013年春真题)

(22) DVD驱动器设计为向下兼容CD，因此DVD驱动器可以读CD光盘中存储的信息。(2013年春真题)

(23) 计算机与外界(包括人)联系和沟通的设备是输入/输出设备，简称I/O设备。(2012年秋真题)

(24) 不同鼠标器的工作原理基本相同，区别在于感知位移信息的方法不同。(2012年秋真题)

(25) 键盘的驱动程序存放在RAM中，是BIOS的一个组成部分。(2013年春真题)

(26) 由于计算机通常采用"向下兼容方式"来开发新的处理器，所以，Pentium和Core系列的CPU都使用相同的芯片组。(2015年春真题)

(27) CPU前端总线是CPU与内存之间传输信息的干道，它的传输速度直接影响着系统的性能。(2015年秋真题)

(28) PC主板上的芯片组是各组成部分的枢纽，Pentium 4 CPU所使用的芯片组只包括BIOS和CMOS两个集成电路。(2015年秋真题)

(29) PC中几乎所有部件和设备都以主板为基础进行安装和互相连接，主板的稳定性影响着整个计算机系统的稳定性。(2015年秋真题)

(30) 计算机运行程序的过程，也就是CPU高速执行指令的过程。(2015年秋真题)

2. 单项选择题

(1) 根据"存储程序控制"的原理，计算机硬件如何动作最终是由________决定的。(2013年秋真题)

A. CPU所执行的指令　　B. 算法

C. 用户　　D. 存储器

(2) 计算机硬件往往分为主机与外设两大部分，下列存储器设备中________属于主机部分。(2013年秋真题)

A. 硬盘存储器　　B. 软盘存储器　　C. 内存储器　　D. 光盘存储器

(3) 从逻辑功能上讲，计算机硬件系统中最核心的部件是________。(2013年秋真题)

A. 内存储器　　B. 中央处理器　　C. 外存储器　　D. I/O设备

(4) 计算机的分类方法有多种，按照计算机的性能和用途分，台式机和便携机属于________。(2013 年秋真题)

A. 巨型计算机　　B. 大型计算机
C. 嵌入式计算机　　D. 个人计算机

(5) 在数码相机、MP3 播放器中使用的计算机通常称为________。(2013 年秋真题)

A. 工作站　　B. 小型计算机
C. 手持式计算机　　D. 嵌入式计算机

(6) 自 20 世纪 90 年代起，PC 使用的 I/O 总线类型主要是________，它可用于连接中、高速外部设备，如以太网卡、声卡等。(2013 年秋真题)

A. PCI(PCI-E)　　B. PS/2　　C. VESA　　D. ISA

(7) 使用 Pentium 4 作为 CPU 的 PC 中，CPU 访问主存储器是通过________进行的。(2013 年秋真题)

A. USB 总线　　B. PCI 总线
C. I/O 总线　　D. CPU 总线(前端总线)

(8) PC 配有多种类型的 I/O 接口，下面关于串行接口 I/O 的描述中，正确的是________。(2013 年春真题)

A. 串行接口连接的一定是慢速设备
B. 串行接口一次只传输 1 个二进位数据
C. 一个串行接口只能连接一个外设
D. PC 通常只有一种串行接口

(9) 下面关于 PC 主板的叙述中错误的是________。(2013 年春真题)

A. CPU 和内存条均通过相应的插座(槽)安装在主板上
B. 芯片组是主板的重要组成部分，存储控制和 I/O 控制功能大多是由芯片组提供的
C. 为便于安装，主板的物理尺寸已标准化
D. 硬盘驱动器也安装在主板上

(10) PC 使用的芯片组大多由两块芯片组成，它们的功能主要是提供________和 I/O 控制。(2012 年秋真题)

A. 寄存数据　　B. 存储控制　　C. 运算处理　　D. 高速缓冲

(11) 下列关于 USB 接口的叙述，正确的是________。(2013 年秋真题)

A. USB 接口是一种总线式串行接口　　B. USB 接口是一种并行接口
C. USB 接口是一种低速接口　　D. USB 接口不是通用接口

(12) 在台式 PC 中，CPU 芯片是通过________安装在主板上的。(2013 年春真题)

A. PCI(PCI-E)总线槽　　B. AT 总线槽
C. CPU 插座　　D. I/O 接口

(13) CPU 中包含了一组________，用于临时存放参加运算的数据和得到的中间结果。(2013 年秋真题)

A. 控制器　　B. 寄存器　　C. 整数 ALU　　D. ROM

(14) CPU 中用来对数据进行各种算术运算和逻辑运算的部件是________。(2013

年春真题)

A. 总线　　B. 运算器　　C. 寄存器　　D. 控制器

(15) 销售广告标为“P4/1.5G/512MB/80G”的一台个人计算机,其CPU的时钟频率是________。(2013年春真题)

A. 512MHz　　B. 1500MHz　　C. 80000MHz　　D. 4MHz

(16) 由于工作过程中断电或突然“死机”,计算机重新启动后________存储器中的信息将会丢失。(2013年春真题)

A. CMOS　　B. ROM　　C. 硬盘　　D. RAM

(17) PC使用的以下4种存储器中,存取速度最快的是________。(2013年秋真题)

A. Cache　　B. DRAM　　C. 硬盘　　D. 光盘

(18) PC主板上所能安装的主存储器最大容量及可使用的内存条类型主要取决于________。(2013年春真题)

A. 北桥芯片　　B. CPU主频　　C. I/O总线　　D. 南桥芯片

(19) 下面列出的4种半导体存储器中,属于非易失性存储器的是________。(2013年秋真题)

A. SRAM　　B. DRAM　　C. Cache　　D. Flash ROM

(20) 计算机信息系统中的绝大部分数据是持久的,它们不会随着程序运行结束而消失,而需要长期保留在________中。(2013年春真题)

A. 外存储器　　B. 内存储器　　C. Cache存储器　　D. 主存储器

(21) 下面关于硬盘存储器信息存储原理的叙述中,错误的是________。(2013年秋真题)

A. 盘片表面的磁性材料粒子有两种不同的磁化方向,分别用来记录“0”和“1”

B. 盘片表面划分为许多同心圆,每个圆称为一个磁道,盘面上一般都有几千个磁道

C. 每条磁道还要分成几千个扇区,每个扇区的存储容量一般为512字节

D. 与CD光盘片一样,每个磁盘片只有一面用于存储信息

(22) 下面不属于硬盘存储器主要技术指标的是________。(2013年秋真题)

A. 数据传输速率　　B. 盘片厚度

C. 缓冲存储器大小　　D. 平均存取时间

(23) 下列关于存储器芯片的叙述中,错误的是________。(2013年秋真题)

A. 半导体存储芯片分为随机存取存储器(RAM)和只读存储器(ROM)两种

B. RAM又分为SRAM和DRAM两种,前者工作速度更快,一般用作高速缓存Cache

C. ROM属于非易失性存储器,即掉电后数据也不会丢失

D. Flash ROM只能读出信息,不能写入信息

(24) CD光盘根据其制造材料和信息读写特性的不同,可以分为CD-ROM、CD-R和CD-RW。CD-R光盘指的是________。(2013年秋真题)

A. 只读光盘　　B. 随机存取光盘

C. 只写一次式光盘　　D. 可擦写型光盘

(25) 已知一张光盘的存储容量是 4.7GB，它的类型应是________。(2013 年秋真题)

A. CD 光盘　　B. DVD 单面单层盘

C. DVD 单面双层盘　　D. DVD 双面双层盘

(26) 下面关于 DVD 光盘和 CD 光盘存储器的叙述中，错误的是________。(2013 年秋真题)

A. DVD 光盘与 CD 光盘存储器一样，有多种不同的规格

B. CD-ROM 驱动器可以读取 DVD 光盘片上的数据

C. DVD-ROM 驱动器可以读取 CD 光盘上的数据

D. DVD 光盘的存储器容量比 CD 光盘大得多

(27) 移动存储器有多种，目前已经不常使用的是________。(2013 年秋真题)

A. U 盘　　B. 存储卡　　C. 移动硬盘　　D. 磁带

(28) 下面有关计算机输入/输出操作的叙述中，错误的是________。(2013 年秋真题)

A. 计算机输入/输出操作比 CPU 的速度慢得多

B. 两个或多个输入/输出设备可以同时进行工作

C. 在进行输入/输出操作时，CPU 必须停下来等候 I/O 操作的完成

D. 每个(或每类)I/O 设备都有各自专用的控制器

(29) 键盘上的 F1 键、F2 键、F3 键等，通常称为________。(2013 年秋真题)

A. 字母组合键　　B. 功能键　　C. 热键　　D. 符号键

(30) PC 键盘上的 Shift 键称为________。(2013 年春真题)

A. 回车换行键　　B. 退格键　　C. 换挡键　　D. 空格键

(31) 近两年流行的平板电脑(如苹果公司的 iPad)普遍使用________来替代键盘和鼠标器输入信息。(2013 年秋真题)

A. 写字板　　B. 触摸板　　C. 触摸屏　　D. 话筒

(32) 下列各组设备中，全部属于输入设备的一组是________。(2013 年秋真题)

A. 键盘、磁盘和打印机　　B. 键盘、触摸屏和鼠标

C. 键盘、鼠标和显示器　　D. 硬盘、打印机和键盘

(33) 扫描仪的性能指标一般不包含________。(2012 年秋真题)

A. 分辨率　　B. 色彩位数　　C. 刷新频率　　D. 扫描幅面

(34) 与 CRT 显示器相比，LCD 显示器有若干优点，但不包括________。(2013 年秋真题)

A. 工作电压低、功耗小　　B. 较少辐射危害

C. 不闪烁、体积轻薄　　D. 成本较低、不需要使用显示卡

(35) 几年前许多显卡使用 AGP 接口，但目前越来越多的显卡开始采用性能更好的________接口。(2013 年春真题)

A. PCI-E 16X　　B. PCI　　C. PCI-E 1X　　D. USB

(36) 以下打印机中，需要安装硒鼓才能在打印纸上印出文字和图案的是________。

(2013 年秋真题)

A. 激光打印机　　B. 压电喷墨式打印机

C. 热喷墨式打印机　　D. 针式打印机

(37) 与激光、喷墨打印机相比,针式打印机最突出的优点是________。(2013 年春真题)

A. 打印速度快　　B. 打印噪声低

C. 能多层套打　　D. 打印分辨率高

(38) 喷墨打印机中最关键的部件是________。(2013 年秋真题)

A. 墨水　　B. 纸张　　C. 喷头　　D. 压电陶瓷

(39) 激光打印机是激光技术与________技术相结合的产物。(2013 年春真题)

A. 打印　　B. 复印　　C. 显示　　D. 传输

(40) 关于 24 针针式打印机的术语中,24 针是指________。(2013 年春真题)

A. 24×24 点阵　　B. 信号线插头上有 24 针

C. 打印头内有 24×24 根针　　D. 打印头内有 24 根针

(41) 在 PC 键盘上按组合键________可启动 Windows 任务管理器。(2015 年春真题)

A. Ctrl+Break　　B. Ctrl+Alt+Break

C. Ctrl+Enter　　D. Ctrl+Alt+Delete

(42) 运行 Word 时,键盘上用于把光标移动到行首位置的键位是________。(2015 年秋真题)

A. End　　B. Home　　C. Ctrl　　D. Num Lock

(43) 计算机硬盘存储器容量的计量单位之一是 TB,制造商常用 10 的幂次来计算硬盘的容量,那么 1TB 硬盘容量相当于________字节。(2015 年秋真题)

A. 10 的 3 次方　　B. 10 的 6 次方

C. 10 的 9 次方　　D. 10 的 12 次方

(44) 现在激光打印机与主机连接多半使用的是________接口,而以前则大多使用并行接口。(2015 年春真题)

A. SATA　　B. USB　　C. PS/2　　D. IEEE 1394

(45) 彩色显示器的颜色可由 3 个基色 R、G、B 合成得到,如果 R、G、B 三基色分别用 4 个二进位表示,则该显示器可显示的颜色总数有________种。(2015 年秋真题)

A. 2048　　B. 4096　　C. 16　　D. 256

(46) 下列关于 USB 接口的叙述中,错误的是________。(2015 年秋真题)

A. USB 2.0 是一种中高速的串行接口

B. USB 符合即插即用规范,连接的设备不需要关机就可以插拔

C. 一个 USB 接口通过扩展可以连接多个设备

D. 鼠标器这样的慢速设备不能使用 USB 接口

(47) 下列关于个人计算机的叙述中,错误的是________。(2015 年春真题)

A. 个人计算机中的微处理器就是 CPU

B. 个人计算机的性能在很大程度上取决于 CPU 的性能

C. 一台个人计算机中通常包含多个微处理器

D. 个人计算机通常不会由多人同时使用

(48) ________是目前最流行的一种鼠标器，它的精度高，不需要专用衬垫，在一般平面上皆可操作。(2014 年秋真题)

A. 机械式鼠标　　B. 光电式鼠标　　C. 电容式鼠标　　D. 混合式鼠标

(49) U 盘和存储卡都是采用________芯片做成的。(2015 年秋真题)

A. DRAM　　B. 闪存　　C. SRAM　　D. Cache

(50) 下列关于 CD-ROM 光盘片的说法中，错误的是________。(2015 年春真题)

A. 它的存储容量达 1GB 以上

B. 可以使用 CD-ROM 光驱读出它上面记录的信息

C. 盘片上记录的信息可以长期保存

D. 盘片上记录的信息是事先压制在光盘上的，用户不能修改和写入

(51) 下列关于打印机的叙述中，正确的是________。(2015 年秋真题)

A. 打印机的工作原理大体相同，但生产厂家和生产工艺不一样，因而有多种打印机类型

B. 所有打印机的打印质量相差不多，但价格相差较大

C. 所有打印机都使用 A4 规格的打印纸

D. 使用打印机都要安装打印驱动程序，一般由操作系统自带，或由打印机厂商提供

(52) USB 2.0 接口是一个________接口。(2015 年秋真题)

A. 1 线　　B. 2 线　　C. 3 线　　D. 4 线

(53) 根据"存储程序控制"的工作原理，计算机执行的程序连同它所处理的数据都使用二进位表示，并预先存放在________中。(2015 年秋真题)

A. 运算器　　B. 存储器　　C. 控制器　　D. 总线

(54) 如果显示器 R、G、B 3 个基色分别使用 6 位、6 位、4 位二进位来表示，则该显示器可显示颜色的总数是________种。(2015 年春真题)

A. 16　　B. 256　　C. 65536　　D. 16384

(55) 计算机硬件系统中指挥、控制计算机工作的核心部件是________。(2014 年秋真题)

A. 输入设备　　B. 输出设备　　C. 存储器　　D. CPU

(56) 目前超市中打印票据所使用的打印机属于________。(2015 年秋真题)

A. 压电喷墨打印机　　B. 激光打印机

C. 针式打印机　　D. 热喷墨打印机

3. 填空题

(1) 计算机系统中所有实际物理装置的总称是计算机________件。(2013 年春真题)

(2) 用于在 CPU、内存、外存和各种输入输出设备之间传输信息并协调它们工作的部件称为________，它含传输线和控制电路。(2013 年春真题)

(3) 由于计算机网络应用的普及，现在几乎每台计算机都有网卡，但实际上人们看不到网卡的实体，因为网卡的功能均已集成在________中了。所谓网卡，多数只是逻辑上的一个名称而已。(2013 年秋真题)

(4) 用户为了防止他人使用自己的 PC，可以通过 BIOS 中的________设置程序对系统设置一个开机密码。(2013 年秋真题)

(5) CMOS 芯片存储了用户对计算机硬件所设置的系统配置信息，如系统日期时间和机器密码等。在机器电源关闭后，CMOS 芯片由________供电可保持芯片内存储的信息不丢失。(2013 年秋真题)

(6)“基本输入/输出系统”是存放在主板上只读存储器中的一组机器语言程序，具有启动计算机工作、诊断计算机故障、控制低级输入/输出操作的功能，它的英文缩写是________。(2013 年秋真题)

(7) 在计算机中，使用________个 CPU 实现超高速计算机的技术称为“并行处理”技术。(2014 年春真题)

(8) CPU 中包含了一组________，用于临时存放参加运算的数据和运算得到的中间结果。(2014 年秋真题)

(9) CPU 中用来解释指令的含义、控制运算器的操作、记录内部状态的部件是________。(2012 年秋真题)

(10) 常用的扫描仪一般分为手持式、平板式、胶片专用和滚筒式等几种，在家庭和办公室广泛使用的是________式扫描仪。(2013 年秋真题)

(11) 扫描仪是基于________原理设计的，它使用的核心器件大多是 CCD。(2013 年秋真题)

(12) 目前数码相机使用的成像芯片主要有________芯片和 CMOS 芯片两大类。(2013 年秋真题)

(13) 显示器屏幕上显示的所有像素的颜色其二进制值都必须事先存储在显示存储器中，显示存储器大多包含在________中。(2012 年秋真题)

(14) 显示器屏幕的尺寸如 17in、19in、22in 等，指的是显示器屏幕(水平、垂直、对角线)________方向的长度。(2014 年秋真题)

(15) 现在激光打印机与主机连接多半使用的是________接口，而以前则大多使用并行接口。(2012 年秋真题)

(16) 色彩位数(色彩深度)反映了扫描仪对图像色彩的辨析能力。色彩位数为 8 位的彩色扫描仪，可以分辨出________种不同的颜色。(2014 年秋真题)

(17) 台式 PC 无线接入无线局域网，选用________接口类型的无线网卡，不需要打开机箱进行安装。(2015 年春真题)

(18) 硬盘的存储容量是衡量其性能的重要指标。假设一个硬盘有 4 个碟片，每个碟有 2 面，每个面有 10000 个磁道，每个磁道有 1000 个扇区，每个扇区的容量为 512B，则该硬盘的存储容量为________GB。(2015 年春真题)

(19) 鼠标、打印机和扫描仪等设备都有一个重要的性能指标，即分辨率，其含义是每英寸的像素(点)数目，简写成 3 个英文字母为________。(2015 年秋真题)

2.8 评价与讨论

1. 抛出问题

(1) 简述计算机发展的过程,从性能和用途来说,计算机分成哪些类型及主要应用领域?

(2) 阐述计算机在逻辑上由哪几部分组成,各部分的主要功能是什么。

(3) 目前流行的 PC 和平板电脑,它们使用的 CPU 和存储器有什么差别?

(4) 如何为自己选购一台满意的、性价比高的笔记本电脑?

2. 说一说、评一评

学生在解决问题过程中,分小组讨论,最后选派代表回答问题,其他小组成员及教师给出点评,并从回答问题过程中了解学生对学习目标的掌握情况。

课堂重点突出,培养学生的实际应用能力,教师做好记录,为以后的教学获取第一手材料。

2.9 资料链接

微处理器的发展与现状

从 20 世纪 70 年代初微处理器诞生开始,它始终遵循摩尔定律在不断地发展,其结构、功能、晶体管数目和工作频率等每隔几年就会发生变化。下面简单地介绍微处理器的发展过程与现状。

1. 发展概述

最早出现的是运算器和寄存器宽度仅为 4 位和 8 位的微处理器。20 世纪 70 年代末 80 年代初最有影响的美国公司 Apple-Ⅱ微型计算机(当时还没有个人计算机的概念),就采用主频为 1MHz 的 8 位微处理器作为其 CPU。

接下来出现了 16 位微处理器,代表产品是 Intel 公司的 8086。1982 年美国 IBM 公司研制的 IBM PC 个人计算机采用 Intel 8086 作为其 CPU,这是国际上第一次提出个人计算机的概念。它一方面强调了这种计算机属于个人专用,而非多个用户分时共享;另一方面还标志着微型计算机开始进入工作和商用领域。

20 世纪 80 年代末到 90 年代初出现了 32 位微处理器,如 Intel 公司的 80386 和 80486 微处理器。以 80386、80486 为 CPU 的 Compaq、AST、Dell 和 IBM/PS2 等 PC 都是这个时期的代表产品。这时,PC 性能已经赶超上 70 年代的超级小型机,它们开始采用具有图形用户界面的 Windows 操作系统,可执行多任务处理。由 PC 组成的局域网也开始普及,个人计算机的应用范围得到了很大的拓展。

1993 年 Intel 公司研制成 Pentium(奔腾)微处理器,它在单个芯片上集成了 310 万个晶体管,使用 273 个引脚的封装,运算速度已超过 100MIPS,性能开始超过 60 年代的大型计算机,结构上也出现了超标量、超流水线等传统大型机例没有的新结构,微处理器开始应用于几乎所有类型计算机和大多数数字电子设备。

此后，奔腾微处理器又有许多新的发展。Intel 公司先后推出了 Pentium Pro 以及 Pentium Ⅱ、Pentium Ⅲ和 Pentium 4 微处理器。这些芯片的时钟频率更高，处理速度更快，不但能高速处理数值和字符信息，而且适合三维图形显示、语音识别、视频信号处理和网络计算等多方面的应用。有些高档的 CPU 甚至还扩充了 64 位整数处理的功能，把内存空间扩大到 2^{64}B。

随着 CPU 芯片复杂度增加和工作频率的提高，芯片的功耗和散热问题就成为制约 CPU 性能的重要瓶颈。而集成电路制造工艺和封装水平的发展，允许在一个集成电路芯片中包含更多的晶体管电路。因此人们不再把提高主频作为改善微处理器性能的研发重心，而是考虑在一个芯片中包含 2 个或多个 CPU 内核，让多个 CPU 在软件的配合下同时进行工作(并行处理)，通过这种方法来提高系统的性能，从而出现了双核和多核处理。现在 PC 使用的 CPU 芯片如 Core i3/i5/i7 等都是多核处理器。

2. 智能手机和平板电脑使用的微处理器

智能手机和平板电脑具有更好的便携性和使用方便性，它们要求使用的 CPU 芯片功耗低、续航时间长、功能丰富、成本低廉。目前，大多数平板电脑和智能手机使用的都是基于 ARM 处理器内核的 SoC 芯片(片上系统，也称为系统级芯片)，其中包含 1 个或多个 ARM 架构的 CPU 内核、Cache 存储器、图形处理器 GPU、存储管理、I/O 控制器等多个组件，有些甚至连内存也封装在一起。SoC 是电子设计自动化水平的提高和集成电路制造技术从微米、亚微米进入深亚微米时代(几十纳米)的产物，它们通常由整机厂商根据产品需求进行设计，由集成电路厂家如三星、德州仪器、英伟达和高通等代工生产。由于是面向产品专门定制的芯片，所以电路紧凑、功耗小、性价比很高。

用于智能手机和平板电脑的 SoC 芯片，其 CPU 大多采用 ARM 处理器内核。ARM 是英国一家专门从事 RISC 处理器芯片设计的公司，它自己不生产集成电路芯片，只出售 ARM 系列处理器内核的设计技术。ARM 处理器内核是采用 RISC 结构的 32/64 位处理器，功能强、成本低，采用低功耗设计技术，有多种不同的型号，得到了广泛的应用。例如，苹果公司的 iPad 平板电脑和 iPhone 手机中，采用的是自行设计并委托韩国三星公司代工生产的 A4、A5、A5X、A6、A6X 和 A7 等 SoC 芯片，其中的 CPU 大多采用经 ARM 公司授权的 ARM Cortex-A8 或 A9 架构的处理器，或者是在 ARM 架构基础上进行改进后的处理器。

与苹果公司相似，韩国三星的 Galaxy 系列平板电脑和智能手机大多数采用自行设计和生产的 Exynos 芯片，其中的 CPU 均为 ARM 内核。美国英伟达公司开发的 Tegra 系列 SoC 芯片有更好的图形处理能力，能够流畅运行 3D 游戏和播放高清视频，CPU 也与苹果 A5 一样采用 ARM Cortex-A9 双核架构，其中 Tegra 芯片被宏碁、东芝、摩托罗拉 Xoom 以及三星 Galaxy Tab2、微软 Surface RT 等平板电脑采用。

为了与三星公司等进行竞争，Intel 公司与 Google 公司合作在 x86 平台上运行安卓系统。与此相应，Intel 把最先的 x86 架构的超低电压的凌动(Atom)CPU 系列改造为 Atom SoC 系列，其中含有 1～4 个 x86 处理器内核、两级 Cache、GPU、I/O 和存储控制器等，已经开始在联想、中兴、宏碁、华硕等公司平板电脑和智能手机产品中得到应用。由于与 x86 CPU 兼容，因而可使用于运行 Windows 系统的平板电脑中。

产品系列虽多，但使用最多的当属英国 ARM 公司的 ARM 处理器，目前全球大部分平板电脑和智能手机使用的 CPU 都是 ARM 处理器。

组装一台计算机（台式）的基本步骤

如何组装一台性价比较高、稳定性较好的计算机？一般来说需要以下 6 个步骤。

(1) 收集市场信息，制订装机计划。随着计算机技术的发展，计算机各种配件的更新速度越来越快，所以组装计算机之前，要认真了解计算机市场以及计算机产品的新技术，了解最新行情，制订初步的硬件配置表，根据预算制订采购计划。

(2) 采购。按照制订好的方案采购，采购时应注意包装是否曾经打开，以及配件与包装盒是否一致，为防止上当受骗，要去信誉好的商铺采购，采购前要问好保修包换时间，目前至少 3 个月包换，1 年保修。

(3) 组装。采购好所有配件，就可以组装计算机了。打开配件包后，注意保持好所有配件的保修单和所有板卡（网卡、显卡、声卡等）的驱动程序。

(4) 硬盘初始化与安装操作系统。全新的计算机首先要进行 CMOS 参数配置，然后对硬盘进行初始化，即分区格式化，最后安装操作系统。

(5) 驱动程序、应用程序的安装。操作系统安装完毕，安装主板、显卡、声卡、网卡等硬件的驱动程序。然后重启计算机，系统检测正常后，就可以安装用户所需要的应用程序了（OA 办公软件、工具软件等）。

(6) 做好系统备份，进行 72 小时的拷机：使用工具软件对系统盘进行整体备份，以便在今后系统发生问题时及时恢复。新组装的计算机，配件若有问题，在 72 小时拷机中会被发现。发现质量问题，请及时和供应商联系。

笔记本电脑的选购

笔记本电脑的价格比台式机要贵得多，不同品牌和型号之间价格相差悬殊，因此消费者常常非常迷茫，不知道到底该如何选购一款适合自己的笔记本电脑。下面从品牌和性能等方面为消费者提出一些建议。

1. 笔记本电脑的品牌

(1) 国外品牌，主要是美日韩的品牌，包括 IBM、Dell、Hp、康柏（Compaq）、SONY、东芝和三星等。这些品牌一般品质优秀，市场份额相当高，当然价格也比较高。

(2) 国产品牌，主要有联想、方正、紫光等；台湾地区的有宏碁、华硕等品牌。这些产品技术成熟，价格相对便宜，维修方便，也越来越受到用户的喜爱。

2. 笔记本电脑选购指南

1) 外包装和箱内物品

选定品牌和型号后，首先要检查外包装是否完整无误。对于很多品牌的笔记本电脑，其包装都是密封好的。因此第一步要检查外包装有无打开过的痕迹。目的很简单，防止买到存在质量问题的产品甚至是返修货。

2) 核对序列号

检查确认无误之后，接下来要认真检查一下笔记本电脑的序列号。这一步对于选择国外品牌笔记本电脑的朋友非常重要,如果出现序列号不一致的情况,则有可能是水货或者拼装货。而对于国产笔记本电脑,如果出现不一致的情况,则说明此笔记本电脑被打开过或者被更换过,有可能存在质量问题或者是返修货。不管遇到哪种情况,需更换一台。

3) 检查笔记本电脑的外观

外观检查非常必要,因为现在实行的关于电子产品的国家三包法里,对于由于外观问题能否退换定义得比较模糊,即使能退,商家一般都会推诿是消费者购买之后造成的而与自己无关,到时有理也说不清,为了避免遇到这样的麻烦,在购买时一定要检查笔记本电脑的外观。

4) 接口检查

外观检查完确认没有问题之后,开机进行笔记本电脑的各项专门检测,这些检测需要用到一些专业检测软件,因此购买之前就把这些软件准备好,存在 U 盘上一起带上。在专项检测之前,首先可以利用 U 盘检查 USB 接口,因为 USB 接口是经常使用到的一个接口,因此建议大家最好在购买时都检查一下 USB 等接口是否完好。

5) CPU 的检测

在 CPU 检测工具中,CPU-Z 是一款家喻户晓的 CPU 检测软件,它支持的 CPU 种类相当全面,其功能强大,软件的启动速度及检测速度都很快。CPU-Z 不需要安装,压缩后大小不到 300KB,它对 CPU 的检测非常详细,另外,它还能检测主板和内存的相关信息,如图 2-37 所示。

图 2-37 CPU 检测工具

6) 内存的优化与检测

DMD 是腾龙备份大师配套增值工具中的一员,中文名为系统资源监测与内存优化工具。它是一款可运行在全系列 Windows 平台的资源监测与内存优化软件。DMD 无须安装直接解压缩即可。它是一款基于汇编技术的高效率、高精确度的内存、CPU 监测及内存优化整理系统,它能够让用户的系统长时间保持最佳的运行状态,如图 2-38 所示。

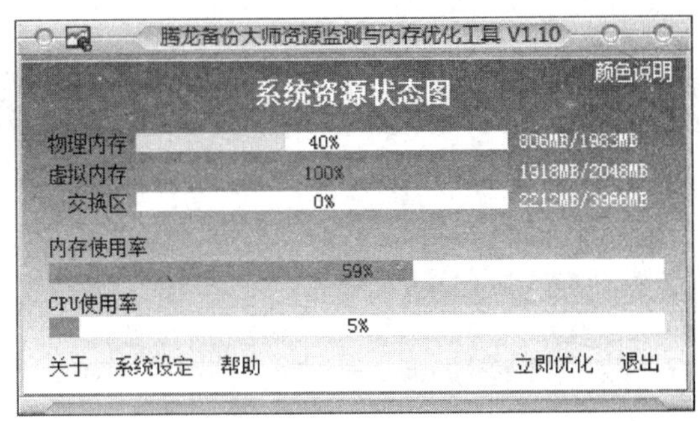

图 2-38　内存优化与检测工具

7）硬盘的检测

对于硬盘的检测，可以使用比较专门的软件 HD Tune 来实现。这个软件不需要安装，大小只有 300KB 左右。如图 2-39 所示，可以看到能检测的信息十分全面，有硬盘传输速率检测、健康状态检测、温度检测及磁盘表面扫描等。另外，还能检测出硬盘的型号、序列号、容量、传输模式、缓存大小、硬盘温度等。同时可以使用其他工具软件完成对芯片组、主板、显卡、光驱等的检测。

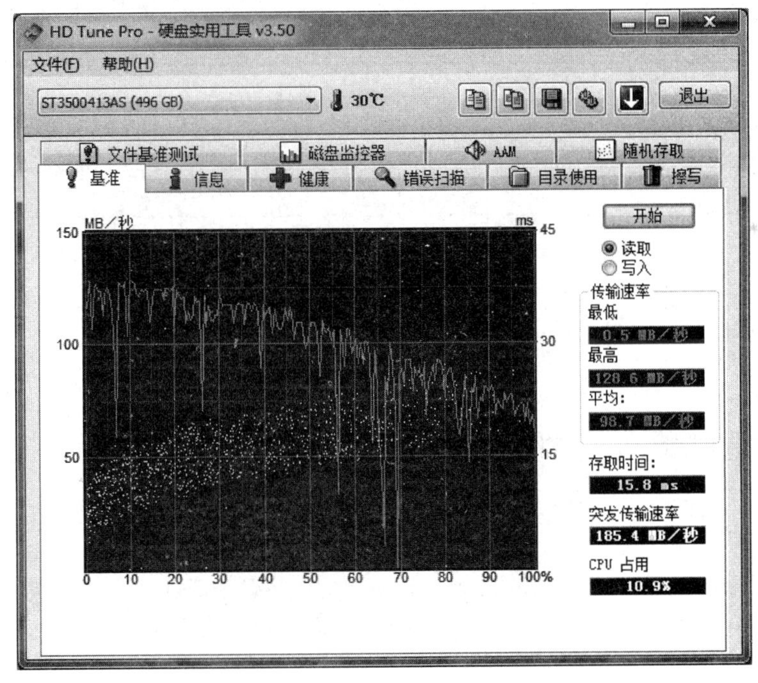

图 2-39　硬盘检测工具

8）整机测试

各单项检测完之后，最后一步就是对整个系统进行检测。这里推荐使用“一分钟测试”软件，它是一款高效的计算机性能测评软件，能快速、直观、准确地测评用户计算机的性能，并且能够生成测试报告，为用户研究计算机的性能，购买、升级计算机硬件提供一定的参考，如图 2-40 所示。

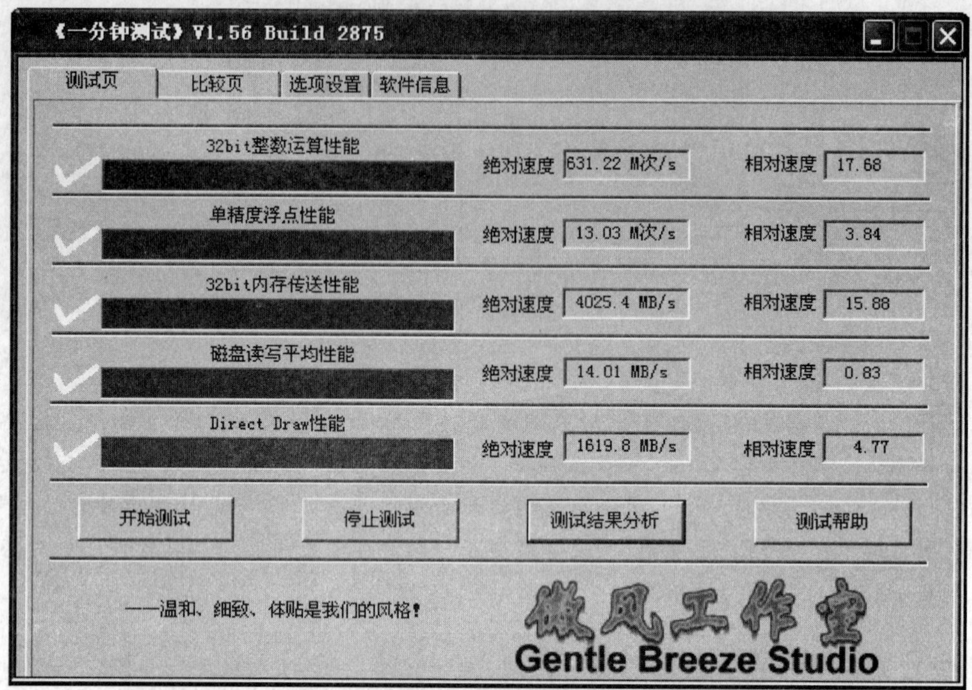

(a) “一分钟测试”软件

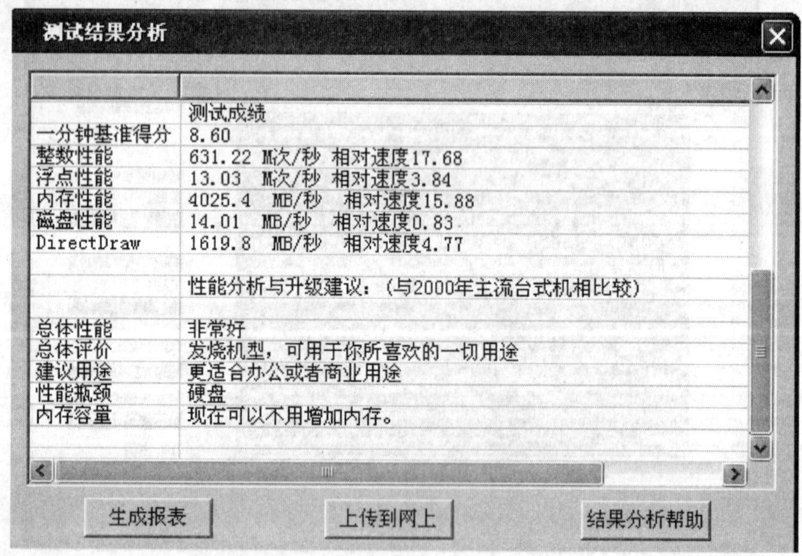

(b) 测试报告

图 2-40 整机检测工具

3. 售后服务

良好的售后服务非常必要和重要。无论从实用角度还是从经济角度而言，都应以适合为标准，选购笔记本电脑时还应注意个人的偏好、颜色、外观设计等。

使用计算机的保健知识

计算机是人类最伟大的发明之一，它以非凡的渗透力与亲和力深入人类活动的各个领域，计算机已经成为人们日常生活必不可少的工具。如果长期不正确地操作计算机，会导致手掌、手臂、颈部等身体部位不舒服，甚至造成严重的身体损伤或失调。因此，了解一些计算机的保健知识，养成正确的计算机操作使用习惯非常重要。

(1) 选购"健康"的计算机。使用计算机的保健知识，首先从购买计算机开始，在选购计算机时一定要看清楚各种认证是否齐全，最好选购拥有国际国内名牌、国家免检产品、环保产品等荣誉称号的计算机品牌。拥有这些荣誉的品牌产品，在出厂前都要进行严格的电磁兼容性、健康标准性等方面的检测，把辐射控制在安全范围内，使用户使用的都是放心健康环保型计算机，而这些肉眼看不到的品质，是一些小品牌计算机厂家无法做到的。为了自己的健康，在选购计算机时一定要谨慎。

(2) 养成良好的卫生习惯，及时清洁皮肤。计算机显示器表面存在着大量的静电，使集聚的灰尘污染到裸露的皮肤上，容易引发斑疹、色素沉着，甚至会诱发皮肤病变。计算机旁边不要放吃的东西，吃东西时远离计算机，要及时洗手。

(3) 保持正确的坐姿。使用计算机时只有坐姿正确才能舒适健康。最好将计算机显示器中心位置安装在与使用者胸部同一平行线上，与计算机的距离最好保持在 40～50 厘米，选择能调节的椅子最佳。使用计算机一段时间，最好起身活动一下，经常眨眨眼睛，这样能起到调节和改善视力的功效。

(4) 保护眼睛。为减轻眼睛的疲劳，把显示器放置在离眼睛一个手臂的距离。注意远离产生眩光的光源，或使用窗帘控制光线的强度。要经常清洁屏幕，并清洁自己佩戴的眼镜。显示器的亮度、色彩对比度和字体调节到感觉舒适的状态。房间既不能太昏暗，也不要太明亮，最好与屏幕的亮度相同。

(5) 轻松地进行工作。击键、握鼠标、手腕搁在桌边等所产生的微力，长时间作用也会导致身体伤害，引起不服务和疲劳感。为此应该养成轻轻击键的习惯，让手和手指放松。打字时避免把手掌或手腕依托在物体上。

(6) 注意劳逸结合。通常情况下，经常使用计算机的人，如果连续使用计算机 1 小时，最好休息 10 分钟，多活动活动头部或腰部，以免颈椎、腰椎受损。

数码相机选购指南

数码相机已经成为一种普及的数码产品，但是价格却千差万别。其中细节也是诸多考究。应从实用性出发选择一台合适的而非价格昂贵的数码相机。

1. 选购方法与步骤

(1) 确定需求。选购数码相机首先最重要的是确定选购数码相机的用途。如果是日常使用，景点留影，或自拍，一般的卡片机就够了(其实现在的手机基本可以胜任)，如果偏爱风景照可以选择侧重长焦功能的相机，或者单反。如果是开店铺的商品照，选择感光度好、传感器尺寸大的相机细节表现会更好，卡片机传感器尺寸一般很小，所以多会选择单反。

(2) 光学变焦和数码变焦。一般说来便宜的相机光学变焦功能不强。但是风景常常需要长焦才能得到比较好的构图。所以喜欢户外摄影的自然关注其变焦情况,尤其是光学变焦能力。

(3) 传感器尺寸。卡片机和单反最核心的差别在于两点,镜头和传感器尺寸。人们常常把传感器尺寸忽略而只关注像素。一般的卡片机是 1/2.3in 规格,但是像素可以达到 1000 多万,单反像素和卡片机相似甚至更低,却有更好的成像效果也在于此。喜欢夜间或者暗光摄影的尤其注意这一点。一款相机无论其像素多高,变焦多大,但是其传感器尺寸是 1/2.3in 表明其定位依然是入门级相机。所以这是一个比较重要的出发点。

(4) 镜头参数。镜头参数选择需要有一定的摄影知识,主要涉及焦距和光圈。这方面就不作详细介绍,一般的入门级焦距主要是考虑生活中一些常用场合的摄影。如果需要更多选择,自然就要选择可更换镜头的单反相机了。

(5) 像素。像素一直是外行最关注的问题。不过像素确实是一个重要衡量参数,像素越多照片细节越细腻。但是值得一提的是,卡片机虽然和单反有相同的像素,但是很多低端相机照片放大却会发现其画质模糊不堪。所以像素一般是一个不进行太多比对的参数,只要不是太低就可以了。

(6) 其他细节考虑。在选择好某一类型的相机之后,就要对其进行细节评定了,如其他用户的评价反响是否好,造型外观是否喜欢,以及配件赠送情况和价格情况。

2. 选购数码相机的注意事项

(1) 没有最好的相机。不管是更高分辨率还是更大的变焦范围,这些因素都不会让相机的画质更好。切记:你永远也不会找到最高像素或最长的变焦范围的相机,只有相对最适合你的相机。

(2) 不要过于介意“最佳”的头衔。事实上,一款相机要想获得“最佳”的头衔,需要在 4 个部分都达到最佳,即照片质量、性能、功能及设计,但这样的机型是不存在的。不过,在一个价格范围内,你可以从中挑选出最适合你的“最佳”选择。

(3) 先试后买。一款相机需要有舒适的手感,最重要的是适合你的手掌,如果过大过重,你可能就不会经常使用它了。另外,还应该具备一些快捷按键,并拥有简洁明了且符合逻辑的菜单结构。触摸屏在一定程度上会增强操作感,但是也涉及具体机型,因为有的相机触摸屏十分不灵敏。所以,在购买相机之前,最好去卖场试用以保证以上几点符合你的需求。

以上内容便是你在购买数码相机之前需要了解的,总的来说,没有最好的数码相机,只有最适合自己的,希望大家可以根据自身的需求出发,选购到一款满意的数码相机。

iPad 与平板电脑区别

iPad 是一款苹果公司于 2010 年发布的平板电脑,定位介于苹果的智能手机 iPhone 和笔记本电脑产品之间,通体只有一个按键,(屏幕中有 4 个虚拟程序固定栏)与 iPhone 布局一样,提供浏览互联网、收发电子邮件、观看电子书、播放音频或视频、玩游戏等功能。iPad 是由英国出生的设计主管乔纳森·伊夫(Jonathan Ive)领导的团队设计的,这个圆滑、超薄的产品反映出了伊夫对德国天才设计师Dieter Ram的崇敬之情。

iPad在欧美称Tablet PC,具备浏览网页、收发邮件、普通视频文件播放、音频文件播放、玩游戏等基本的多媒体功能。由于采用ARM架构,不能兼容普通PC台式计算机和笔记本电脑的程序,可以通过安装由Apple官方提供的iWork套件进行办公,可以通过iOS第三方软件预览和编辑Office和PDF文件。

那么iPad与其他平板电脑相比,有哪些不同呢?

(1) 类别差异:平板电脑大多具备Windows或者Linux操作系统,严格意义上苹果iPad既不是一台计算机也不是计算机的替代产品,而是作为计算机的辅助设备增强了用户的使用体验。iPad属于完全不同于计算机类别的设备,它属于资讯类家电产品。

(2) 应用模块差异:平板电脑一般需要Windows应用模块,大多数情况下,要到官方网站下载应用程序。用户需要输入一长串CD密钥型符号,还需要经常下载更新。而iPad采用的应用模块是其在线应用商店App Store,拥有非常清晰的安装和卸载流程。当用户访问苹果App Store时,会自动提示下载所有新版本的应用。几秒钟的时间,这些应用就会全部安装完成,并且不需要重新启动。

(3) 市场定位差异:平板电脑毕竟是便携性电脑,主打商务市场。iPad相对多元化,小孩到老人都可以使用。

第 3 章

计算机软件

【学习场景】

计算机系统有两个基本组成部分,即计算机硬件和计算机软件。硬件是组成计算机的各种物理设备的总称,它在二进制世界里工作,功能虽然简单,速度却奇快无比;计算机软件(简称软件)是人与硬件的接口,它自始至终指挥和控制着硬件的工作过程。没有软件,硬件就不知道做什么,计算机系统也就没有什么作用了。

计算机软件(Computer Software)是指计算机系统中的程序、数据及其文档。程序是计算任务的处理对象和处理规则的描述;文档是为了便于了解程序所需的阐明性资料。程序必须装入机器内部才能工作,文档一般是给人看的,不一定装入机器。

软件是用户与硬件之间的接口界面。用户主要通过软件与计算机进行交流。软件是计算机系统设计的重要依据。为了方便用户,使计算机系统具有较高的总体效用,在设计计算机系统时,必须通盘考虑软件与硬件的结合,以及用户的要求和软件的要求。

计算机软件与一般作品不同。计算机软件多用于某种特定目的,如控制一定生产过程,使计算机完成某些工作;而文学作品则是为了阅读欣赏,满足人们精神文化生活需要。计算机软件要求法律保护其内容;而著作权法一般只保护作品的形式,不保护作品的内容。计算机软件语言是一种符号化、形式化的语言,其表现力十分有限;而文字作品是人类的自然语言,其表现力十分丰富。

软件无形、无色、无味,它看不见,摸不着,闻不到。软件大多存在人们的脑袋里或纸面上,它的正确与否,是好是坏,要通过程序在机器上运行才能知道。

计算机软件是用各种计算机语言(也叫程序设计语言)编写的。最底层的叫机器语言,它由一些 0 和 1 组成,可以被某种计算机直接理解,但人就很难理解。上面一层叫汇编语言,它只能由某种计算机的汇编器软件翻译成机器语言程序才能执行。人能够勉强理解汇编语言。人常用的语言是更上一层的高级语言,如 C、Java、FORTRAN、BASIC 等。这些语言编写的程序一般都能在多种计算机上运行,但必须先通过编译器或解释器将高级语言程序翻译成特定的机器语言程序。编写计算机软件的人员叫程序设计员、程序员、编程人员,他们当中的高手有时也自称为黑客。

【学习目标】

培养学生了解软件的特点，熟悉常用的计算机软件，并将其应用到实际工作中的能力。

【学习任务】

(1) 掌握计算机软件的概念，理解软件与程序的区别。
(2) 掌握计算机软件的分类及特点。
(3) 掌握操作系统的功能，了解常用的操作系统类型。
(4) 理解算法的概念，能正确区分算法与程序。
(5) 掌握程序设计语言及其处理系统。

3.1 计算机软件的概念与分类

3.1.1 计算机软件的定义

1. 什么是计算机软件

计算机软件是指挥计算机完成特定任务，以电子格式存储的程序、数据和相关文档资料的总称。

(1) 程序：是一系列指令的集合，具有完成某一确定的信息处理任务，使用某种计算机语言描述怎样完成该任务，存储在计算机中并被 CPU 执行后才能发挥作用的特点。

程序是告诉计算机做什么和怎么做的一组命令，每一个命令就是一条指令。也就是说，程序是由一连串的指令组成的。程序具有以下特性。

① 灵活性：程序功能不一样，不同程序完成不同的任务。

② 通用性：不同数据输入相同程序，得到不同结果。也就是说，程序并不是专门为解决一个特定问题而设计的，是为解决某一类问题而设计的。

(2) 数据：指程序运行过程中需要处理的对象以及处理过程中使用的参数(如三角函数表、英文字典等)。

(3) 文档：指程序开发、维护和使用所涉及的资料(如设计报告、维护手册和使用指南等)。

通常，软件必须有完整、规范的文档，如 Word 的帮助等。

(4) 软件与程序的区别。

① 软件往往指的是设计比较成熟、功能比较完善、具有某种使用价值且有一定规模的程序。

② 软件既包含程序，也包含与程序相关的数据和文档。

③ “软件”强调的是产品、工程、产业或学科等宏观方面的含义，“程序”更侧重技术层面的含义。

软件和程序本质上相同，在不会发生混淆的场合，软件和程序两个名称经常混用，并不严格加以区分。

2. 软件产品

软件产品指软件开发厂商交付给用户用于特定用途的一整套程序、数据以及相关的文档(一般是安装和使用手册),它们以光盘或磁盘作为载体,也可以经过授权后从网上下载。

3. 软件保护

软件保护有版权保护、许可证保护、共享软件。

(1) 版权保护:版权是授予软件作者的某种独占权利的一种合法的保护形式,版权所有者唯一地享有该软件的复制、发布、修改、署名、出售等诸多权利。购买一个软件后,用户仅仅得到的是该软件的使用权。

(2) 许可证保护:软件许可证是一种法律合同,它确定了用户对软件的使用方式,扩大了版权法给予用户的权利。

(3) 共享软件:是一种"买前免费试用"的具有版权的软件。它具有时间限制,可以多人共同使用,当过了试用期后还想继续使用,就得交一笔注册费用,成为注册用户。

3.1.2 计算机软件的特性

在计算机系统中,软件和硬件是两种不同的产品,硬件是有形的物理实体,而软件是无形的,它具有许多与硬件不同的特性。

1. 不可见性

软件是原理、规则和方法的体现,它不能被人们直接地观察和触摸。程序和数据以二进位编码的形式表示并通过电、磁或光的机理进行存储。人们能看到的只是它的物理载体,而不是软件本身。它的价值也不是以物理载体的成本来衡量的。

2. 适用性

一个成功的软件往往不是只满足特定应用的需要,而是可以适应一类应用问题的需要。例如微软公司的文字处理软件 Word,它不仅可以协助用户撰写书稿、论文、简历,而且可以用来写作备忘录、网页、邮件等各种类型的文档;使用 Word 不但可以处理英文和中文,而且还可以处理其他多国文字的文档。

3. 依附性

软件不像硬件产品那样能独立存在与运行,它要依附于一定的环境。这种环境是由特定的计算机硬件、网络和其他软件组成的。没有一定的环境,软件就无法正常运行,甚至根本不能运行。

4. 复杂性

正是因为软件本身不可见,功能上又要具有较好的适用性,再加上在软件设计和开发时还要考虑它对运行环境多样性和易变性的适应能力,因此现今的任何一个商品软件几乎都相当复杂。不仅在功能上要能满足应用的需求,而且响应速度要快,操作使用要灵活方便,工作要可靠安全,对运行环境的要求要低,还要易于安装、维护、升级和卸载等,所有这些都使得软件的规模越来越大,结构越来越复杂,开发成本也越来越高。

5. 无磨损性

软件在使用过程中不像其他物理产品那样会有损耗或者产生物理老化现象。理论上，只要它所赖以运行的硬件和软件环境不变，它的功能和性能就不会发生变化，就可以永远使用。当然，硬件技术在进步，用户的应用需求在发展，多年一成不变地使用同一个软件的情况极为罕见。

6. 易复制性

软件是以二进位表示，并以电、磁和光等形式存储和传输的，因而软件可以非常容易且毫无失真地进行复制，这就使软件的盗版行为很难绝迹。软件开发商除了依靠法律保护软件之外，还经常采用各种防复制措施来确保其软件产品的销售量，以收回高额的开发费用并取得利润。

7. 不断演变性

由于计算机技术发展很快，社会又在不断地变革和进步，软件投入使用后，其功能、运行环境和操作使用方法等通常都处于不断的发展变化之中。一种软件在更好的同类软件开发出来之后，它就会被淘汰。从软件的开发、使用到消亡，这个过程称为该软件的生命周期。为了延长软件的生命周期，软件在投入使用后，软件人员还要不断地进行修改、完善，使其减少错误、扩充功能、适应不断变化的环境，这就导致了软件版本的升级。许多软件通常一两年就会发布一个新的版本。用户可以通过向软件厂商支付一定的费用来升级和更新原来的软件。

8. 有限责任

由于软件的正确性无法采用数学方法予以证明，目前还没有人知道怎样才能写出没有任何错误的程序来。因此软件功能是否绝对正确，它能否在任何情况下稳定运行，软件厂商无法给出承诺。通常，软件包装上会印有如下一段典型的"有限保证"的声明：

"本软件不做任何保证。程序运行的风险由用户自己承担。这个程序可能会有一些错误，你需要自己承担所有服务、维护和纠正软件错误的费用。另外，生产厂商不对软件使用的正确性、精确性、可靠性和通用性做任何承诺。"

9. 脆弱性

随着因特网的普及，计算机之间相互通信和共享资源在给用户带来方便和利益的同时，也给系统的安全带来了威胁。例如，黑客攻击、病毒入侵、信息盗用、邮件轰炸、"特洛伊木马"攻击等。其原因一方面是因为操作系统和通信协议存在漏洞；另一方面也是由于软件不是"刚性"的产品，它很容易被修改和破坏，因而使违法和犯罪的行为能够得逞。

3.1.3 计算机软件的分类

按照不同的角度和标准，可以将软件划分为不同的种类。如果从软件功能和作用的角度出发，通常将软件大致分为系统软件和应用软件两大类。

图 3-1 给出了系统软件、应用软件与硬件、用户之间的关系。

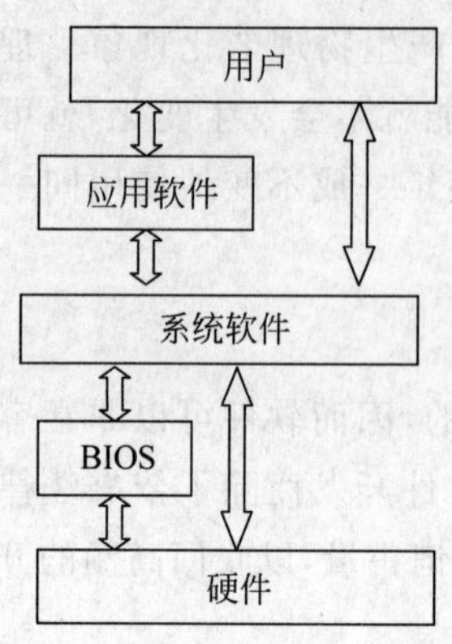

图 3-1 系统软件、应用软件与硬件、用户的关系

1. 系统软件

系统软件指给其他程序提供服务的程序集合(如各种操作系统、编译程序),即为了有效地使用计算机系统,给应用软件开发与运行提供支持,或者能为用户管理与使用计算机提供方便的一类软件。例如,基本输入/输出系统(BIOS)、操作系统(Windows、UNIX 等)、程序设计语言处理系统(编译程序)、数据库管理系统(Oracle、Access)、常用的实用程序(磁盘清理程序、备份程序等)等都是系统软件。

系统软件的特点:与计算机硬件具有很强的交互性,能对计算机硬件资源进行统一的控制、调度和管理;系统软件具有一定的通用性,它不是专门为解决某个(种)具体应用而开发的。在计算机系统中,系统软件是必不可缺少的。

2. 应用软件

应用软件是针对多种应用需求出现的用于解决各种不同具体应用问题的专门软件。按照应用软件的开发方式和适用范围,应用软件可分为通用应用软件和定制应用软件。

(1) 通用应用软件:可在各行各业中共同使用,如文字处理软件、信息检索软件、游戏软件、媒体播放软件、网络通信软件等都是通用应用软件。表 3-1 列出了常用的通用应用软件。

表 3-1 常用的通用应用软件

类 别	功 能	流行软件举例
文字处理软件	文本编辑、文字处理、桌面排版等	Word、Adobe Acrobat、WPS、FrontPage 等
电子表格软件	表格、数值计算和统计、绘图等	Excel 等
图形图像软件	图像处理、几何图形绘制、动画制作等	AutoCAD、Photoshop、Flash、3ds max 等
媒体播放软件	播放各种数字音频和视频文件	暴风影音、PPS 影音、QQ 音乐播放器等
网络通信软件	电子邮件、聊天、IP 电话等	QQ、飞信、微信等
演示软件	投影片制作与播放	PowerPoint 等
浏览器	浏览网页	IE、360 浏览器、搜狗浏览器等
杀毒软件	防毒杀毒软件、防火墙等	360 安全卫士、McAfee、金山毒霸、卡巴斯基、江民、瑞星等
输入法	输入文字信息	搜狗、谷歌、紫光、五笔、QQ 拼音等
阅读器	阅读特定规范格式的文档	CAJViewer、Adobe Reader 等
游戏软件	游戏、教育和娱乐	棋类游戏、扑克游戏等

(2) 定制应用软件:是按照不同领域用户的特定需求而专门设计开发的软件。例如,某学校的教务管理系统、超市的销售管理和预测系统等都是定制应用软件。图 3-2 所示的用于期末考试成绩查询的教务系统就是一款定制应用软件。

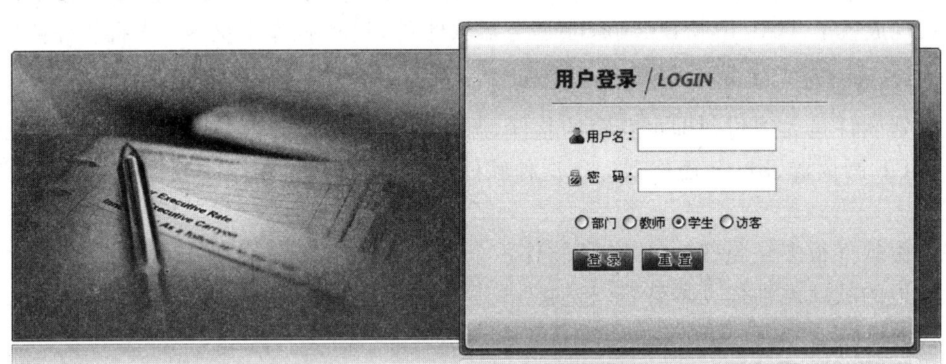

图 3-2　教务系统

3.1.4　计算机软件的版权

软件是智力活动的成果，受到知识产权(版权)法的保护。版权授予软件作者(版权所有者)唯一地享有复制、发布、修改、署名、出售等权利。

保护知识产权的目的是，确保脑力劳动成果受到奖励，鼓励人们进行发明创造。只有保护了软件人员因创新带来的收益，才能充分挖掘、发挥他们的创造力，不断开发优秀的软件产品，社会最终也能从他们的创新成果中受益。

购买一个软件，用户仅仅得到了该软件的使用权，并没有获得它的版权。随意进行软件复制和分发是一种违法行为。所以大家应该支持正版软件，不要使用盗版软件。

按照软件权益如何处置来分，软件可分为商品软件、共享软件、自由软件和免费软件。

1. 商品软件

商品软件需要用户付费才能得到使用权。它除了受到版权保护，通常还受到软件许可证(License)的保护。所谓软件许可证，是一种法律合同，它确定了用户对软件的使用方式，扩大了版权法给予用户的权利。例如，版权法规定将一个软件复制到其他机器使用是非法的，但是软件许可证允许用户购买的一份软件可以同时安装在本单位若干台计算机上使用，或者允许所安装的一份软件同时被若干个用户使用。

2. 共享软件

共享软件一般是软件的“免费试用版本”，它通常允许用户试用一段时间，也允许用户复制和散发，但过了试用期就要交注册费，成为注册用户后才能继续使用。这是目前软件市场营销有效的销售策略。

3. 自由软件

自由软件的创始人是理查德·斯塔尔曼(Richard Stallman)，他于 1984 年启动开发了 Linux 系统的自由软件工程(GUN)，创建了自由软件基金会(FSF)，拟定了通用公共许可证(GPL),倡导自由软件的非版权原则。用户可共享,并允许随意复制、修改其源代码,允许销售和自由传播。但是,对软件源代码的任何修改都必须向所有用户公开,还必须允许此后的用户享有进一步复制和修改的自由。自由软件有利于软件共享和技术创新,它的出现成就了 TCP/IP 协议、Apache 服务器软件和 Linux 操作系统等一大批软件精品。

4. 免费软件

免费软件是无须付费即可获得的软件,源代码不一定公开,如 360 杀毒软件、搜狗输入法、PDF 阅读器、Flash 播放器等。这种软件用户可以使用,但是不一定有修改、分发的权利。

自由软件很多是免费软件,免费软件不全是自由软件。

其他的软件类别详见本章资料链接。

3.2 操作系统

操作系统(Operating System,OS)是管理和控制计算机硬件与软件资源的计算机程序,是直接运行在“裸机”上的最基本的系统软件,任何其他软件都必须在操作系统的支持下才能运行。操作系统是用户和计算机的接口,同时也是计算机硬件和其他软件的接口。操作系统的功能包括管理计算机系统的硬件、软件及数据资源,控制程序运行,改善人机界面,为其他应用软件提供支持等,使计算机系统所有资源最大限度地发挥作用;提供了各种形式的用户界面,使用户有一个好的工作环境,为其他软件的开发提供必要的服务和相应的接口。

3.2.1 概述

操作系统是管理计算机硬件资源,控制其他程序运行并为用户提供交互操作界面的系统软件的集合。操作系统是计算机系统的关键组成部分,负责管理与配置内存、决定系统资源供需的优先次序、控制输入与输出设备、操作网络与管理文件系统等基本任务,如图 3-3 所示。

在计算机系统上配置操作系统的主要目标,与计算机系统的规模和操作系统的应用环境有关。通常,对于配置在大、中型计算机系统中的操作系统都有着较高的要求,相应地,其操作系统就具有较强的功能;而对应用于实时工业控制环境下的操作系统,则要求其具有实时性和高度的可靠性。

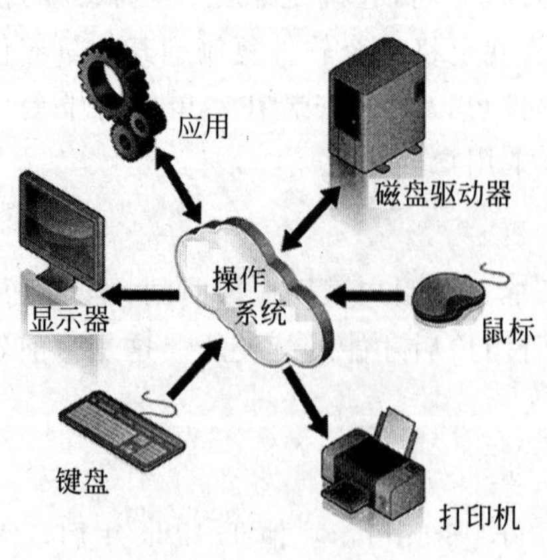

图 3-3 操作系统

可以从不同的角度来理解操作系统的作用。从一般用户的角度,可以把操作系统看成是用户与计算机硬件系统之间的接口;从资源管理的角度,可以把操作系统视为计算机系统的资源管理者。操作系统主要有以下 3 个方面的重要作用。

(1) 为计算机中运行的应用程序管理和分配各种软硬件资源。计算机系统中的所有硬件设备(如 CPU、存储器、I/O 设备以及网络通信设备等)称为硬件资源；程序、数据和文档等称为软件资源。计算机中一般总有多个程序在运行，例如，在使用 Word 编辑文档时，还使用媒体播放器播放 MP3 音乐，使用杀毒软件杀毒，使用邮件程序接收电子邮件等。这些程序在运行时都可能要求使用系统中的资源(如访问硬盘、在屏幕上显示信息等)。此时操作系统就承担着资源的调度和分配任务，以避免冲突，保证程序正常有序地运行。操作系统的资源管理功能主要包括处理器管理、存储管理、文件管理、I/O 设备管理等几个方面。

(2) 为用户操作使用计算机提供友善的人机界面。人机界面也称为用户接口或用户界面，它的任务是方便用户操作，实现用户与计算机之间的通信(对话)。现在，几乎所有的操作系统都向用户提供一种图形用户界面(GUI)，它以矩形窗口的形式显示正在运行的各个程序的状态，采用图标(Icon)来形象地表示系统中的文件、程序、设备等对象，用户借助点“菜单”的方法来选择要求系统执行的命令或输入的某个参数，利用鼠标器或触摸屏控制屏幕光标的移动并通过点击操作以启动某个操作命令的执行，甚至还可以采用拖放方式执行所需要的操作。所有这些措施使用户能够比较直观、灵活、方便、有效地使用计算机，减少了记忆操作命令的沉重负担。

(3) 为程序的开发和运行提供一个高效率的平台。人们常把没有安装任何软件的计算机称为裸机，在裸机上开发和运行应用程序难度大，效率低，甚至难以实现。安装了操作系统之后，实际上呈现在应用程序和用户面前的是一台“操作系统虚拟机”。操作系统屏蔽了几乎所有物理设备的技术细节，它以规范、高效的方式(如系统调用、库函数等)向应用程序提供了有力支持，从而为开发和运行其他系统软件及各种应用软件提供了一个平台。

用户操作计算机有以下 4 种形式。

(1) 直接通过操作系统操控计算机，如计算机的设备管理器。

(2) 通过其他类型的系统软件调用操作系统来操控计算机，如信息管理系统的开发。

(3) 通过应用程序调用操作系统来操控计算机。

(4) 通过应用程序调用其他类型的系统软件(如编译器、数据库管理系统等)，再调用操作系统来操控计算机，如图 3-4 所示。

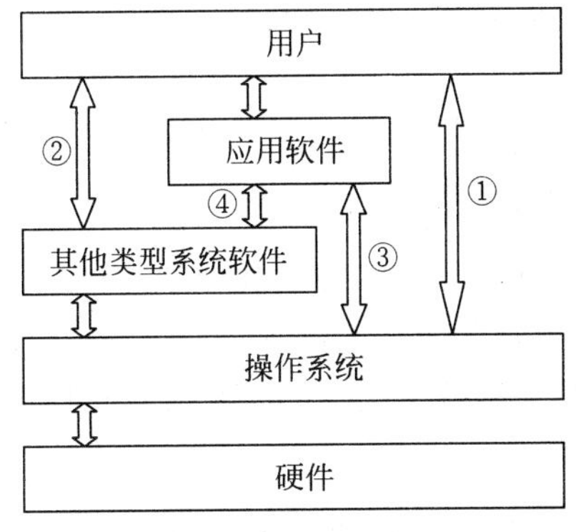

图 3-4　操作系统

3.2.2 操作系统的启动

安装了操作系统的计算机，操作系统大多驻留在硬盘之类的外存储器中。当使用计算机时，首先要启动计算机，计算机启动大致分为BIOS的运行和操作系统的启动。

计算机启动步骤如图3-5所示。

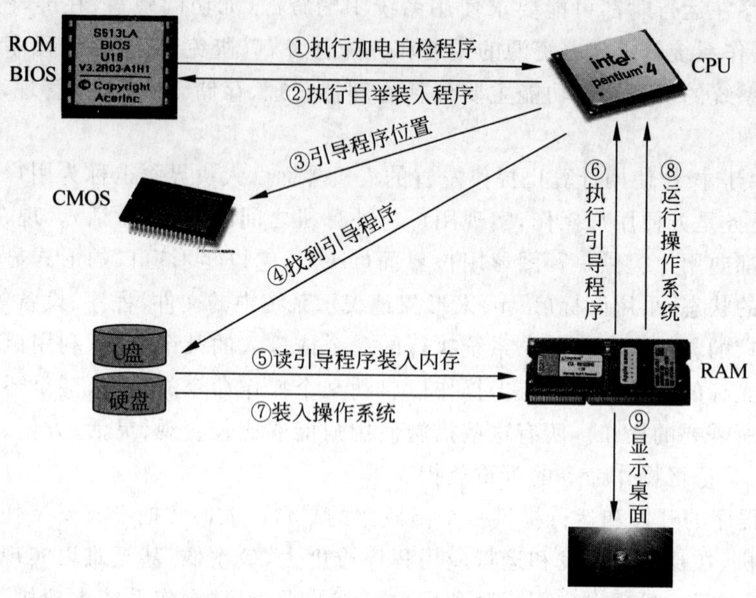

图3-5 计算机启动过程及操作系统加载过程

(1) CPU执行BIOS中的自检程序，测试计算机中各部件的工作状态是否正常。

(2) 执行BIOS中的自举装入程序。

(3) 根据CMOS的设置，选择启动盘(可以是硬盘或者U盘等，默认是硬盘)，在执行引导程序前，用户可以按某一热键(如Delete或F2、F8等键，具体看主板的BIOS的版本)，调整启动盘顺序。

(4) 找到启动盘的“引导程序”。

(5) 从启动盘的第1个扇区中读入“主引导记录”(MBR)。

(6) 执行MBR中的引导程序，从指定分区中再读入操作系统的装入程序(Loader)。

(7) 执行装入程序，将操作系统装入到内存。

(8) 运行操作系统。

(9) 成功加载操作系统，显示桌面，计算机处于操作系统的控制之下，等待用户操作。

3.2.3 操作系统的主要功能

操作系统位于底层硬件与用户之间，是两者沟通的桥梁。用户可以通过操作系统的用户界面输入命令。操作系统则对命令进行解释，驱动硬件设备，实现用户要求。操作系统的主要功能有处理器管理、存储管理、文件管理、设备管理等，下面分别予以介绍。

1. 处理器管理

处理器管理的主要任务是对处理器的使用进行分配，并对其运行进行控制和管理。

为了提高 CPU 的利用率，操作系统一般都是若干个程序同时运行，称为“多任务处理”。所谓的“任务”，是指装入内存并启动执行的一个应用程序。操作系统就是采用多任务等技术将 CPU 合理地分配给每一个任务。

多任务处理的优点是，大大提高了用户的工作效率和计算机的使用效率。

下面以 Windows 操作系统为例，介绍操作系统对于处理器的管理。操作系统成功启动之后，除了和操作系统相关的一些程序在运行外，用户还可以根据自己的需要启动多个应用程序，这些程序可以互不干扰地独立工作。用户可以通过按 Ctrl＋Alt＋Delete 键打开“Windows 任务管理器”窗口，窗口中有“应用程序”“进程”“性能”“联网”“用户”5 个选项卡(以 Windows XP 为例)。用户可以通过“应用程序”选项卡看到当前运行的应用程序，如图 3-6 所示，通过“进程”进项卡可以看到系统中的进程对 CPU 和内存的使用情况。

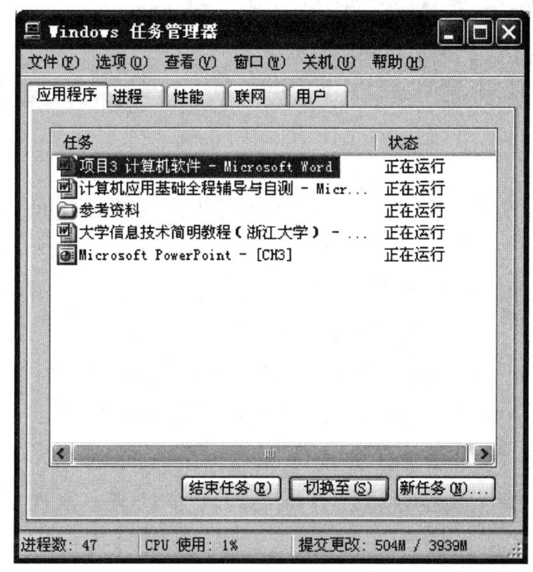

图 3-6　通过任务管理器查看任务执行情况

1) 并发多任务

当多个任务同时在计算机中运行时，一个任务通常对应着屏幕上的一个窗口。如果某个任务需要用户输入信息，屏幕上就会弹出一个对话框，供用户输入。接收用户输入的窗口只有一个，称为活动窗口，它所对应的任务称为前台任务；其他窗口都是非活动窗口，它们所对应的任务称为后台任务。活动窗口通常位于其他窗口的最前面，它的标题栏与非活动窗口颜色深浅不同。如图 3-7 所示，桌面有 4 个窗口，每个窗口都是一个任务，现在都在同时执行，都获得 CPU 的资源，PowerPoint 的窗口颜色较深，是前台任务，即此时键盘的操作将对 PowerPoint 软件起作用。

为了实现计算机的多任务，无论是前台任务还是后台任务，都能分配到 CPU 的使用权(资源)，从而实现多任务同时执行，即所谓并发多任务。

并发的概念可从两个层面去理解：宏观上看，这些任务是“同时”执行；微观上看，任

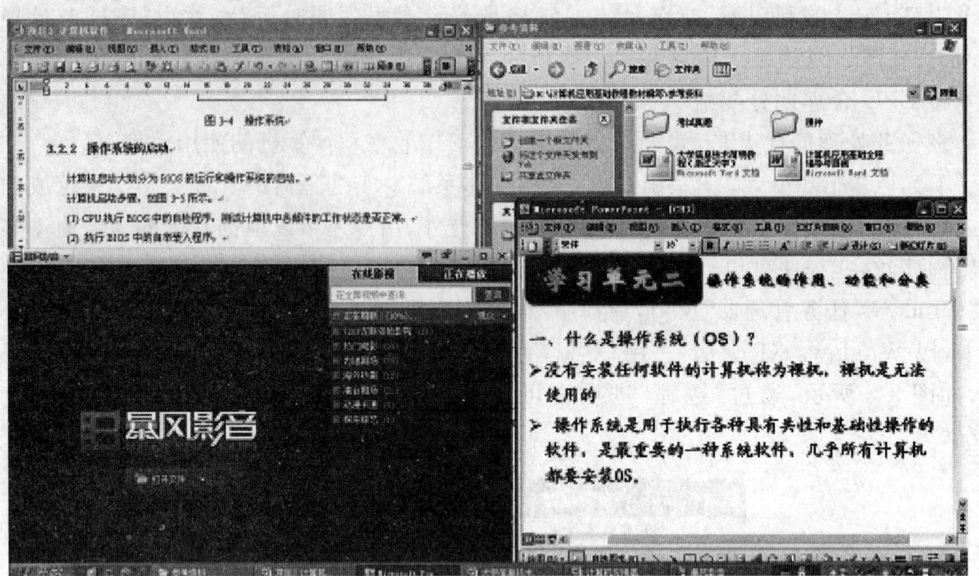

图 3-7　多个正在运行程序的窗口

何时刻只有一个任务正在被 CPU 执行，即完成这些任务的程序是由 CPU 轮流执行的。

2）实现并发多任务的策略

Windows 操作系统中 32 位应用程序为了能够实现上述的并发多任务，需专门设计一个调度程序，这个调度程序采用“按时间片轮转”的策略。

如果把 CPU 的时间进行划分(如 1/20 秒)，每段时间就称为“时间片”。当启动多个任务时，为了保证多个任务“同时”执行，操作系统中的调度程序一般通过时间片轮转的原则为这些任务分配处理器，即每个任务轮流得到一个时间片，当时间片用完后，不论这个任务多么重要，调度程序都要把时间片分配给下一个任务；依次循环下去，直至任务完成。由于 CPU 的处理速度极快，用户就感觉 CPU 在同时执行所有的任务。如图 3-8 所示为对应一个 CPU 时间轴，不同时间段执行的任务。微观上看，一个时间段就是执行一个任务。

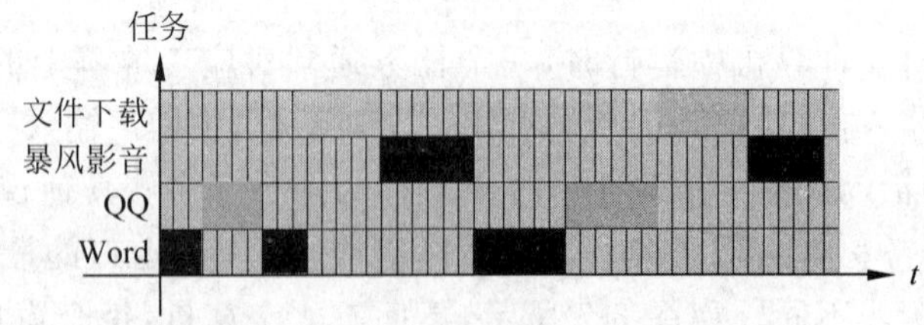

图 3-8　CPU 执行多个任务的调度程序

由于不同任务的重要程度不同，请求的迫切程度也不同，所以要通过一定的调度算法来确定任务的优先级，从而决定任务得到处理的先后次序。调度算法有很多种，如先来先服务(FCFS)，也就是按时间顺序排队，先到的任务先得到服务；再如短作业优先(SJF)，可以照顾到所有作业中占很大比例的短作业，使它们能够比长作业优先执行。调度算法很多也很灵活，这里就不一一列出了。

2. 存储管理

虽然计算机的内存容量不断扩大，但限于成本和安装控件等原因，其容量总有限制。在运行规模很大或需要处理大量数据的程序时，内存往往不够用。特别是在多任务处理时，存储器被多个任务所共享，矛盾更加突出。因此，如何对存储器进行有效的管理，不仅直接影响到存储器的利用率，而且还对系统的性能有重大影响。所以，存储管理是操作系统的一项非常重要的任务。现在，操作系统一般都采用虚拟存储技术（也称为虚拟内存技术，简称虚存）进行存储管理。

虚拟存储技术的基本思想如下：程序员在一个假想的容量极大的虚拟存储空间中编写和运行程序，程序（及其数据）被划分成一个个“页面”，每页为固定大小。在用户启动一个任务而向内存装入程序及数据时，操作系统只将当前要执行的一部分程序和数据页面装入内存，其余的页面放在硬盘提供的虚拟内存中，然后开始执行程序。在程序的执行过程中，如果需要执行的指令或访问的数据不在物理内存中（称缺页），则由 CPU 通知操作系统中的存储管理程序，将所缺的页面从硬盘的虚拟内存调入到实际的物理内存，然后再执行程序。当然，为了腾出空间来存放将要装入的程序（或数据），存储管理程序也应将物理内存中暂时不使用的页面调出保存到硬盘的虚拟内存中。页面的调入和调出完全由存储管理程序自动完成，如图 3-9 所示。这样，从用户角度来看，该系统所具有的内存容量比实际的内存容量大得多，这种技术称为“虚拟存储技术”。

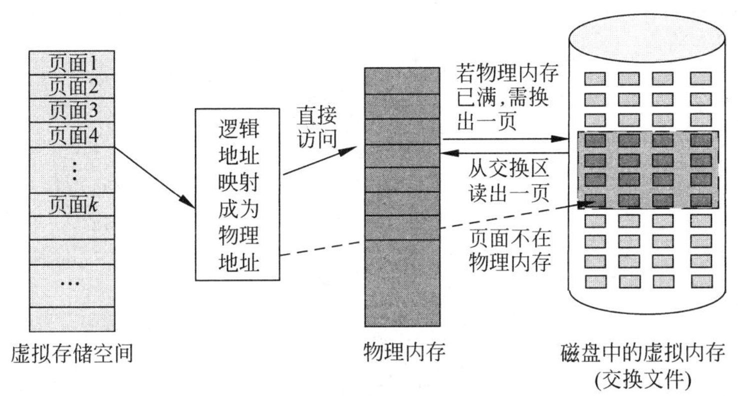

图 3-9　虚拟存储器的工作原理

在 Windows 操作系统中，虚拟存储器是由计算机中的物理内存（主板上的 RAM）和硬盘上的虚拟内存（一个名为 pagefile.sys 的大文件，称为交换文件或分页文件）联合组成的。操作系统通过在物理内存和虚拟内存之间来回地自动交换程序和数据页面，达到下列两个效果：①开发应用程序时，每个程序都在各自独立的容量很大的虚拟存储空间里进行编程，几乎不需要考虑物理内存大小的限制；②程序运行时，用户可以启动许多应用程序，其数目不受内存容量的限制（当然，容量小而同时运行的程序很多时，响应速度会变慢，甚至死机），也不必担心它们相互之间会发生冲突。

Windows 系统中的虚拟内存（pagefile.sys 文件）通常位于系统盘的根目录下。用户可以自行设置虚拟内存的大小，也可以指定虚拟内存放在哪个硬盘中。

iOS操作系统的虚拟内存可以启用也可以关闭。启用虚拟内存之后，如果运行的后台程序太多引起内存紧张，操作系统可以把后台程序中的部分内容放到虚拟内存，释放一部分空间，减缓对内存的压力。

3. 文件管理

在现代计算机管理中，总是把程序和数据以文件的形式存储在外存储器（如硬盘、U盘等）中，供用户使用。为此，操作系统中必须配置文件管理机构，其主要功能包括对文件存储空间的管理、目录管理、文件的读/写管理以及文件的保护。

1）文件及其属性

文件是具有文件名的一组相关信息的集合。

每个文件都有自己的名字，称为“文件名”，用户利用文件名来访问文件。在Windows中，文件名可以长达255个字符，但不能包含下列符号：“\”“/”“:”“?”“ *”“"”“＜”“＞”“|”。文件名后面用“.”隔开的是扩展名，扩展名决定了文件类型，也就决定了打开该文件的关联程序。用特定的程序建立的文件其扩展名基本确定。例如Photoshop，默认保存文件扩展名是.psd，也可以是.jpg等，这些都是图片格式。又如Word文件的扩展名是.doc或者.docx，当双击这类文件时会用Word程序或WPS打开。表3-2列出了常用的文件扩展名。

表3-2 常用的文件扩展名

扩 展 名	用 途
.doc	Word文档，用微软的Word等软件打开
.xls	Excel电子表格，用微软的Excel软件打开
.ppt	PowerPoint演示文稿，用微软的PowerPoint等软件打开
.txt	纯文本，用记事本、写字板、Word等都可以打开
.rar	WinRAR压缩文件，用WinRAR等打开
.htm、.html	网页文件，用浏览器、Microsoft Office FrontPage等打开
.pdf	用PDF阅读器打开，用PDF编辑器编辑
.dwg	CAD图形文件，用AutoCAD等软件打开
.exe	可执行文件
.jpg	图形文件、数码相机拍摄照片文件
.png	可透明图片
.bmp	位图文件
.swf	Flash影片

文件中除了文件名外还有一些文件的说明信息。例如，在Windows操作系统中，可在文件的图标上右击，在弹出的快捷菜单中选择“属性”命令，打开“属性”对话框，就可以看到文件类型、文件长度、文件物理位置（存储在硬盘上的位置）、文件的存取控制、文件的时间（创建、最近修改、最近访问等）、文件的创建者、文件的摘要等。文件的说明信息和文件的具体内容是分开存放的，前者保存在该文件的目录中，后者全部保存在硬盘的数据区中。

2）文件夹（目录）

为了有序地存放文件，操作系统把文件组织在若干个文件目录中。通过目录管理为每个文件建立目录项，并对众多的目录项进行有效地组织，以方便对文件进行按名存取。在Windows系统中，文件目录也称为文件夹，它采用多级层次结构（也叫树状结构）。每个硬盘或硬盘分区作为一个根目录，包含若干文件夹，每个文件夹中可以包含文件和下一级文件夹，也可以是空的，以此类推形成了多级文件夹结构。

文件夹也有自己的说明信息，除了文件名以外，还包括存放位置、大小、创建时间、文件夹属性（存档、只读、隐藏和系统等）。还可以设置文件夹的共享属性，以便网络上的其他用户可以共享访问该文件夹中的内容。

说明：空文件夹并不占用存储空间，用户可以多使用文件夹，有利于文件分类、管理与保护。

4. 设备管理

设备管理用于管理计算机系统中所有的外围设备。设备管理的主要任务是完成用户进程提出的I/O请求；为用户进程分配其所需的I/O设备；提高CPU和I/O设备的利用率；提高I/O速度；方便用户使用I/O设备。为实现上述任务，设备管理应具有缓冲管理、设备分配和设备处理，以及虚拟设备等功能。

3.2.4 常用操作系统介绍

1. 操作系统分类

1）根据应用领域分

根据应用领域，操作系统分为桌面操作系统、服务器操作系统和嵌入式操作系统。

（1）桌面操作系统：指的是安装在个人计算机上的图形界面操作系统软件。

代表产品：Windows系列、Mac OS X系列、Linux。Windows系列基本上控制了整个市场；Mac OS X系列的界面表现极为出色；而Linux因和它的发行版共同组成了自由软件组织（开源，免费），所以也有一定市场。

（2）服务器操作系统：一般是安装在大型计算机上的操作系统，如Web服务器、应用服务器和数据库服务器等，是企业IT系统的基础架构平台。同时，服务器操作系统也可以安装在PC上。

特点：在一个具体的网络中，服务器操作系统要承担额外的管理、配置、稳定、安全等功能，处于每个网络中的心脏部位。

代表产品：UNIX、Linux、Windows（Windows NT 4.0 Server、Windows 2000/2003 Server、Windows Server 2008）、NetWare。

说明：Windows操作系统系列很多，其中带有Server才是服务器操作系统，其余的一般不适合于服务器操作系统，如Windows XP。

（3）嵌入式操作系统：指用于嵌入式系统的操作系统，通常包括与硬件相关的底层驱动软件、系统内核、设备驱动接口、通信协议、图形界面、标准化浏览器等。嵌入式操作系统负责嵌入式系统的全部软、硬件资源的分配、任务调度，控制、协调并发活动。

特点：系统内核小；专用性强；系统精简；实时性高；软件代码要求高质量和高

可靠性。

代表产品：嵌入式 Linux、Windows Embedded、VxWorks 等，以及应用在智能手机和平板电脑的 Android、iOS 等。

2）根据所支持的用户数目分

根据所支持的用户数目，操作系统分为单用户操作系统（如 MS-DOS、OS/2、Windows）和多用户操作系统（如 UNIX、Linux 等）。

目前个人计算机上一般安装的是 Windows 系列的单用户多任务操作系统，如 Windows 7。

3）根据源码开放程度分

根据源码开放程度，操作系统分开源操作系统（如 Linux 等）和闭源操作系统（如 Mac OS X、Windows 系列）。

4）根据存储器寻址的宽度分

根据存储器寻址的宽度，可以将操作系统分为 8 位、16 位、32 位、64 位、128 位的操作系统。早期的操作系统一般只支持 8 位和 16 位存储器寻址宽度，现代的操作系统如 Linux 和 Windows 7 都支持 32 位和 64 位，而 Windows XP 是支持 32 位的。

5）根据操作系统的使用环境和对作业的处理方式分

从使用环境和对作业处理方式来分，操作系统可分为批处理操作系统（如 MVX、DOS/VSE）、分时操作系统（如 Linux、UNIX、Mac OS X 等）和实时操作系统（如 iEMX、VRTX、RTOS、RT Windows 等）。

实时操作系统是保证在一定时间限制内完成特定功能的操作系统。在一些特殊应用系统，如军事指挥系统、武器控制系统、工业控制系统、电网调度系统和银行交易信息处理系统等，对计算机完成任务有严格的时间约束，要求实时操作系统有很高的可靠性和安全性。

2. 主要操作系统

操作系统的种类很多，各种设备安装的操作系统可从简单到复杂，可从手机的嵌入式操作系统到超级计算机的大型操作系统。目前流行的现代操作系统主要有 Android、iOS、Linux、Mac OS X、Windows、Windows Phone 和 z/OS（IBM 大型主机运行的操作系统）等。除了 Windows 和 z/OS 等少数操作系统，大部分操作系统都为类 UNIX 操作系统。

1）Windows

Windows 操作系统是一种在 PC 上广泛使用的操作系统。它由美国微软公司开发，提供了多任务处理和图形用户界面，使系统工作效率显著提高，用户操作大为简化。微软公司先后推出了多种不同版本的 Windows 系统成品。

1980 年 3 月，苹果公司的创始人史蒂夫·乔布斯在一次会议上介绍了他在硅谷施乐公司参观时发现的一项技术——图形用户界面（Graphic User Interface，GUI）技术。微软公司总裁比尔·盖茨听了后，也意识到这项技术潜在的价值，于是带领微软公司开始了 GUI 软件——Windows 的开发工作。

20 世纪流行的 Windows 9x 共有 3 款产品：Windows 95、Windows 98 以及

Windows ME，它们都建立在 MS-DOS 基础上，属于 16 位/32 位的混合操作系统。

从 1989 年起，微软公司开发了一个完全脱离 MS-DOS 的全新内核（称为 NT 内核）的操作系统——Windows NT，其目标是面向商业应用，它具有较高性能，并达到一定的安全性标准。Windows NT 的进一步发展是 Windows 2000 系列，包括工作站版本和服务器版本，后者适用于各种不同规模、不同用途的服务器。

2001 年微软公司推出了 Windows XP 操作系统，它既适合家庭用户也适合商业用户使用。Windows XP 具有丰富的音频、视频处理和网络通信功能，最大可以支持 4GB 内存和两个 CPU。此外，它还加强了防病毒功能，增加了一些系统安全措施（如 Internet 防火墙、文件加密等）。Windows XP 非常成功，虽然微软公司已经从 2014 年 4 月开始取消对 XP 的所有技术支持，但直到现在还有许多用户仍在使用 Windows XP。

2006 年年底开始，微软公司推出称为 Windows Vista 的操作系统。但由于对硬件配置要求较高，运行速度较慢等原因，用户对 Vista 的反响远没有达到公司的预期。随即，微软公司在 2009 年推出了 Vista 的一个改善版——Windows 7，它在系统启动和程序运行方面比 Vista 有明显的改进，并提供对多个显示卡（屏）的支持，改善了多核处理器的运行效率，用户界面也比 XP 和 Vista 有进一步的改进。Windows 7 既有 32 位版也有 64 位版，顺应了 PC 从 32 位系统向 64 位系统过渡的趋势。

微软公司于 2012 年推出了 Windows 8 操作系统。Windows 8 既支持 PC（x86-64 架构），也支持平板电脑（x86 架构或 ARM 架构）。Windows 8 提供了比过去更好的屏幕触控支持。新系统的界面与操作方式变化比较大，它有传统界面和新用户界面（Metro 界面）两种，可以按用户的喜好自由切换。Windows 8 对硬件配置的要求并不比 Windows 7 高，它有标准版、专业版和企业版之分，另有一个 Windows RT 版本是专门为 ARM 架构平台设计的，它预装在采用 ARM 处理器的平板电脑中，不能单独购买。

2013 年 10 月微软公司发布了 Windows 8.1 版本，Windows 8.1 是微软着手开发 Windows 8 的更新包。在代号为 Blue 的项目中，微软公司将实现操作系统升级标准化，以便向用户提供更常规的升级。Windows 8.1 具有承上启下的作用，为未来的 Windows 10 铺路。在 Windows 8.1 中，微软对 Windows 8 的多个功能进行了重要更新。

2014 年 10 月微软正式发布了 Windows 10 版本，它的出现彻底颠覆了之前的 Windows 命名规则。Windows 10 是微软公司发布的最后一个 Windows 版本，下一个 Windows 将作为 Update 形式出现，所有 Windows 10 的设备，微软公司都将提供永久性周期支持。

Windows 10 的传统桌面“开始”菜单照顾 Windows 7 等老用户的使用习惯，同时照顾到了 Windows 8/8.1 用户的使用习惯。依然提供主打触摸操作的开始屏幕，两代系统用户切换到 Windows 10 后应该不会有太多违和感。来自应用商店中的应用现在可以和桌面程序一样以窗口化方式运行了，可以随意拖动位置，拉伸大小，也可以通过最常见的几个顶栏按钮实现最小化、最大化以及关闭应用。当然，也可以像 Windows 8/8.1 那样全屏。

长期以来，Windows 操作系统垄断了 PC 市场 90%左右的份额，因而吸引了许多第三方开发者在 Windows 上开发软件，其数目之多和品种之丰富，占据了绝对优势，特别是办公、教育、娱乐、游戏类的通用应用软件。由于用户面广量大，因此大部分硬件厂商也都把 Windows 用户作为其主要目标市场，各种丰富多样的显卡、鼠标、打印机等就是很好的例子。

2）UNIX

UNIX 是一种分时计算机操作系统，于 1969 年在 AT&T 贝尔实验室诞生。UNIX 是 Internet 诞生的平台，是众多系统管理员和网络管理员的首选操作系统。实际上在网络化的世界里，每一位计算机用户都在直接或间接地与 UNIX 打交道。

UNIX 系统自 1969 年踏入计算机世界以来已 40 余年。虽然，目前在市场上面临强有力的竞争，它仍然是笔记本电脑、PC、PC 服务器、中小型机、工作站、大（巨）型机上全系列通用的操作系统。而且以其为基础形成的开放系统标准（如 POSIX）也是迄今为止唯一的操作系统标准。就此意义而言，UNIX 不仅是一种操作系统的专用名称，而且是目前开放系统的代名词。

3）Linux

Linux 是 1991 年芬兰赫尔辛基大学名叫 Linus Torvalds 的计算机业余爱好者设计的，用来替代 Minix（是由一位名叫 Andrew Tannebaum 的计算机教授编写的一个操作系统示教程序）操作系统。这个操作系统可用于 386、486 或奔腾处理器的个人计算机上，并且具有 UNIX 操作系统的全部功能。

Linux 之所以受到广大计算机爱好者的喜爱，主要有两个原因：一个原因是它属于自由软件，用户不用支付任何费用就可以获得它及其源代码，并且可以根据自己的需要对它进行必要的修改，无偿使用，无约束地继续传播；另一个原因是它具有 UNIX 的全部功能，任何使用 UNIX 操作系统或想要学习 UNIX 操作系统的人都可以从 Linux 中获益。

3.3 算法与程序设计语言

3.3.1 算法

1. 算法定义

什么是算法呢？算法就是解决问题的方法与步骤。经典的算法有很多，如“鸡兔同笼法”“秦九韶算法”“辗转相除法”等。算法一旦给出，人们就可以直接按照算法去解决问题，因为解决问题所需要的智能已经体现在算法之中，人们唯一要做的就是严格地按照算法的指示去执行。这就意味着算法是将智能与人共享的途径，一旦有人设计出解决某个问题的有效算法，其他人无须成为该领域的专家，只要依葫芦画瓢就可以使用该算法去解决问题。

在计算机科学中，算法指的是用于完成某个信息处理任务的有序而明确的、可以由计算机执行的一组操作（或指令），它能在有限时间内执行结束并产生结果。尽管由于需要求解的问题不同而使得算法千变万化、简繁各异，但所有的算法都必须满足下列基本要求。

(1) 确定性：算法中的每一条指令都必须有确切的含义，即每一步操作必须是清楚明确的，无二义性的。在任何条件下，算法都只有唯一的一条执行路径，即对于相同的输入只能得到相同的输出。

(2) 有穷性：一个算法总是执行了有限的操作之后终止，而不会出现无限循环，并且每一个步骤都在可接受的时间内完成。

(3) 能行性：算法中有待实现的操作都是计算机可以执行的，即在计算机的能力范围之内，且在有限的时间内能够完成。

(4) 输出：算法执行完成之后，至少有一个或多个结果输出(包含参量状态的变化)。算法是否需要输入，要看实际问题的需要，一个算法有零个或者多个外部输入。

算法对于计算机特别重要，因为计算机硬件只是一个被动的执行者，硬件本身能完成的操作非常原始和简单，如果不告诉硬件如何做，它其实什么问题也解决不了。通过把算法表示为程序，程序在计算机中运行时计算机就有了“智能”，由于计算机速度极快，存储容量又很大，因而它能执行非常复杂的算法，很好地解决各种复杂的问题。

2. 算法设计

人们通过长期的研究开发工作，已经总结了许多基本的算法设计方法，如枚举法、迭代法、推理法、回溯法和动态规划法等。算法的设计一般采用由粗到细、由抽象到具体的逐步求精的方法。

问题：任给一组(n 个)整数，如何将它们从小到大进行排序？如对 6,7,1,3,9,5,4 从小到大排序。

解决上述问题可以采用“冒泡排序”算法。“冒泡排序”算法的思路如下。

(1) 首先将第一个记录的关键字和第二个记录的关键字进行比较，若为逆序(即 L. r(1) key>L. r(2) key)，则将两个记录交换。

(2) 然后比较第二个记录和第三个记录的关键字。依次类推，直至第 $n-1$ 个记录和第 n 个记录的关键字进行过比较为止。

(3) 上述过程称作第一趟冒泡排序，其结果使得关键字最大的记录被安置到最后一个记录的位置上。然后进行第二趟冒泡排序，对前 $n-1$ 个记录进行同样操作，其结果是使关键字次大的记录被安置到第 $n-1$ 个记录的位置上……

可通过表 3-3 和表 3-4 来理解上述过程。其中加下划线的表示正在比较的两个数，下一行是上一行的比较结果，加阴影表示已经排好的数。

第一趟比较过程如表 3-3 所示。

表 3-3 冒泡排序第一趟排序

初始序列	6	7	1	3	9	5	4
第 1 步	6	7	1	3	9	5	4
第 2 步	6	1	7	3	9	5	4
第 3 步	6	1	3	7	9	5	4
第 4 步	6	1	3	7	9	5	4
第 5 步	6	1	3	7	5	9	4
第 6 步	6	1	3	7	5	4	9

第一趟完成后，最大值就排在最后了。第二趟重新从第一个数开始，两两比较，一直比到倒数第二个数，直到最后排序完成，如表 3-4 所示。

表 3-4 冒泡排序

第 2 趟	1	3	6	5	4	7	9
第 3 趟	1	3	5	4	6	7	9
第 4 趟	1	3	4	5	6	7	9
第 5 趟	1	3	4	5	6	7	9
第 6 趟	1	3	4	5	6	7	9
第 7 趟	1	3	4	5	6	7	9

3. 算法表示

算法的表示可以有多种形式，如文字说明、流程图表示、伪代码(一种介于自然语言和程序设计语言之间的文字和符号表达方法)和程序设计语言等。

前面例子给出的就是“冒泡排序”算法的文字描述。下面分别给出冒泡排序的流程图表示、伪代码描述和程序设计语言算法表示。

(1) 流程图表示，如图 3-10 所示。

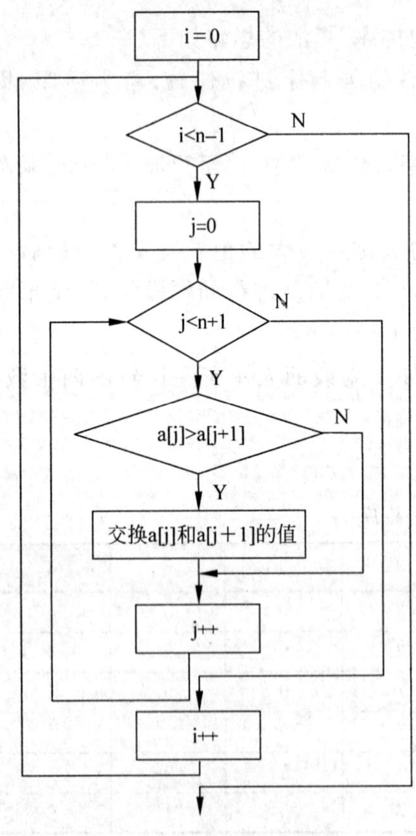

图 3-10 冒泡排序流程图表示

(2) 伪代码描述如下。

从第一个数(i=0)循环执行以下操作，直到最后一个数 i=n−1。

```
{ 嵌套循环,从第一个数(i = 0)循环执行以下操作
  直到未排序的最后一个数 n - i - 1
      if ( a[j] > a[j + 1] )
         { 交换 a[j] 和 a[j + 1]}
}
```

(3) 程序设计语言算法如下：

```
bubbleSort(int arr[ ], int n)
{  int temp;
   for(int i = 0; i < n; i++)
     for(int j = 0; j = n - i - 1; j++)
       if( a[j]< a[j + 1])
       {  temp = a[j + 1];
          a[j + 1]  = a[j];
          a[j]  = temp;
       }
}
```

由上面内容可知，用某种具体的程序设计语言描述一个算法，也会带来很多不便。因为按程序语言的语法规定，往往要编写很多与算法无关而又十分烦琐的语句，如变量的说明、I/O 格式描述等。

因此，为了集中精力进行算法设计，一般都采用类似于自然语言的“伪代码”来描述算法。

4. 算法分析

一个问题的解决往往可以有多种不同的算法，人们在不同的情况下，对算法可以有不同的选择。一般而言，算法的选择，除考虑其正确性外，还应考虑以下因素。

(1) 执行算法所要占用计算机资源的多少，包括时间资源和空间资源两个方面(也称为时间复杂度和空间复杂度)。

(2) 算法是否容易理解，是否容易调试和测试等。

有关算法分析的内容(时间复杂度和空间复杂度)，详见本章资料链接。

3.3.2 程序设计语言

语言是用于通信(交流)的，人们日常使用的自然语言用于人与人的通信，而程序设计语言则用于人与计算机之间的通信。计算机是一种电子产品，其硬件使用的是二进制语言，与自然语言差别太大了。程序设计语言是一种既可使人能够准确地描述解题的算法，又可以让计算机很容易理解和执行的语言。程序员使用这种语言来编制程序，精确地表达需要计算机完成什么任务和具体执行的步骤，计算机就按照程序的规定去完成任务。

程序设计语言已经经历了 60 多年的发展，按其级别可以划分为机器语言、汇编语言和高级语言。

1. 机器语言

机器语言是表示成数码形式的机器基本指令集，或者是操作码经过符号化后的基本指令集，是由若干个 0 和 1 按照一定的规则组成的代码串，如图 3-11 所示。低级语言与特定的机器有关，功效高，但使用复杂、烦琐、费时、易出差错。

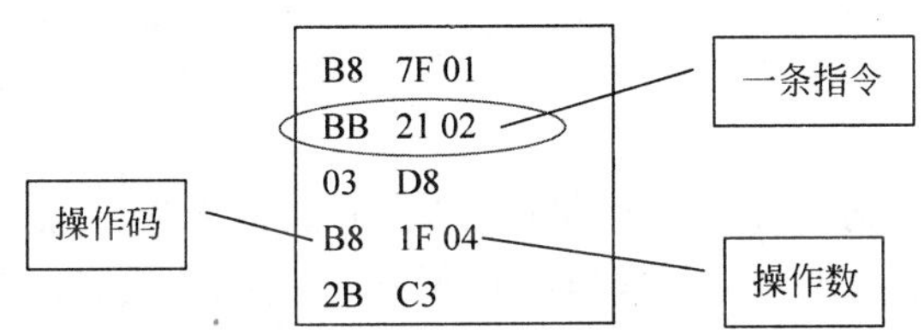

图 3-11 计算 1055－(383＋545)的 5 条机器指令

其实，第 2 章中介绍的指令系统就是机器语言，用机器语言编写的程序就可以被计算机直接执行。由于机器语言与硬件的关系十分密切，不同类型计算机的指令系统不同，因此用不同类型计算机的机器语言编写的程序并不通用。而且机器语言程序是用二进制(八进制、十六进制)代码编写的，人们难以记忆和理解，后期修改和维护也很困难，所以现在已不用机器语言编制程序了。

2. 汇编语言

汇编语言用助记符号来代替机器指令中的操作码与操作数，如用 ADD 表示加法，SUB 表示减法，MOV 表示传送数据等。这些助记符号容易理解和记忆，这样就可以使机器指令用符号表示而不再用二进制表示，这种符号化指令通常称为“汇编指令”，其与机器指令一一对应，如表 3-5 所示。

表 3-5 机器语言的汇编语言表示

机器语言			汇编语言			含义
B8	7F	01	MOV	AX	383	将 383 传送到 AX 寄存器
BB	21	02	MOV	BX	545	将 545 传送到 BX 寄存器
03	D8		ADD	BX	AX	将 BX 内容加 AX 内容，结果保存在 BX 中
B8	1F	04	MOV	AX	1055	将 1055 传送到 AX 寄存器
2B	C3		SUB	AX	BX	将 AX 内容减 BX 内容，结果保存在 AX 寄存器中

汇编语言编写的程序比机器语言编写的更直观，也更容易理解记忆，但仍然不够直观简便，且与计算机硬件关系紧密。所以对于程序设计人员来说，硬件知识掌握程度要求相对比较高，仍旧不容易被大多数非专业人士所理解掌握。

3. 高级语言

为了克服汇编语言的缺陷，提高编写程序和维护程序的效率，一种接近人们自然语言的程序设计语言应运而生了，这就是高级语言。

高级语言的表示方法接近解决问题的表示方法，而且具有通用性，在一定程度上与计算机指令系统无关。例如：

```
main()
{   int a,b,max;
    a = 78;b = 89;
    if( a > b)
        max = a;
    else
        max = b;
    printf("max = %d",max);
}
```

上述程序是通过 C 语言程序设计实现，求 a、b 的最大值 max。由此可见，高级语言的表示方法要比低级语言更接近于待解问题的表示方法，可以看作是符号化语句的集合。其特点是在一定程度上与具体机器无关，易学、易用、易维护，克服了汇编语言的欠缺，提高了编写、维护程序的效率。

高级语言虽然接近自然语言，但与自然语言仍有很大差距。高级语言的语法规则极其严格，主要表现在它对语法中的符号、格式等都有专门的规定。这主要原因是高级语言的处理系统是计算机，计算机没有人类的智能，计算机所具有的能力是人预先赋予的，本身不能自动适应变化不定的情况。

高级语言克服了汇编语言的缺陷，提高了编程和维护的效率，使程序设计的难度降低，促使计算机的发展进入新的阶段。

4. 语言基本成分

程序设计语言的种类千差万别。但一般说来，基本成分包括以下 4 种。

(1) 数据成分：用于描述程序中所涉及的数据(名字、数据类型和数据结构等)。

(2) 运算成分：用于描述程序中所包含的运算(算术和逻辑运算表达式)。

(3) 控制成分：用于表达程序中的控制结构(条件语句和循环语句等)。

(4) 传输成分：用于表达程序中数据的传输(赋值语句、I/O 语句等)。

3.3.3 程序设计语言处理系统

除了机器语言程序外，其他程序设计语言编写的程序都不能直接在计算机上被 CPU 执行，必须对它们进行适当的变换。程序设计语言处理系统的作用是把用汇编语言和高级语言编写的程序变换成可在计算机上执行的程序(或计算结果)。负责完成这些功能的软件是编译程序、解释程序和汇编程序，它们通称为“程序设计语言处理系统”，有关介绍可参考本章资料链接。

3.3.4 常用的程序设计语言

迄今为止，各种不同应用的程序设计语言有上千种之多，下面介绍几种目前广泛使用的有影响的通用程序设计语言。

1. FORTRAN 语言

FORTRAN——公式翻译程序设计语言，是一种适用于数值计算的面向过程的程序设计语言。它产生于 1956 年，是第一种被广泛使用的高级语言，为广大科学和工程技术人员使用计算机创造了条件。其特点是接近数学公式，简单易用，允许复数与双精度实数运算。

FORTRAN 语言目前最新的国际标准是 FORTRAN 2008。随着计算机科学技术的发展，作为科学计算的主流程序设计语言，提供面向对象、向量计算和并行处理功能，已是 FORTRAN 语言发展的主要趋势。

2. Java 语言

Java 语言是由 SUN Microsystem 公司于 1995 年发布的一种面向对象的、用于网络环境的程序设计语言。其基本特征是，适用于网络环境编程，具有操作系统平台独立性、安全性和稳定性。广泛应用于个人 PC、数据中心、游戏控制台、科学超级计算机、移动电话和互联网，同时拥有全球最大的开发者专业社群。在全球云计算和移动互联网的产业环境下，Java 更具备了显著优势和广阔前景。

3. C、C++语言和 C# 语言

C 语言是 1972 年由 AT&T 公司贝尔实验室的 D. M. Ritchie 在 BCPL 语言基础上设计而成，著名的 UNIX 操作系统就是用 C 语言编写的。

C 语言是一种面向过程的结构化程序设计语言。它层次清晰，便于按模块化方式组织程序，易于调试和维护。C 语言的表现能力和处理能力极强。它不仅具有丰富的运算符和数据类型，便于实现各类复杂的数据结构，它还可以直接访问内存的物理地址，进行位(bit)的操作。由于 C 语言实现了对硬件的编程操作，兼顾了高级语言和汇编语言的特点，因此 C 语言既可用于系统软件的开发，也适合于应用软件的开发。此外，C 语言还具有效率高、可移植性强等特点，因此广泛地移植到了各种类型计算机上，从而形成了多种版本的 C 语言。

目前最流行的 C 语言有 Microsoft C(或称 MS C)、Borland Turbo C(或称 Turbo C)、

AT&T C。这些C语言版本不仅实现了ANSI C标准，而且在此基础上各自做了一些扩充，使之更加方便、完美。

1983年，在C语言的基础上发展起来了面向对象的程序设计语言C++，它进一步扩充和完善了C语言。C++目前流行的版本是Borland C++、Symantec C++和Microsoft Visual C++。C++语言既有数据抽象和面向对象能力，运算性能高，又能与C语言相兼容，使得数量巨大的C语言程序能够方便地在C++语言环境中得以重用。因而C++语言十分流行，一直是面向对象程序设计的主流语言。

C#读作C Sharp。C#是一种安全的、稳定的、简单的、优雅的编程语言，由C和C++衍生出来的面向对象的编程语言。它在继承C和C++强大功能的同时去掉了一些它们的复杂特性(例如没有宏以及不允许多重继承)。C#综合了VB简单的可视化操作和C++S的高运行效率，以其强大的操作能力、优雅的语法风格、创新的语言特性和便捷的面向组件编程的特性成为.NET开发的首选语言。

4. BASIC和VB语言

BASIC意为"初学者通用符号指令代码"。BASIC语言的第一个版本是在1964年由美国达尔摩斯学院的基米尼和科茨完成设计并提出的，经过不断丰富和发展，现已成为一个功能全面的中小型计算机语言。BASIC易学、易懂、易记、易用，是初学者的入门语言，也可以作为学习其他高语级言的基础。

Visual Basic是一种由微软公司开发的包含协助开发环境的事件驱动编程语言。从任何标准来说，VB都是世界上使用人数最多的语言。它源自于BASIC编程语言。VB拥有图形用户界面(GUI)和快速应用程序开发(RAD)系统，可以轻易地使用DAO、RDO、ADO连接数据库，或者轻松地创建ActiveX控件。程序员可以轻松地使用VB提供的组件快速建立一个应用程序。

此外，具有影响力的程序设计语言还有LISP语言(适用于符号操作和表处理，主要用于人工智能领域)、Ada语言(是一种模块化语言，且易于控制并行任务和处理异常，在飞行器控制之类的软件中使用)、MATLAB(是一种面向向量和矩阵运算的提供数据可视化等功能的数值计算语言，在工业界和学术界很流行)等，在此不再一一列举。

3.4 真题强化

1. 判断题

(1) 在某一计算机上编写的机器语言程序，可以在任何其他计算机上正确运行。(2013年秋真题)

(2) 自由软件(freeware)不允许随意复制、修改其源代码，但允许自行销售。(2013年秋真题)

(3) 编译程序是一种把高级语言源程序翻译(转换)成机器语言目标程序的翻译程序。(2013年秋真题)

(4) 软件以二进制位编码表示，且通常以电、磁、光等形式存储和传输，因而很容易被复制和盗版。(2014年秋真题)

(5) AutoCAD 是一种典型的图像编辑软件。(2013 年秋真题)

(6) C++是一种面向对象的计算机程序设计语言。(2013 年秋真题)

(7) 用户购买软件后，就获得了它的版权，可以随意进行软件复制和分发。(2013 年秋真题)

(8) 高级语言源程序通过编译处理可以产生可执行程序，它保存在磁盘上，可供多次运行。(2013 年秋真题)

(9) 软件是无形的产品，所以它不容易受到计算机病毒入侵。(2013 年秋真题)

(10) 一台计算机的机器语言就是这台计算机的指令系统。(2013 年秋真题)

(11) 程序设计语言可分为机器语言、汇编语言和高级语言，其中高级语言比较接近自然语言，而且易学、易用、易修改。(2014 年秋真题)

(12) 自由软件的原则是，用户可免费共享，随意复制和修改，谁修改谁就享有其版权。(2015 年春真题)

(13) 在 PC 的 Windows 平台上运行的游戏软件，发送到安卓系统的手机上，可正常运行。(2015 年秋真题)

2. 单项选择题

(1) Windows(中文版)有关文件夹的以下叙述中，错误的是________。(2013 年秋真题)

A. 网络上其他用户可以不受限制地修改共享文件夹中的文件

B. 文件夹为文件的查找提供了方便

C. 几乎所有文件夹都可以设置为共享

D. 将不同类型的文件放在不同的文件夹中，方便了文件的分类存储

(2) 下列有关网络操作系统的叙述中，错误的是________。(2013 年秋真题)

A. 网络操作系统通常安装在服务器上运行

B. Windows 7(Home 版)属于网络操作系统

C. 网络操作系统必须具备强大的网络通信和资源共享功能

D. 利用网络操作系统可以管理、检测和记录客户机的操作

(3) 下列应用软件中，________属于网络通信软件。(2013 年秋真题)

A. Word　　B. Excel

C. Outlook Express　　D. Acrobat

(4) 下列诸多软件中，全都属于应用软件的一组是________。(2013 年秋真题)

A. Google、PowerPoint、Outlook　　B. UNIX、QQ、Word

C. WPS、Photoshop、Linux　　D. BIOS、AutoCAD、Word

(5) 目前流行的很多操作系统都具有网络通信功能，但不一定能作为网络操作系统使用。以下操作系统中一般不用作网络操作系统的是________。(2013 年秋真题)

A. Windows 98　　B. Windows NT Server

C. Windows 2000 Server　　D. UNIX

(6) 以下 Windows(中文版)文件系统中有关文件命名的叙述中，错误的是________。(2013 年秋真题)

A. 每个文件或文件夹必须有自己的名字

B. 同一个硬盘(或分区)中的所有文件不能同名

C. 文件或文件夹的名字长度有一定限制

D. 文件或文件夹的名字可以是中文也可以是西文和阿拉伯数字

(7) 下列________不是杀毒软件。(2013 年秋真题)

A. 金山毒霸　　B. FlashGet

C. Norton AntiVirus　　D. 卡巴斯基

(8) 下列软件中,能够用来阅读 PDF 文件的是________。(2013 年秋真题)

A. Acrobat Reader　　B. Word

C. Excel　　D. FrontPage

(9) 当 PowerPoint 程序运行时,它与 Windows 操作系统之间的关系是________。(2013 年秋真题)

A. 两者互相调用

B. 后者调用前者的功能

C. 前者(PowerPoint)调用后者(Windows)的功能

D. 不能互相调用,各自独立运行

(10) 下列不属于文字处理软件的是________。(2013 年秋真题)

A. Word　　B. Acrobat

C. WPS　　D. Media Player

(11) 分析某个算法的优劣时,应考虑的主要因素是________。(2013 年秋真题)

A. 需要占用计算机资源的多少　　B. 算法的简明性

C. 算法的可读性　　D. 算法的开放性

(12) 下列有关操作系统的叙述中,正确的是________。(2013 年秋真题)

A. 有效地管理计算机系统的资源是操作系统的主要任务之一

B. 操作系统只能管理计算机系统中的软件资源,不能管理硬件资源

C. 操作系统运行时总是全部驻留在主存储器内的

D. 在计算机上开发和运行应用程序与操作系统无关

(13) 以下关于 Windows(中文版)文件管理的叙述中,错误的是________。(2013 年秋真题)

A. 文件夹的名字可以用英文或中文

B. 文件的属性若是“系统”,则表示该文件与操作系统有关

C. 根文件夹(根目录)中只能存放文件夹,不能存放文件

D. 子文件夹中既可以存放文件,也可以存放文件夹,从而构成树型的目录结构

(14) 在 Windows(中文版)系统中,文件名可以用中文、英文和字符的组合进行命名,但有些特殊字符不可使用。下面除________字符外都是不可用的。(2013 年秋真题)

A. *　　B. ?　　C. /　　D. _(下划线)

(15) 在计算机加电启动过程中:①加电自检程序;②操作系统;③系统主引导记录中的程序;④系统主引导记录的装入程序。这 4 个部分程序的执行顺序为________。

(2013 年秋真题)

A. ①②③④　　B. ①③②④　　C. ③②④①　　D. ①④③②

(16) 下面几种说法中,比较准确和完整的是________。(2013 年秋真题)

A. 计算机的算法是用户操作使用计算机的方法

B. 计算机的算法是解决某个问题的方法与步骤

C. 计算机的算法是资源管理器中文件的排序方法

D. 计算机的算法是运算器中算术逻辑运算的处理方法

(17) 下列关于 Windows XP 操作系统的说法中,错误的是________。(2013 年秋真题)

A. 使用图形用户界面(GUI)

B. 支持外部设备的"即插即用"

C. 支持 TCP/IP 在内的多种协议的通信软件

D. 适合作为服务器操作系统使用

(18) 在 Windows 系统中,实际存在的文件在资源管理器中没有显示出来的原因有多种,但不可能是________。(2013 年秋真题)

A. 隐藏文件　　B. 系统文件　　C. 存档文件　　D. 感染病毒

(19) 在 Windows(中文版)系统中,下列选项中不可以作为文件名使用的是________。(2013 年秋真题)

A. 计算机　　B. ruanjia_2. rar

C. 文件 * . ppt　　D. A1234567890_书名. doc

(20) 程序设计语言的编译程序或解释程序属于________。(2013 年秋真题)

A. 系统软件　　B. 嵌入式软件　　C. 应用软件　　D. 实时软件

(21) 对于下列 7 个软件:① Windows 7; ② Windows XP; ③ Windows NT; ④PowerPoint; ⑤Access; ⑥UNIX; ⑦Linux,其中,________均为操作系统软件。(2015 年秋真题)

A. ①②③④　　B. ①②③⑤⑦　　C. ①③⑤⑥　　D. ①②③⑥⑦

(22) 下面的几种 Windows 操作系统中,版本最新的是________。(2014 年秋真题)

A. Windows XP　　B. Windows 7

C. Windows Vista　　D. Windows 10

(23) 针对特定领域的特定应用需求而开发的软件属于________。(2014 年秋真题)

A. 系统软件　　B. 定制应用软件

C. 通用应用软件　　D. 中间件

(24) 下列关于计算机算法的叙述中,错误的是________。(2015 年秋真题)

A. 算法是问题求解规则(方法)的一种过程描述,它必须在执行有限步操作之后结束

B. 算法的设计一般采用由细到粗、由具体到抽象的逐步求解的方法

C. 算法的每一个运算必须有确切的定义,即必须是清楚明确、无二义性的

D. 分析一个算法的好坏,必须要考虑其占用的计算机资源(如时间和空间)的多少

(25) 高级程序设计语言的编译程序和解释程序均属于________。(2015 年春真题)

A. 通用应用软件　　　　B. 定制应用软件

C. 中间件　　　　D. 系统软件

(26) 算法是使用计算机求解问题的步骤,它必须满足若干共同的特性,但________这一特性不必满足。(2014 年秋真题)

A. 操作的确定性　　　　B. 操作步骤的有穷性

C. 操作的能行性　　　　D. 必须有多个输入

(27) 关于 Windows 操作系统的特点,以下说法错误的是________。(2015 年秋真题)

A. 各种版本的 Windows 操作系统中,最新的版本是 Vista

B. Windows XP 在设备管理方面可支持"即插即用"

C. Windows 7 支持的内存容量可超过 1GB

D. Windows 系统主要的问题是可靠性和安全性还不理想

3. 填空题

(1) 在 Windows 系统中,若应用程序出现异常而不响应用户的操作,可以利用系统工具"________"来结束该应用程序的运行。(2013 年秋真题)

(2) Windows 操作系统中,前台任务对应的窗口称为________窗口。(2013 年秋真题)

(3) 为了有效地管理内存以满足多任务处理的要求,操作系统提供了________管理功能。(2013 年秋真题)

(4) Windows 操作系统中,非活动窗口对应的任务称为________任务。(2013 年秋真题)

(5) 若需在一台计算机上同时运行多个应用程序,必须安装使用具有________处理功能的操作系统。(2013 年秋真题)

(6) 在 Photoshop、Word、WPS 和 Adobe Acrobat 4 个软件中,不属于文字处理软件的是________。(2013 年春真题)

(7) 操作系统提供多任务处理功能,它的主要目的是提高________的利用率。(2013 年春真题)

(8) 操作系统提供了任务管理、文件管理、存储管理、设备管理等多种功能,其中________管理用于解决数据和程序在磁盘等外存储器中如何有效存储和访问等问题。(2012 年秋真题)

(9) Windows 系统的图形用户界面中,采用________来形象地表示系统中的文件、程序和设备等对象。(2012 年秋真题)

(10) 微软公司在 Windows 系统中安装的 Web 浏览器软件名称是________。(2012 年秋真题)

(11) 由于在 PC 主板的闪存中固化了________,所以 PC 加电启动时才能完成引导和装入操作系统的过程。(2014 年春真题)

(12) 为了有效地管理内存以满足多任务处理的要求,操作系统提供了________管理

功能。(2015 年春真题)

(13) Word 文档由文字组成,文字带有字体、颜色等格式信息,将其复制到记事本中,其________信息将丢失。(2014 年秋真题)

3.5 评价与讨论

1. 抛出问题

(1) 阐述你会使用哪些通用应用软件。

(2) 结合上机实践,说一说你所使用过的操作系统的类型和特点。

(3) 阐述高级程序设计语言编写的程序需要经过怎样的处理才能被计算机硬件执行。

2. 说一说、评一评

学生在解决问题过程中,分小组讨论,最后选派代表回答问题,其他小组成员及教师给出点评,并从回答问题过程中了解学生对学习目标的掌握情况。

课堂重点突出,培养学生的实际应用能力,教师做好记录,为以后的教学获取第一手材料。

3.6 资料链接

计算机软件的特性

除了 3.1 节中表述的软件类别外,日常生活中还有开源软件、绿色软件等。

开源软件,即开放源码软件,它被定义为源码可以被公众使用的软件,并且此软件的使用、修改和分发也不受许可证的限制。开源软件可以认为是自由软件的发展。

绿色软件,指一类小型软件,多数为免费软件,最大特点是软件无须安装便可使用,可存放于 U 盘中(因此称为可携式软件),移除后也不会将任何纪录(注册表消息等)留在本机上。通俗地讲,绿色软件就是指不需要安装、下载,直接可以使用的软件。绿色软件不会在注册表中留下注册表键值,所以相对一般的软件来说,绿色软件对系统的影响几乎没有,所以是一种很好的软件类型,如 ha_GoldWave.exe 就是一款汉化的绿色软件,用于声音编辑处理的。

按软件法律保护的角度分类,可以较为明确地将各种不同软件按其特征纳入不同的法律保护之下。

(1) 全部软件可分为常规性软件和功能性软件。

前者是一般水平编程人员可以程序化实现的产品,此种软件中凝聚的是编程人员的辛苦、汗水以及投资,而非创造性的智力成果。后者是指编制具有独创性的软件,这种软件与一般水平相比有明显的进步,软件中凝聚了作者的智力创造成果。

(2) 独创性软件分为作品性软件和功能性软件。

前者是指软件中的作品性成分所占比远远大于功能性的软件作品,如游戏软件、界面工具、智能软件等。后者指软件的价值凝聚点在于其作品的功能性之中,亦即在于其完成特定功能的具有创造性的方法步骤之中，如系统软件、各种工具软件、各种应用软件等。

(3) 功能性软件又可分为有专利性软件和无专利性软件。

对于具有独创性的软件而言，其创造性有高低之分。其中一小部分软件可以达到"专利三性"的要求而受到专利法的保护，其余绝大部分不能通过"专利三性"的审查，是无专利性的软件。

(4) 专利性软件分为编辑性软件和原创性软件。

其中编辑性软件也称为编辑作品性质的软件，其组成的各个子程序块均无独创性(如从公用程序库中取出的子程序)，但在各个子程序块的编排上有独创性。原创性软件是指编程人员自己编写全部代码的软件，随着软件规模的扩大，这种软件的数量会逐渐减少。

虚拟存储技术

1. 虚拟内存技术调度算法

为了使虚拟内存效果好，就需要减少缺页的情况，即提高CPU访问数据的命中率。其关键在于页面置换。

选择换出页面的算法称为"页面置换算法"。页面置换算法很多，如先进先出(FIFO)算法，该算法总淘汰最先进入内存的页面；最佳置换(OPT)算法会选择永不使用或者在最长时间内不被访问的页面；最近最久未使用(LRU)算法会选择最近最久未使用的页面予以淘汰。置换算法的好坏直接影响系统的性能，不适当的算法会使刚被换出的页面很快又被访问，必须重新调入，还要再选一页调出，如此频繁地更换页面会使大部分时间都浪费在页面置换工作上，这是人们所不希望的。

2. Windows的虚拟内存查看与设置

当需要再次运行那些被释放的程序时，Windows会到pagefile. sys(虚拟内存是系统盘根目录下的一个名为pagefile. sys的文件，用户可设置其大小和位置)中查找内存页面的交换文件，同时释放其他程序的内存页面，再完成当前程序的载入过程。这种互换内存页面的过程被称为"交换"(Switch)，而用于暂存内存页面的pagefile. sys文件则被称为"交换文件"(Switch File)，如图3-12所示。

如要查看内存使用情况，可在任务管理器的"性能"选项卡中查看，如图3-13所示。图中标识出计算机物理内存约2GB，而实际能够使用内存量约4GB，多出的2GB就是虚拟内存的大小。

Windows操作系统已经发展到了Windows 7、Windows 8时代，虚拟内存技术仍然是不可缺少的一个部分。设置方法类似Windows XP。下面介绍在Windows XP下设置虚拟内存的方法。

(1) 在桌面上右击"我的电脑"图标，在弹出的快捷菜单中选择"属性"命令。

(2) 弹出"系统属性"对话框，切换到"高级"选项卡，在"性能"组中单击"设置"按钮。

(3) 弹出"性能选项"对话框，切换到"高级"选项卡，在"虚拟内存"组中单击"更改"按钮。

(4) 弹出"虚拟内存"对话框，根据需要，自定义虚拟内存大小，如图3-14所示，然后单击"确定"按钮。

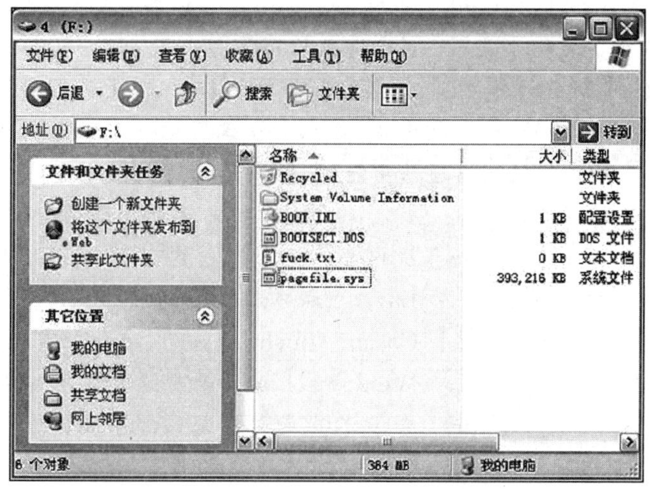

图 3-12　Windows 中的虚拟内存交换文件

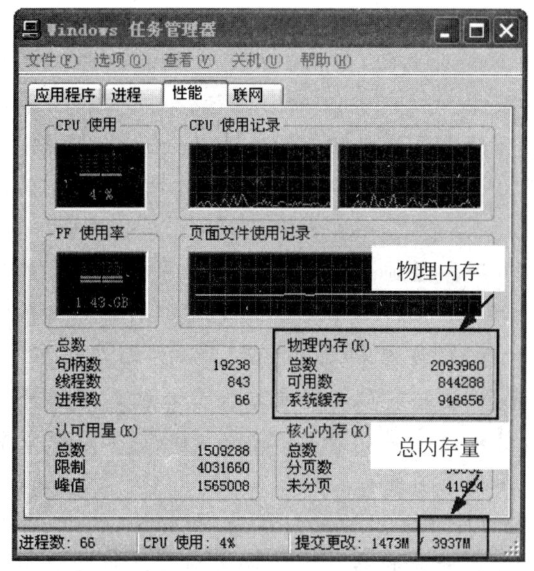

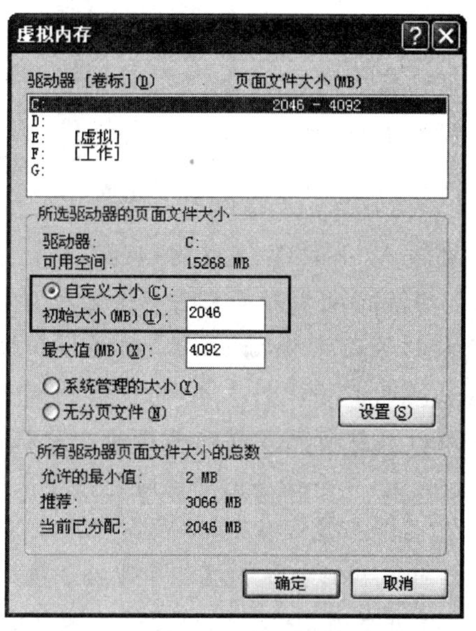

图 3-15　Windows XP 虚拟内存的设置　　　　图 3-14　计算机中内存容量的查看

(5) 完成设置后，重新启动计算机。

注意：

(1) 系统盘内的虚拟内存(系统默认值)是执行最快的、效率最高的。

(2) 虚拟内存过大，既浪费了硬盘空间，又增加了磁头定位的时间，降低了系统执行效率，没有任何好处。Windows 7 系统中虚拟内存设置一般 1GB 即可，不宜过大。

iOS 和 Andriod 操作系统

1. iOS 操作系统

iOS(原名 iPhone OS)操作系统是苹果公司开发的操作系统，最早用于 iPhone 手机，后来用于 iPod touch 播放器、iPad 平板电脑和 Apple TV 播放器。它只支持苹果自己的硬件产品，不支持非苹果硬件设备。最新版的 iOS 8 需占用 800～900MB 的存储空间。

iOS 是苹果公司 Mac 计算机(包括台式机和笔记本电脑)使用的 OS X 操作系统经修改而形成的。OS X 和 iOS 的内核都是 Darwin。与 Linux 一样，Darwin 也是一种类 UNIX 的系统，具有高性能的网络通信功能，支持多处理器和多种类型的文件系统。

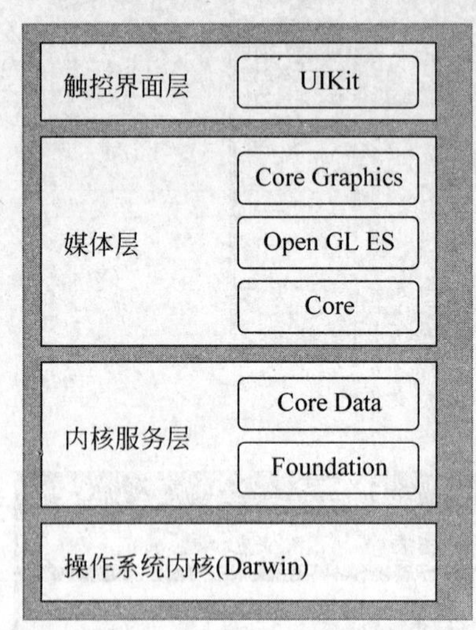

图 3-15　iOS 操作系统的组成

iOS 操作系统分为 4 个层次(图 3-15)：操作系统内核(Darwin)、内核服务层(the Core Services Layer)、媒体层(the Media Layer)和触控界面层(the Cocao Touch Layer)。操作系统内核的功能与 Windows、Linux 等内核的功能相似。其他三层中包含了许多应用框架(Application Framework)、组件和函数库。高层的框架建立在底层框架上，底层框架为高层框架和应用程序提供服务。所谓框架，是一些应用的半成品，是一组可复用的组件，供开发人员选用来构建应用程序。应用程序大多是在框架的基础上开发而成的，应用程序也必须在这些框架所提供的服务和功能的基础上运行。例如，触控界面层中包含的 UIKit 框架可以用来为应用程序构建和管理用户界面，处理用户的触摸操作，在屏幕上显示文本和 Web 内容，构建定制的界面元素等。

iOS 的用户界面采用多点触控直接操作，用户通过手指在触摸屏上滑动、轻按、挤压及旋转等动作与系统互动，控制计算机进行操作。它只有两个主要按键：Home 键用于退出应用程序回到主界面，长按可开启 Siri 程序，连续按两次可显示后台的应用程序；Power 按键可用于锁定屏幕和开关机器。屏幕的主界面是排成方格形式的应用程序图标，有 4～6 个程序图标被固定在屏幕底部，屏幕上方是状态栏，能显示时间、电池电量和通信信号强度等信息，将状态栏下滑可以显示推送通知栏。

iOS 操作系统内置了苹果公司自行开发的许多常用的应用程序，如邮件、音乐、备忘录、提醒事项、指南针、地图等。为 iOS 移动设备开发的第三方软件必须通过苹果应用商店(App Store)审核和发行，iOS 只支持从 App Store 用官方的方法下载和安装软件。App Store 是苹果公司为 iOS 操作系统所创建和维护的应用程序发布平台，软件开发者或者公司可以将自行开发的软件和游戏上传到 App Store，委托 App Store 发售，用户可以付费或者免费下载。应用程序可以直接下载到 iOS 设备，也可以通过 Mac 或 PC 的 iTunes 软件下载到计算机中。到 2015 年 6 月，苹果应用商店已经发布了大约 140 万个应用程序，下载次数超过 1000 亿次。

正常情况下 iOS 操作系统的用户身份不是系统管理员，所以权限很低，许多操作不允许进行。所谓"越狱"就是让用户获取 iOS 最高权限(用户身份改变为根用户)。完成越狱后用户就完全掌控 iOS 系统，可以随意地修改系统文件，安装插件，以及下载安装一些 App Store 所没有的软件。不过，iOS 的每一次更新都会清除所有的非法软件。

2. Android 操作系统

Android(安卓)是一个以 Linux 内核为基础的开放源代码的操作系统，早先由 Android 公司开发，现在由 Google 公司和开放手持设备联盟(OHA)开发和维护。Google 的初衷是为智能手机而开发，后来逐渐拓展到平板电脑及其他领域(包括电视机、游戏机、数码相机等)。2010 年以来，它的市场占有率已经超过诺基亚 Symbian(塞班)系统，成为全球第一大智能手机操作系统。

Android 操作系统是完全免费开源的(部分组件除外)，任何厂商都可以不经过 Google 和 OHA 的授权免费试用 Android 操作系统；但制造商不能在自己的产品上随意试用 Google 标志和 Google 的应用程序，除非经 Google 认证其产品符合 Google 兼容性定义的要求。

Android 操作系统的内核是基于 Linux 内核开发而成的。为了能让 Linux 在移动设备上良好地运行，Google 对其进行了修改和扩充。Android 系统自 2008 年发布 1.1 版以来，每年都有新版本发布，2015 年 4 月的最新版本是 5.1.1 版。

安卓系统把系统中的全部软件分为 4 层，如图 3-16 所示。

第 4 层：应用软件 (主屏幕、电话拨号、联系人、浏览器、电子邮件、日历、地图等)
第 3 层：应用软件框架 (活动管理、窗口管理、内容提供、视图系统、通告管理、包管理、电话管理、资源管理、位置管理、传感器管理、Google Talk 服务等)
第 2 层：系统库 (C 函数库、图像/音频/视频播放与存储的多媒体框架、2D 图形 SGL、安全通信 SSL、3D 绘图 Open-GL、显示管理 Surface Manager、小型 SQL 数据库、网页浏览器核心 WekKit、点阵字和矢量绘制)
第 1 层：Linux 内核 (内存管理、进程管理、安全管理、网络协议栈、电源管理等核心服务；各种驱动程序：显示器、键盘、音频、蓝牙、USB、相机、Wi-Fi、内存卡等)

图 3-16 Android 系统的软件架构

第 1 层(底层)是各种驱动程序和 Linux 内核。第 2 层是系统库和安卓的运行环境。系统库中有大量中间件；运行环境中的核心库提供了 Java 语言 API 中的大多数功能，也包含了 Android 的一些核心 API。Dalvik 是一种非标准的 Java 虚拟机，Java 源程序经编译后，需转化成.dek 格式才能在 Dalvik 虚拟机上执行。第三层是应用软件框架，它包含了许多可重用和可替代的软件组件，如用户界面程序中的各种控件(文本框、按钮等)。Android 系统简化了组件的重用方法，为快速进行应用程序开发提供了方便，它们是 Android 应用程序开发和运行的重要基础。第 4 层是应用软件。Android 系统自身提供了许多常用的应用程序，第三方软件开发商和自由软件开发者还可以开发自己的应用软件。

安卓应用程序的扩展名是.apk(Android Package)，即 Android 安装包。把 APK 文件直接传到 Android 平板电脑或手机中即可安装运行。APK 文件其实是 ZIP 格式，通过 UnZip 解压得到 Dek 文件后，即可直接运行。

与苹果公司相似,Google 通过网上商店 Google Play(谷歌市场)向用户提供应用程序和游戏。截至 2015 年 1 月,Google Play 商店拥有超过 150 万个经 Google 认证的应用程序(大约 2/3 为免费软件)。同时,用户亦可以通过第三方网站下载应用程序。

Android 系统的优势是它的开放性。它允许任何移动终端厂商加入到 Android 联盟中来,因而使其拥有更多的开发者、更多的应用程序和更多的用户,系统很快走向成熟。Android 系统的开放性也带来了更大的市场竞争,用户可以用更低的价位获得更多、更好的应用。

算法复杂度

算法的复杂度包括时间复杂度和空间复杂度。

设计算法要提高效率,效率一般指算法的执行时间。如何度量一个算法的执行时间?一个程序的运行时间,依赖于算法的好坏和问题的输入规模。问题输入规模是指输入量的多少。

【例 3-1】 两种求和的算法。

第一种算法:

```
int i, sum = 0, n = 100 ;              /* 执行 1 次 */
for(i = 1; i <= n; i++)                /* 执行 n + 1 次 */
{
    sum = sum + i ;                    /* 执行 n 次 */
}
printf(" %d", sum);                    /* 执行 1 次 */
```

第二种算法:

```
int sum = 0, n = 100;                  /* 执行 1 次 */
sum  = (1 + n) * n/2;                  /* 执行 1 次 */
printf (" %d", sum);                   /* 执行 1 次 */
```

显然,第一种算法执行了 $1+(n+1)+n+1=2n+3$ 次;而第二种算法则执行了 $1+1+1=3$ 次。事实上,两个算法的第一条和最后一条语句是一样的,重点关注的代码其实是中间的部分,把循环看作一个整体,忽略头尾循环判断的开销,那么这两个算法其实就是 n 次与 1 次的差距。算法的好坏显而易见。

空间复杂度是对一个算法在运行过程中临时占用存储空间大小的量度。一个算法在计算机存储器上所占用的存储空间,包括存储算法本身所占用的存储空间,算法的输入/输出数据所占用的存储空间和算法在运行过程中临时占用的存储空间这三个方面。

对于一个算法,其时间复杂度和空间复杂度往往是相互影响的。当追求一个较好的时间复杂度时,可能会使空间复杂度的性能变差,即可能导致占用较多的存储空间;反之,当追求一个较好的空间复杂度时,可能会使时间复杂度的性能变差,即可能导致占用较长的运行时间。另外,算法的所有性能之间都存在着或多或少的影响。因此,当设计一个算法(特别是大型算法)时,要综合考虑算法的各项性能、算法的使用频率、算法处理的数据量的大小、算法描述语言的特性、算法运行的机器系统环境等各方面因素,才能够设计出比较好的算法。

编译程序和解释程序

任何一个语言处理系统通常都包含一个翻译程序,它把一种语言的程序翻译成等价的另一种语言的程序。被翻译的语言和程序分别称为源语言和源程序,而翻译生成的语言和程序分别称为目标语言和目标程序。按照不同的翻译处理方法,翻译程序可分为以下 3 类。

(1) 汇编程序:将汇编语言翻译成机器语言的程序。

(2) 解释程序:按源程序中语句的执行顺序,逐条翻译并立即执行相应功能的处理程序。

(3) 编译程序:将高级语言翻译成汇编语言(或机器语言)的程序。

由于汇编语言的指令与机器语言的指令大体上保持一一对应关系,因而汇编程序较为简单。以下只对解释程序和编译程序作简要说明。

1. 解释程序

解释程序对源程序进行翻译的方法相当于两种自然语言间的"口译"。解释程序对源程序的语句从头到尾逐句扫描、逐句翻译,并且翻译一句执行一句,因而这种翻译方式并不形成机器语言形式的目标程序,如图 3-17 所示。

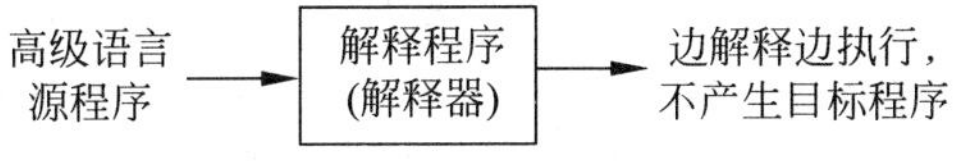

图 3-17 解释程序

解释程序的优点是实现算法简单,且易于在解释过程中灵活方便地插入所需要的修改和调试措施;缺点是运行效率低。

2. 编译程序

编译程序对源程序进行翻译的方法相当于"笔译"。在编译程序的执行过程中,要对源程序扫描一遍或几遍,最终形成一个可在具体计算机上执行的目标程序,如图 3-18 所示。

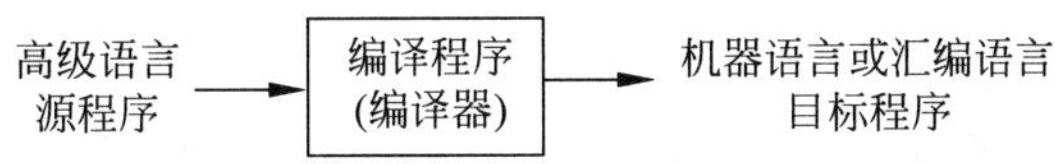

图 3-18 编译程序

编译程序实现算法较为复杂,但通过编译程序的处理可以产生高效运行的目标程序,并把它保存在磁盘上,以备多次执行。因此,编译程序更适合于翻译那些规模大、结构复杂、运行时间长的大型应用程序。

第4章

计算机网络与因特网

【学习场景】

进入21世纪以来,信息技术的快速发展推动了互联网的快速普及,遍布全球的因特网已经来到人们身边,深刻影响着人们的工作、学习和生活方式。在新技术的推动下,世界互联网的发展也日新月异,出现一些新的特点:一是传统互联网加速向移动互联网延伸;二是物联网将广泛应用;三是“云计算”技术将使网民获取信息越来越快捷。

随着互联网技术快速发展演变,近年来,我国互联网发展呈现出4个方面的新变化:①在信息形态方面,信息传播形式以文字为主向音频、视频、图片等多媒体形态转变;②在应用领域方面,我国互联网正从信息传播和娱乐消费为主向商务服务领域延伸,互联网开始逐步深入到国民经济更深层次和更宽领域;③在服务模式方面,互联网正从提供信息服务向提供平台服务延伸;④在传播手段方面,传统互联网也正在向移动互联网延伸,手机上网成为新潮流。

人们应该深刻认识和把握技术与产业发展的宏观规律,以新一代信息技术和信息网络发展为契机,推动服务和技术的发展,提升信息服务能力。今后互联网产业发展主要有以下四大趋势。

(1) 宽带网的快速发展。目前世界各国纷纷推出国家宽带计划,推进宽带到用户的普及应用,如有的国家提出,宽带技术与一个世纪前的电一样,是经济增长、就业、全球经济和创造更多美好生活的基石。尽管我国近些年的宽带网发展速度很快,但是与发达国家的差距仍然很大,因此要加快光纤到户、到楼的建设,推动宽带产业的发展。

(2) 移动互联网的普及。移动通信的发展促进了移动互联网的发展,移动网络随时随地可接入的便利性使得移动终端成为新的媒体资源,如手机搜索和手机支付是移动互联网的主要应用,下一步智能终端的不断发展将会使移动互联网获得更大的空间。因此要进一步深入研究移动互联网的发展,抓住移动互联网产业快速发展的契机。

(3) 智能终端的普及。当前,以智能手机、平板电脑为代表的智能终端发展迅速,已经成为电子信息制造业新的增长点,并极大地带动相关产业的发展。要加快相关的产业规划,在市场培育、产业引导、科技投入等方面保证智能终端产业健康发展,加强智能终端操作系统研发工作,以市场为导向鼓励系统开发、终端制造等环节加强合作,营造良好的产业生态环境。

(4) 互联网的信息安全。随着互联网的发展以及应用的深入,对互联网信息安全的要求越来越高,互联网业界必须更加重视网络信息安全,在业务开发、网络建设的同时,同步考虑落实网络信息安全措施,提高应对网络攻击的能力,满足消费者对个人隐私保护、信息内容安全等方面的要求。

【学习目标】

培养学生使用局域网的基本能力,安全使用互联网的综合能力。

【学习任务】

(1) 掌握数字通信技术的基本原理。

(2) 掌握计算机网络的组成与分类。

(3) 掌握局域网组成及工作原理。

(4) 掌握因特网组成及因特网接入技术。

(5) 掌握因特网常用服务。

(6) 掌握网络信息安全技术及计算机病毒防范技术。

4.1 计算机网络基础

数据通信技术的发展与计算机技术的发展密切相关、互相影响。数据通信就是信息处理技术和计算机技术相结合的通信方式,具体地说,它主要研究的是对计算机中的二进制数据进行传输、交换和处理的理论、方法以及实现技术。数据通信为计算机网络的应用和发展提供了技术支持和可靠的通信环境。

4.1.1 数字通信基础

1. 通信的基本原理

通信的基本任务是传递信息,因而至少需要三要素组成,即信息的发送者(信源)和信息的接收者(信宿)、携带了信息的电(或光)信号,以及信息的传输通道(信道)。通信系统模型如图 4-1 所示。

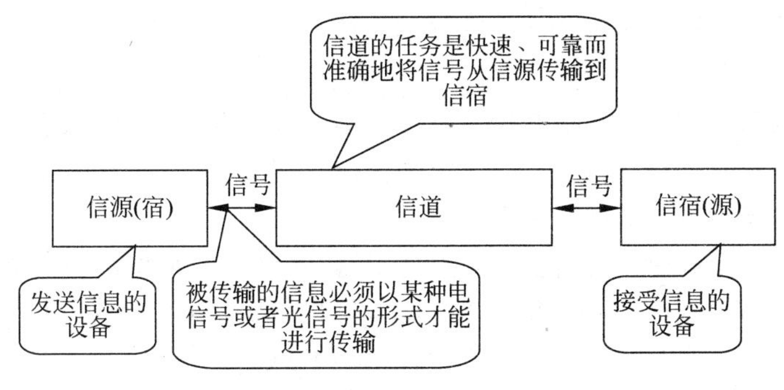

图 4-1　通信系统基本模型

不同信息传输系统中通信系统的各个组成部分如表 4-1 所示。

表 4-1 通信系统各个组成部分

组成部分	有线电话	移动电话	计算机通信
信源/信宿	电话座机	手机	计算机
信号	话音经电话机转换成为变化的电流信号	话音经电话机转换成为压缩编码后的数字信号	编码并打包后的数字信号
信道构成	电话线和中继器等传输设备	无线电波、基站等	双绞线、集线器、路由器、光纤等

在计算机网络中，信息是用数据表示并转换成信号进行传送，信号有模拟信号和数字信号两种形式。模拟信号是指在时间和空间上连续变化的信号，例如，人们打电话时声音经话筒转换得到的信号就是模拟信号。数字信号是指一系列在时间上离散的信号，用电平的高低或电流大小等有限个状态(一般为两个状态)来表示，例如，计算机、手机、传真机等设备发出的信号都是数字信号，如图 4-2 所示。

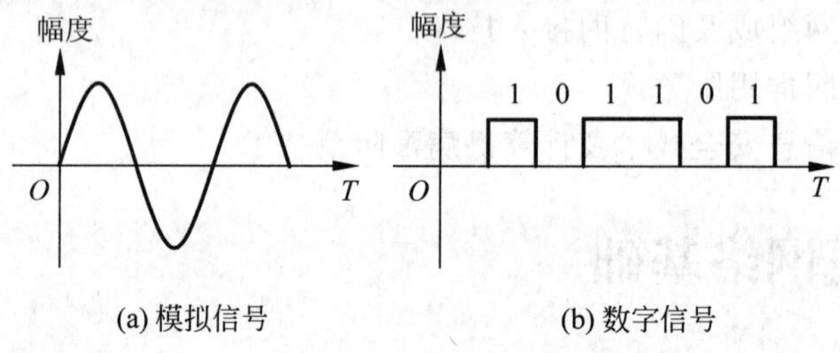

(a) 模拟信号　　(b) 数字信号

图 4-2 模拟信号与数字信号

模拟信号在传输过程中容易受噪声信号的干扰，传输质量不够稳定，随着数字技术的发展，越来越多的模拟信号转换成数字信号后再进行传输，或者本身信源发出的就是数字信号，这种通信传输技术称为数字通信。数字通信的可靠性和安全性较模拟通信更高，并且传输的是数字信号，更容易由计算机进行信息的存储、处理和管理，故数字通信逐渐成为未来通信的主要方式。当前的手机通信、数字有线电视、固定电话中继通信都是将声音、图像、视频等模拟信号转换成数字信号进行传输的例子。

2. 多路复用技术

计算机网络通信中用于通信线路架设的费用相当高，需要充分利用通信线路的容量，并且网络中传输介质的传输容量都会超过单一信道传输的通信量，为了充分利用传输介质的带宽，需要在一条物理线路上建立多条通信信道。这种为了提高传输线路的利用率，采用多个数据通信合用一条传输线的技术称为多路复用技术，它可以有效地提高数据链路的利用率，从而使得一条高速的主干链路同时为多条低速的接入链路提供服务，使得网络干线可以同时运载大量的语音和数据。

这种技术主要用到两个设备：①多路复用器，在发送端根据约定规则把多个低带宽信号复合成一个高带宽信号；②多路分配器，根据约定规则再把高带宽信号分解为多个低带宽信号。这两种设备统称为多路器，简写为 MUX。

常见的多路复用技术主要有频分多路复用、时分多路复用和波分多路复用。

1）频分多路复用

频分多路复用(Frequency-Division Multiplexing,FDM)是指载波带宽被划分为多种不同频带的子信道,每个子信道可以并行传送一路信号的一种多路复用技术。多路原始信号在频分复用前,先要通过频谱搬移技术将各路信号的频谱搬移到物理信道频谱的不同段上,使各信号的带宽不相互重叠;然后用不同的频率调制每一个信号,每个信号都在以它的载波频率为中心,在一定带宽的通道上进行传输。为了防止互相干扰,需要使用抗干扰保护措施来隔离每一个通道。频分多路复用一般情况如图 4-3 所示。

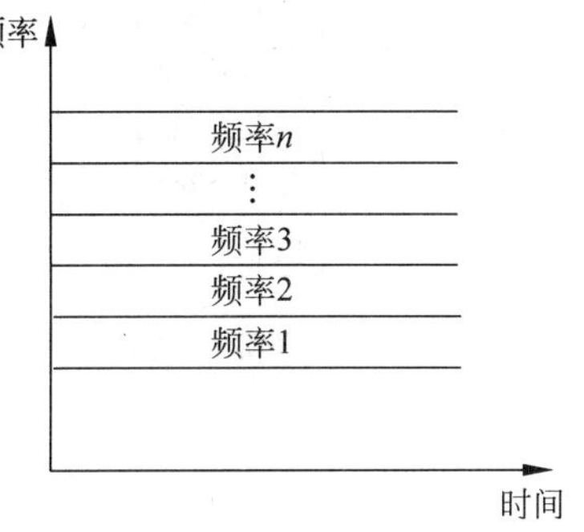

图 4-3　频分多路复用

2）时分多路复用

时分多路复用(TDM)是按传输信号的时间进行分割的,它使不同的信号在不同的时间内传送,每一个时间间隔叫作一个时间片,每个时间片由复用的一个信号占用。这样,利用每个信号在时间上的交叉,便可在同一物理信道上传输多个数字信号,这实际上是多个信号轮流使用物理介质。时分多路复用一般情况如图 4-4 所示。

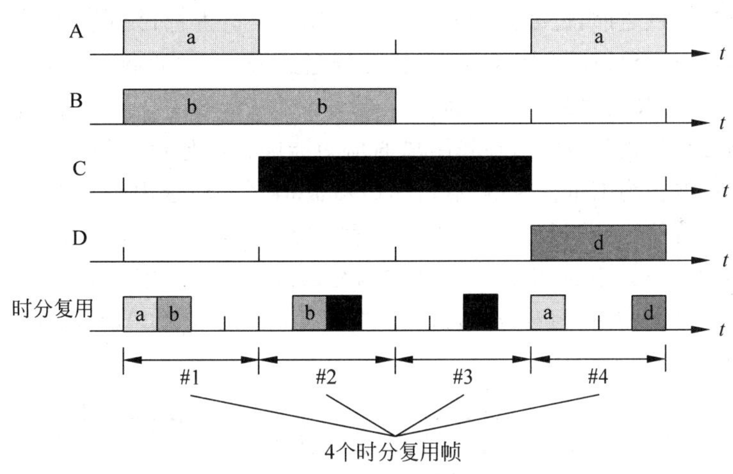

图 4-4　时分多路复用

3）波分多路复用

波分复用(WDM)是将两种或多种不同波长的光波信号(携带各种信息)在发送端经复用器(亦称合波器)汇合在一起,并耦合到光线路的同一根光纤中进行传输的技术。在接收端,经解复用器(亦称分波器或称去复用器)将各种波长的光载波分离,然后由光接收机作进一步处理以恢复原信号。这种在同一根光纤中同时传输两个或众多不同波长光信号的技术称为波分多路复用。

波分多路复用就是在光纤中的频分复用。波分多路复用的本质是在一条光纤中用不同颜色的光波来传输多路信号,而不同的色光在光纤中传输彼此互不干扰。波分多路复用是频分多路复用的一个变种,主要应用于全光纤网组成的通信系统中,如图 4-5 所示。

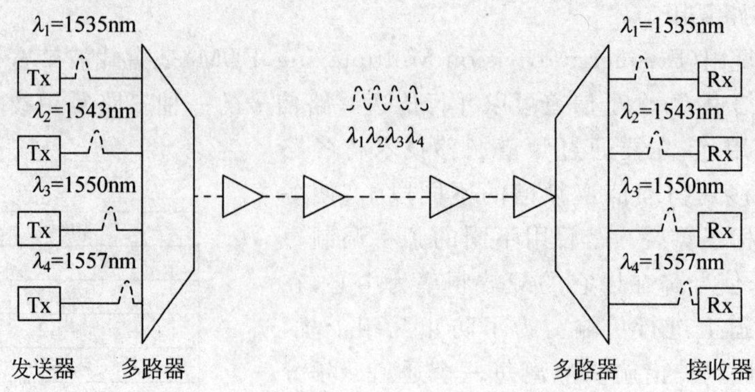

图 4-5　波分多路复用

3. 调制解调技术

计算机内的信息是由“0”和“1”组成的数字信号，而在电话线上传递的却只能是模拟信号。于是，当两台计算机要通过电话线进行数据传输时，就需要一个设备负责数模的转换。这个数模转换器就是 Modem(调制解调器)。计算机在发送数据时，先由 Modem 把数字信号转换为相应的模拟信号，这个过程称为“调制”。经过调制的信号通过电话载波传送到另一台计算机之前，也要经由接收方的 Modem 负责把模拟信号还原为计算机能识别的数字信号，这个过程称为“解调”。正是通过这样一个“调制”与“解调”的数模转换过程，实现了两台计算机之间的远程通信。

因为高频振荡的正弦波信号在长距离通信中能够比其他信号传送得更远，因此可以把这种高频正弦波作为携带信息的“载波”，故载波信号一般选用频率比被传输信号高得多的正弦波。载波信号的调制方法主要有三种：幅度调制、频率调制和相位调制。在调制过程中，振幅 A、角频率 ω、相位 φ 是载波信号的 3 个可变参量。当通过改变这 3 个参量实现对数字信号的调制，相对应的调制方式分别为幅度调制(ASK)、频率调制(FSK)、相位调制(PSK)，如图 4-6 所示。

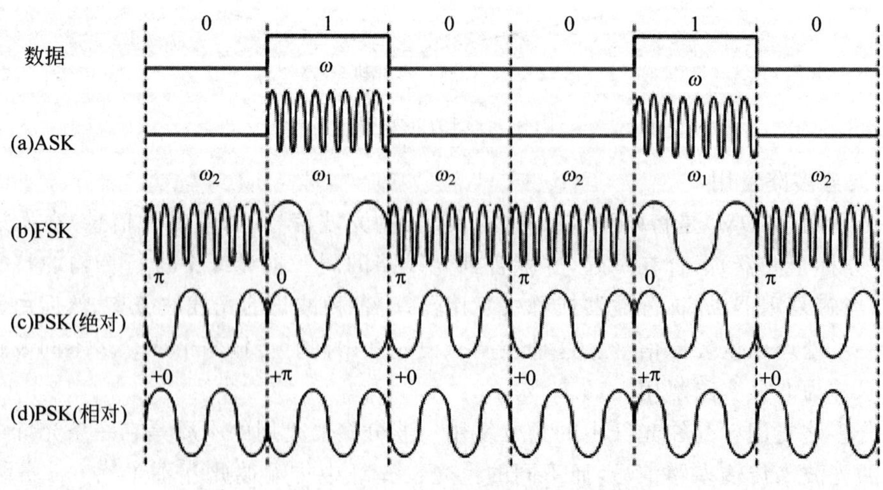

图 4-6　调制解调技术

4. 数据交换技术

在数据通信系统中，当终端与计算机之间，或者计算机与计算机之间不是直通专线连接，而是要经过通信网的接续过程来建立连接时，两端系统之间的传输通路就是通过通信网络中若干节点转接而成的所谓“交换线路”。

“交换”(Switching)的含义就是转接，即把一条链路转接到另一条链路，使它们连通起来。从通信资源的分配角度来看，“交换”就是按照某种方式动态地分配传输线路。常用的交换方式有电路交换和分组交换。

1) 电路交换

这种交换方式把发送方和接收方用物理线路直接连通。类似于电话系统，此方式下的数据通信要求通信的计算机之间必须事先建立物理线路，整个电路交换的过程包括建立线路，占用线路并进行数据传输，释放线路 3 个阶段。

(1) 建立线路：发送方向接收方发送一个请求，该请求通过中间节点传输至终点；如果中间节点有空闲的物理线路可用，则接受请求，分配线路，并将请求传输给下一个中间节点。整个过程持续进行，直至终点。线路一旦被分配，在未释放之前，其他站点将无法使用。

(2) 数据传输：在已经建立的物理线路上，发送方和接收方进行数据传输。

(3) 释放线路：当数据传输完毕，执行释放线路的动作。线路被释放之后，进入空闲状态，可供其他站点通信使用。

2) 分组交换

分组交换技术是在计算机技术发展到一定程度的技术产物，是在每个数据分组的前面加上一个分组头，用以指明该分组发往何地址，然后由交换机根据每个分组的地址标志，将它们转发至目的地，这一过程称为分组交换。

进行分组交换的通信网称为分组交换网。从交换技术的发展历史看，数据交换经历了电路交换、报文交换、分组交换和综合业务数字交换的发展过程。分组交换实质上是在“存储—转发”基础上发展起来的。分组交换在线路上采用动态复用技术传送按一定长度分割为许多小段的数据分组。每个分组标识后，在一条物理线路上采用动态复用的技术，同时传送多个数据分组。把来自用户端的数据暂存在交换机的存储器内，接着在网内转发。到达接收端，再去掉分组头将各数据字段按顺序重新装配成完整的报文。分组交换比电路交换的电路利用率高，比报文交换的传输时延小，交互性好。

为了使每一个数据包均能正确地送达到目的计算机，分组交换机每收到一个包，就要根据包中的目的计算机地址去查内部存储的一张表(该表在路由器中称为路由表，在交换机中称为 MAC 地址表)，然后根据表中的信息从相应的端口转发出去。网络中的每台分组交换设备都有自己的转发表，并且该表是根据所连接的计算机、交换机、路由器的连接情况自动计算得到的，每当网络中的设备以及链路状况发生改变时，转发表就会重新计算和修改。

分组交换网具有如下特点：①分组交换具有多逻辑信道的能力，故传输线路利用率高；②可实现分组交换网上的不同码型、速率和规程之间的终端互通，灵活性较高；③由于分组交换具有差错检测和纠正的能力，故电路传送的误码率极小，数据通信比较可靠；

④分组交换的网络管理功能强。

4.1.2 计算机网络传输介质

要使网络中的计算机能正常通信，必须提供一条正常的物理通道，在这条通道上，信息可以通过某种形式从一台计算机传递到另一台计算机，这条通道在网络中称为传输介质。传输介质决定了网络的传输速率、网络段的最大长度、传输的可靠性及网卡的复杂性。

通常意义上的网络传输介质及其特点、应用如表 4-2 所示。

表 4-2 通信传输介质的类型、特点和应用

介质		优缺点	应用领域
有线	双绞线	优点：成本低 缺点：易受外部高频电磁波干扰，误码率较高；传输距离有限	固定电话本地回路、计算机局域网
	同轴电缆	优点：传输特性和屏蔽特性良好，可作为传输干线长距离传输载波信号 缺点：成本较高	固定电话中继线路、有线电视接入
	光缆	优点：无中继通信距离长；数据速率高，通信容量大；抗辐射能力强；屏蔽性好，抗干扰能力强，低误码率和低延迟；不易被窃听，安全性和保密性好；重量轻，便于运输和铺设 缺点：精确连接两根光纤很困难	光缆是当今各种信息网(如电话、电视等通信系统的远程干线，计算机网络的干线)的主要传输介质
无线	微波、红外线、激光等	优点：建设费用低，抗灾能力强，容量大，无线接入使得通信更加方便 缺点：易被窃听、易受干扰	广播、电视、移动通信系统、计算机无线局域网

1. 双绞线

双绞线是局域网中最常用的一种传输介质，由两根具有绝缘保护层的铜导线组成，把它们互相拧在一起可以降低信号干扰的程度。一根双绞线电缆中可包含多对双绞线，连接计算机终端的双绞线电缆通常包含 4 对双绞线(8 根铜导线)。双绞线既可以传输模拟信号也可以传输数字信号。

双绞线可分为屏蔽双绞线(图 4-7(a))和非屏蔽双绞线(图 4-7(b))两种。屏蔽双绞线的内部信号线外面包裹着一层金属网，在屏蔽层外面是绝缘外皮，屏蔽层能够有效地隔

(a) 屏蔽双绞线

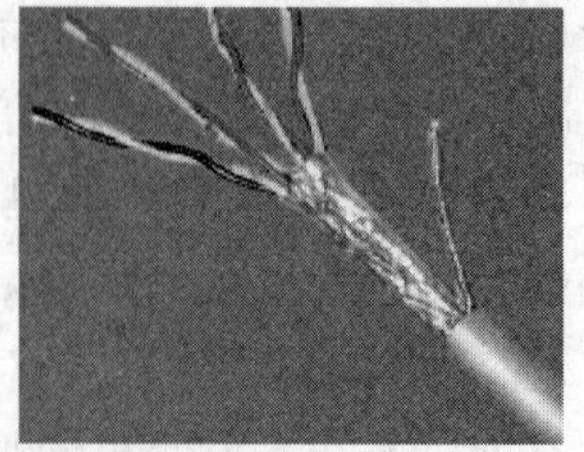
(b) 非屏蔽双绞线

图 4-7 屏蔽双绞线和非屏蔽双绞线

离外界电磁信号的干扰。和非屏蔽双绞线相比，屏蔽双绞线具有较低的辐射，且其传输速率较高。

2. 同轴电缆

同轴电缆也是局域网中被广泛使用的一种传输介质，如图 4-8 所示。同轴电缆由内部导体和外部导体组成，内部导体可以是单股的实心导线，也可以是多股的绞合线。外部导体可以是单股线，也可以是网状线。同轴电缆可以用于长距离的电话网络、有线电视信号的传输信道以及计算机局域网络。

根据带宽和用途不同，可以将同轴电缆分为基带同轴电缆和宽带同轴电缆。基带同轴电缆的屏蔽线是用铜做成的，其特征阻抗值为 50Ω，常用于计算机局域网中；宽带同轴电缆的屏蔽线是用铝冲压成的，其特征阻抗值为 75Ω，75Ω 同轴电缆常用于 CATV 网，故称为 CATV 电缆，传输带宽可达 1GHz，目前常用的 CATV 电缆的传输带宽为 750MHz。

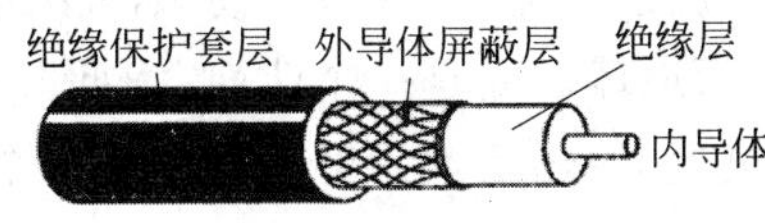

图 4-8　同轴电缆

3. 光纤

在现在的大型网络系统中，几乎都采用光导纤维即光纤(Fiber Optic Cable)作为主干网络传输介质。相对其他传输介质，光纤具有高带宽、低损耗、抗电磁干扰性强、安全性高等优点，也正因为如此，在光纤中传输的信号不易被窃听，因而利于保密。在网络传输介质中，光纤是发展最为迅速的，也是最有前途的一种网络传输介质。

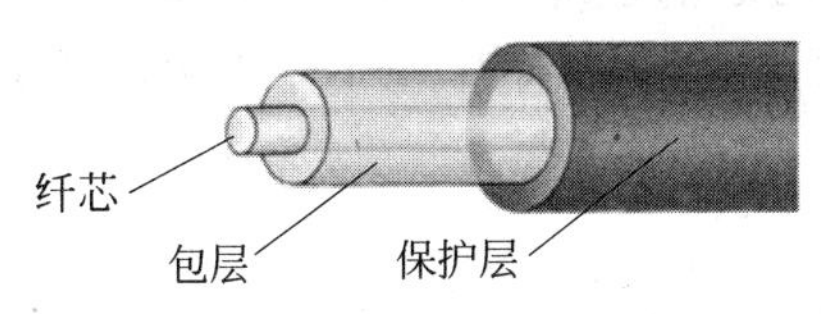

图 4-9　光纤剖面的示意图

光纤通常由极透明的石英玻璃拉成细丝作为纤芯，外面分别由包层、吸收外壳和防护层等构成，如图 4-9 所示是一根光纤剖面的示意图。包层较纤芯有较低的折射率。当光线从高折射率的媒体射向低折射率的媒体时，其折射角将大于入射角，如图 4-10(a)所示。因此，如果入射角足够大，就会出现全反射，即光线碰到包层时就会折射回纤芯。这个过程不断重复，光也就沿着光纤向前传输。图 4-10(b)所示为光波在纤芯中传输的示意图。

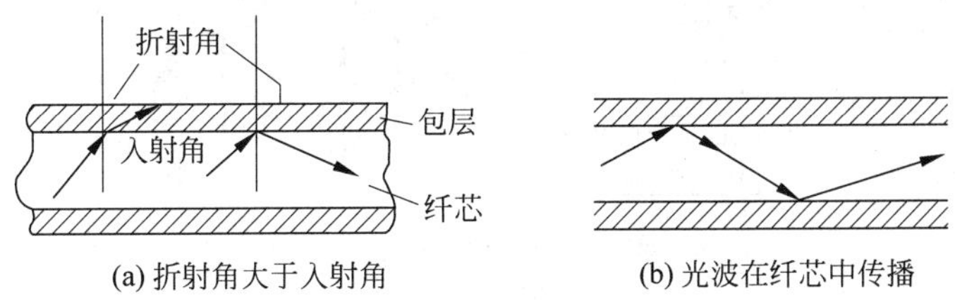

图 4-10　光线射入到光缆和包层界面时的情况

4. 无线传输介质

通过在自由空间利用电磁波发送和接收信号进行通信就是无线传输。地球上的大气层为大部分无线传输提供了物理通道，就是常说的无线传输介质。无线传输所使用的频段很广，人们现在已经利用了好几个波段进行通信。紫外线和更高的波段目前还不能用于通信。无线通信的方法有无线电波、微波、蓝牙和红外线。无线电波通过自由空间时能量比较分散，传输效率没有有线通信高，同时，无线通信存在易被窃听、易受干扰等特点。

1）微波通信

微波的频率范围为 300MHz～300GHz，既可传输模拟信号又可传输数字信号。微波通信是把微波信号作为载波信号，用被传输的模拟信号或数字信号来调制它，故微波通信是模拟传输。由于微波的频率很高，故可同时传输大量信息。又由于微波能穿透电离层而不反射到地面，故只能使微波沿地球表面由源向目标直接发射。微波在空间是直线传播，而地球表面是一个曲面，因此其传播距离受到限制，一般只有 50km 左右。为了传输得更远，每隔几十公里都要设置一个微波收发站，负责将微波传输至下一个微波接力站，这种方式称为微波地面接力通信。总之，微波具有直线传播、通信容量大、可靠性高、建设费用低、抗灾能力强等特点。

微波通信不需要固体介质，当两点间直线距离内无障碍时就可以使用微波传送。利用微波进行通信具有容量大、质量好并可传至很远的距离的优点，因此是国家通信网的一种重要通信手段，也普遍适用于各种专用通信网。

2）移动通信

移动通信属于微波通信的一种，它是指移动体之间的通信。移动通信系统由移动台、基站、移动交换中心组成。若要同某移动台通信，移动交换中心通过各基站向全网发出呼叫，被叫台收到后发出应答信号，移动交换中心收到应答后分配一个信道给该移动台并从此话路信道中传送一信令使其振铃，并完成通信。移动通信系统中的每个基站覆盖的有效区域既相互分割，又彼此有所重叠，整个移动通信网络就像是“蜂窝”，所以也叫“蜂窝式移动通信”，如图 4-11 所示。

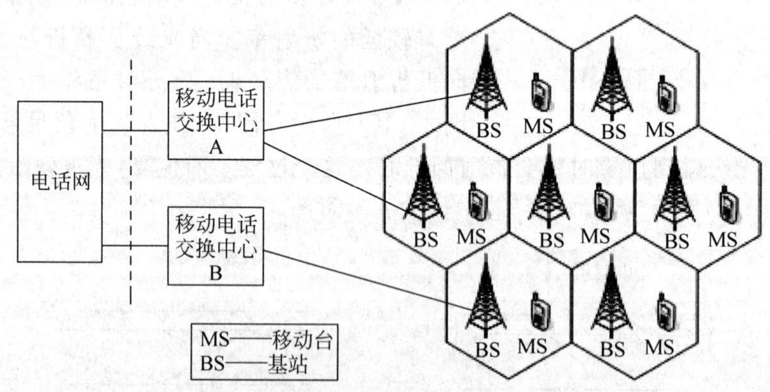

图 4-11　蜂窝式移动通信

第一代移动通信技术（1G）采用的是模拟传输技术，仅限语音的蜂窝电话标准，制定于 20 世纪 80 年代。

第二代无线通信技术（2G）是在移动通信中采用数字技术的一种方式。2G 技术可分为基于 GSM 标准和基于 CDMA 标准两种，这取决于使用的复用技术类型。此外，2G 也支持相对较慢的数据通信（GPRS），但主要的功能还是语音和文字通信。

第三代移动通信(即 3G)是指支持高速数据传输的蜂窝移动通信技术。3G 服务能够同时传送声音及数据信息，速率一般在几百 Kb/s 以上，它能够处理图像、音乐、视频流等多种媒体形式，提供包括网页浏览、电话会议、电子商务等多种信息服务。目前国内支持 3 个无线接口标准，分别是中国电信的 CDMA2000、中国联通的 WCDMA、中国移动的 TD-SCDMA。3 种不同标准的网络是互通的，但通信终端设备(手机)互不兼容，故选择手机时需了解使用的是何种 3G 技术。

第四代移动电话通信指的是第四代移动通信技术，简称 4G。4G 集 3G 与 WLAN 于一体，并能够传输高质量视频图像，它的图像传输质量与高清晰度电视不相上下。4G 系统能够以 10Mb/s 的速度下载，比目前的拨号上网快 200 倍，上传的速度也能达到 5Mb/s，并能够满足几乎所有用户对于无线服务的要求。2013 年 12 月 4 日，工业和信息化部向中国联通、中国电信、中国移动正式发放了第四代移动通信业务牌照(即 4G 牌照)，此举标志着中国电信产业正式进入了 4G 时代。有关 4G 技术的详细情况可参看本章资料链接 4.6。

第五代移动电话通信(即 5G)的最高理论传输速度可达数十 Gb/s，这比 4G 网络的传输速度快数百倍，整部超高画质电影可在 1 秒之内下载完成。2015 年在上海举办的世界移动通信大会(MWC)上，华为、爱立信、诺基亚的 5G 技术发展成为焦点。华为发布的时间表显示，2018 年底前将致力于 5G 标准制定，2018 年将率先与合作伙伴联合开通 5G 试商用网络，2019 年推动产业链完善并完成互联互通测试，2020 年正式商用。

4.1.3　计算机网络组成与分类

1. 计算机网络概述

计算机网络，是指将地理位置不同的具有独立功能的多台计算机及其外部设备，通过通信线路连接起来，在网络操作系统、网络管理软件及网络通信协议的管理和协调下，实现资源共享和信息传递的计算机系统。一般来说计算机网络有以下主要功能。

1) 通信功能

数据通信是计算机网络的基本功能，正是这一功能才能实现计算机之间的各种信息(包括文字、声音、图像、动画等)的传送，以及对地理位置分散的单位进行集中的管理与控制，使不同部门、不同单位甚至不同国家间的计算机可以进行通信，互相传递数据，进行信息交换。例如，收发电子邮件，网上聊天，IP 电话，视频会议，等等。

2) 资源共享

资源共享是指共享计算机系统的硬件、软件和数据。目的是让网络上的用户无论处于何处都能使用网络中的程序、设备、数据等资源，也就是说，用户使用千里之外的数据就像使用本地数据一样。资源共享主要分为以下三个部分。

(1) 硬件资源共享：包括打印机、大容量存储设备、高速处理器和各种专用设备。

(2) 软件资源共享：现在计算机软件层出不穷，其中不少软件是免费的，它们是网络上的宝贵财富，共享软件资源包括语言处理程序、服务程序和很多网络软件，如电子设备软件、办公管理软件、杀毒和实时监控软件。

(3) 数据资源共享：数据资源包括各种数据库、数据文件，如电子图书库、成绩库、新闻、科技动态信息都可以放在网络数据库或文件里供大家查询使用。

3）提高计算机系统的可靠性和可用性

网络中的计算机尤其是服务器可以互为后备，一旦某台计算机出现故障，可以由网络中的其他备份计算机替代工作，而不影响网络服务的运行。

4）实现分布式信息处理

在计算机网络中，对于综合性大型问题可以采用合适的算法将任务分散到不同的计算机上进行处理。各计算机连成网络也有利于共同协作进行重大科研课题的开发和研究。利用网络技术还可以将许多小型机或微型机连成具有高性能的分布式计算机系统，使它具有解决复杂问题的能力，从而使费用大为降低。当前流行的“云”技术就是利用分布式信息处理和存储的最好例子。

2. 计算机网络分类

计算机网络的分类方法很多，可以从不同的角度对计算机网络进行分类。常用的分类方法有按网络覆盖的地理范围分类、按网络的拓扑结构分类、按传输技术分类、按网络的应用领域分类等。

按网络覆盖的地理范围的大小，可以把计算机网络划分为局域网（Local Area Network，LAN）、城域网（Metropolitan Area Network，MAN）和广域网（Wide Area Network，WAN）3种类型。

1）局域网

LAN是指在一个有限的地理范围内（几千米以内）将计算机、外部设备和网络互联设备连接在一起的网络系统，常应用于一幢大楼、一个学校或一个企业内。例如，在一个教学楼里，将分布在不同教室或办公室里的计算机连接在一起组成局域网。LAN技术是专为短距离通信而设计的，目的在于通过它在短距离内使互连的多台计算机进行通信。LAN技术最直接、最显著的作用是资源共享。例如，一个宿舍的若干台计算机连接组建的网络，或者一个大学的校园网都是局域网。

2）城域网

MAN基本上是一种大型的LAN，一般使用与LAN相似的技术，它的覆盖范围介于局域网和广域网之间。接入MAN的计算机通常分布在一些较小的行政辖区内，这种范围较局域网要大得多。在城域网中的许多局域网借助一些专用网络互联设备连接到一起，即使没有连入某局域网的计算机也可以直接接入城域网，从而访问网络中的资源。各个城市的公安网（连接整个城市各个公安机构的网络）以及有线电视网就是典型的城域网。

3）广域网

利用行政辖区的专用通信线路将多个城域网互联在一起便构成了广域网。当今人们广泛使用的国际互联网络（因特网）便是广域网中的一种。广域网的组成已非个人或某个团体的单独行为，而是一种跨地区、跨部门、跨行业、跨国的社会行为。

现在，因特网是覆盖全球的最大的计算机广域网，它由大量的局域网、城域网和公用数据网等互联而成，是一种计算机网络的网络。

3. 计算机网络的组成

计算机网络一般由以下部分组成。

(1) 计算机及各种数字设备：个人计算机、笔记本电脑、服务器等传统意义的计算机是网络的主体，但随着各种设备的智能化和网络化，越来越多的数字设备如智能手机、平板电脑、智能手表、互联网电视机顶盒、各种网络监控设备，甚至家用电器等都可以接入计算机网络，它们统称为网络的终端设备。

(2) 数据通信链路：用于数据传输的各种线缆(如双绞线、光缆、同轴电缆、自由空间等)，以及各种连接网络的通信控制设备(交换机、路由器、调制解调器、网卡等)构成了网络的数据通信链路。

(3) 网络通信协议：协议是用来描述两个进程间信息交换规则的术语。在计算机网络中，相互通信的双方处在不同的地理位置，两个进程间相互通信，需要交换信息来使它们的动作协调一致达到同步，而信息交换必须按照预先约定好的规则进行这种在计算机网络中通信双方都遵守的规则称为网络协议。常见的网络协议有 HTTP、FTP、SMTP 等。

(4) 网络操作系统：网络操作系统(NOS)是网络的心脏和灵魂，是向网络计算机提供服务的特殊的操作系统。它在计算机操作系统下工作，使计算机操作系统增加了网络操作所需要的能力。网络操作系统运行在称为服务器的计算机上，并由联网的计算机用户共享服务。常见的网络操作系统有以下三类：①微软公司的 Windows 系统服务器版，如 Windows Server 2003/2008/2012 等，一般用在中低档服务器中。②UNIX 系统，如 IBM 公司的 AIX，Hp 公司的 HP-UNIX，SUN 公司的 Solaris，SGI 公司的 IRIX，这类系统功能强大，稳定性和安全性好，但对服务器硬件要求较高，主要用于大型网站和大型公司的专用服务器中。这类系统专用性较强，不同公司的系统和服务器互不兼容，如 IBM 公司的 AIX 系统无法安装到 HP 公司的大型服务器上。③Linux 操作系统，其最大的特点是源代码开放，可以免费得到很多应用软件，目前在很多企业的中低端服务器中应用。

(5) 网络应用程序：给网络提供各种网络服务和网络应用的各种应用软件，如电子邮件程序、浏览器程序、即时通信软件 QQ、在线视频直播程序、各种网络游戏程序等，为用户提供多样化的应用。

4. 计算机网络的工作模式

硬件、软件、数据都是计算机的资源。网络中的计算机可以扮演两种不同的角色：客户和服务器。客户(Client)是指需要使用其他计算机资源的计算机。服务器(Server)是指提供资源(如数据文件、磁盘空间、打印机、处理器等)给其他计算机使用的计算机。每一台联网的计算机，其“身份”或者是客户，或者是服务器，或者两种身份兼而有之。

计算机网络有两种基本的工作模式：对等模式和客户/服务器模式。

1) 对等模式(Peer to Peer，P2P)

在对等网络中，所有计算机地位平等，没有从属关系，也没有专用的服务器和客户。网络中的资源是分散在每台计算机上的，每一台计算机都有可能成为服务器也有可能成为客户，一般对等网络中的计算机在几十台以内。对等网络能够提供灵活的共享模式，组网简单、方便，不需要专门的硬件服务器，也不需要网络管理员，但难于管理，安全性能较差。它可满足一般数据传输的需要，所以一些小型单位在计算机数量较少时可选用“对等网”结构。如 Windows 操作系统中的“网上邻居”，网络传输中的 BitTorrent(BT 下载)、

eMule(电驴)、迅雷,以及即时通信工具 QQ 等采用的都是对等工作模式。

2) 客户/服务器模式(Client/Server,C/S)

客户/服务器的特点是网络中的每一台计算机都扮演着固定的角色,要么是服务器,要么是客户。服务器大多是一些专门设计的性能较高的计算机,并发处理能力强,存储容量大,网络数据传输速率高。其工作模式如下:客户机向服务器发出请求,服务器响应请求完成相应的处理,并将结果返回给客户,如图 4-12 所示。C/S 模式的典型应用有 WWW 服务、FTP 文件服务、打印服务、电子邮件、数据库服务等。

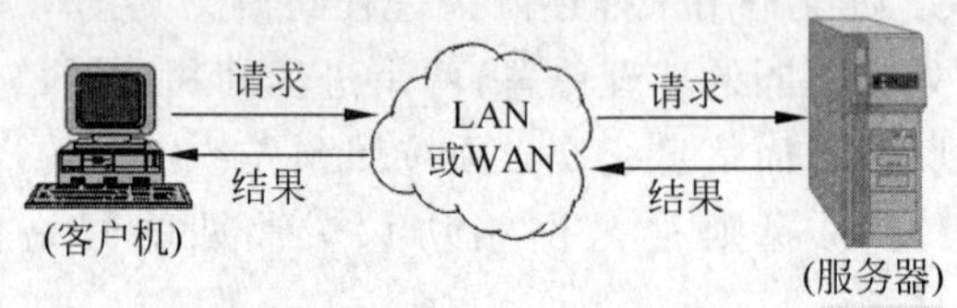

图 4-12 客户机/服务器工作模式

5. 数据通信的主要技术指标

数据通信的主要技术指标是衡量数据传输有效性和可靠性的参数,主要有数据传输速率、带宽、误码率、端到端延迟等。

(1) 数据传输速率:在数字信道中,比特率是数字信号的传输速率,它用单位时间内传输的二进制代码的有效位(bit)数来表示,其单位用每秒比特数(b/s)、每秒千比特数(Kb/s)或每秒兆比特数(Mb/s)来表示(此处 K 和 M 分别为 1000 和 1000000,而不是涉及计算机内部存储器容量时的 2^{10} 和 2^{20})。

(2) 带宽:衡量计算机网络中数据链路性能的重要指标是"带宽",即通信链路允许的最大数据传输速率,它与采用的传输介质、信号的调制解调方法、交换器的性能等密切相关。例如,通过电话线拨号上网,其带宽为 56Kb/s;校园网一般带宽为 100Mb/s,甚至 1Gb/s。

(3) 误码率:误码率是衡量通信系统在正常的工作情况下传输可靠性的指标。误码率是指二进制码元在传输过程中被传错的概率。它等于错误接收的码元数在所传输的总码元中所占的比例。在计算机网络中一般要求数字信号误码率低于 10^{-6}。

(4) 端到端延迟:信息传输的延迟是指数据从信源(源计算机)到信宿(目的计算机)所花费的时间。

4.2 局域网技术

4.2.1 局域网的组成

1. 局域网的特点

局域网(Local Area Network,LAN)是在一个局部的地理范围内(如一个学校、工厂和机关内),一般是方圆几千米以内,将各种计算机、外部设备和数据库等互相连接起来组成的计算机通信网。它可以通过数据通信网或专用数据电路,与远方的局域网、数据库或处理中心相连接，构成一个较大范围的信息处理系统。局域网严格意义上是封闭型的，它可以由办公室内几台甚至上千上万台计算机组成。决定局域网的主要技术要素为网络拓扑、传输介质与介质访问控制方法。

局域网一般为一个部门或单位所有，建网、维护以及扩展等较容易，系统灵活性高。其主要特点如下。

(1) 覆盖的地理范围较小，只在一个相对独立的局部范围内，如一座大楼或集中的建筑群内，由单位自行建设和管理。

(2) 使用专门铺设的传输介质进行联网，数据传输速率高(10Mb/s～10Gb/s)。

(3) 通信延迟时间短，一般在几毫秒至几十毫秒之间，可靠性较高。

(4) 出错率低，局域网一般都使用有线传输介质，两个站点之间具有专用通信线路，使数据传输有专一的通道，故误码率低，一般为 10^{-12}～10^{-8}。

(5) 局域网可以支持多种传输介质。

2. 局域网的分类

局域网有很多不同类型，若按网络使用的传输介质分类，可分为有线网和无线网；若按网络各种设备连接的拓扑结构分类，可分为总线型、星型、环型、树型、混合型等；若按传输介质所使用的访问控制方法分类，又可分为以太网、令牌环网、FDDI 网和无线局域网等。其中，以太网是当前应用最普遍的局域网技术。

3. 局域网的组成

局域网由网络硬件(包括网络服务器、网络工作站、网络打印机、网络接口卡、网络互联设备等)、各种网络传输介质以及网络软件所组成。其中，网络接口卡(NIC)也称为网络适配器(简称网卡)。在网络中，每台计算机都需要安装 1 块网卡，每块网卡都有 1 个全球唯一的 48 位二进制编号，称为“介质访问地址”(简称 MAC 地址)，也称为该计算机的物理地址。在局域网中，通过 MAC 地址可以实现数据通信，网卡的任务是负责发送和接收数据，CPU 将它视同输入/输出设备。

局域网使用分组交换技术，数据在传输时，会被划分为很多个数据块(称为“帧”，frame)，并且每次只传输一帧。数据帧的具体格式如下。

源计算机 MAC 地址	目的计算机 MAC 地址	控制信息	有效载荷(传输的数据)	校验信息

网卡从网络上每收到一个帧，就检查其中的 MAC 地址，如果是送往本机的帧，则收下进行处理；否则就将此帧丢弃，不做任何处理。

网卡的主要功能如下。

(1) 在计算机与网络之间建立一个通信链路(link)，通过传输介质发送信息和接收信息。

(2) 将数据分成帧，以帧为单位发送和接收信息。

(3) 将计算机的输出信息转换为适合网络传输的信号。

目前，按传输速率可将网卡分为 10Mb/s 网卡(10Base-T)、100Mb/s 网卡(100Base-T)、

10/100Mb/s 自适应网卡、100/1000Mb/s 自适应网卡。按产品形态，网卡分为独立网卡（有线、无线网卡）、集成网卡（由主板芯片组实现网卡功能）。

4.2.2 常用局域网

以太网（Ethernet）是目前应用最为广泛的一类局域网。其核心技术是随机争用型介质访问控制方法，即带有冲突碰撞检测的载波侦听多路访问（CSMA/CD）方法。CSMA/CD 是一种适用于总线结构的分布式介质访问控制方法，用来解决多节点如何共享公用总线传输介质的问题。

目前以太网可以采用多种连接介质，包括同轴电缆、双绞线和光纤等。其中，双绞线多用于从主机到集线器或交换机的连接，主要采用 5 类、超 5 类或者 6 类双绞线，大量用于速率为 100Mb/s 和 1000Mb/s 的快速以太网；而光纤则主要用于交换机间的级联和交换机到路由器间的点到点链路上；同轴电缆作为早期的主要连接介质已经逐渐趋于淘汰。

1. 共享式以太网

共享式以太网以集线器（HUB）为中心，每台计算机通过以太网卡和双绞线连接到集线器的一个端口，通过集线器与其他节点相互通信。在共享式以太网中，如果一个节点要发送数据，它将以"广播"方式把数据通过作为公共传输介质的总线发送出去，连在总线上的所有节点都能"收听"到发送节点发送的数据信号。集线器的功能把一个端口接收到的帧以"广播"方式向所有端口分发出去，并对信号进行放大，以扩大网络的传输距离，起着中继器的作用。共享式以太网实质上采用的是总线式拓扑结构，如图 4-13 所示，每一时刻只允许一对计算机间进行数据帧传输，通信效率较差。由于它存在的固有缺陷，已经逐渐被以交换机为核心的交换式以太网所代替。如一台 100Mb/s 的集线器上连接了 4 台计算机，则每台计算机获得的平均带宽是 25Mb/s。

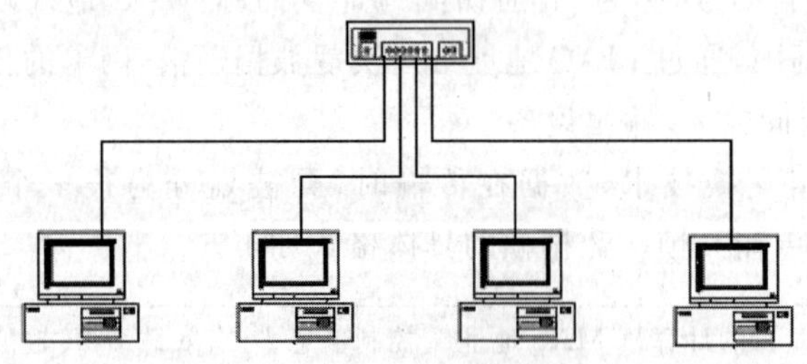

图 4-13 共享式以太网的总线式拓扑结构

2. 交换式以太网

对于传统的共享介质以太网来说，当连接在 HUB 中的一个节点发送数据时，它使用广播方式将数据传送到 HUB 的每个端口。因此，共享介质以太网的每个时间片内只允许有一个节点占用公用通信信道。传输效率较低，已经不适合有很多节点的局域网。

交换式以太网从根本上改变了"共享介质"的工作方式，它可以通过以太网交换机支持交换机端口之间的多个并发连接，实现多节点之间数据的并发传输。交换式以太网的核心设备是以太网交换机，它是一种高速电子交换器，连接在交换机上的所有计算机均可同时相互通信。以太网交换机可以有多个端口,有的端口可以连接计算机节点,有的端口用来连接另一台以太网交换机。典型的交换式以太网的结构如图 4-14 所示。

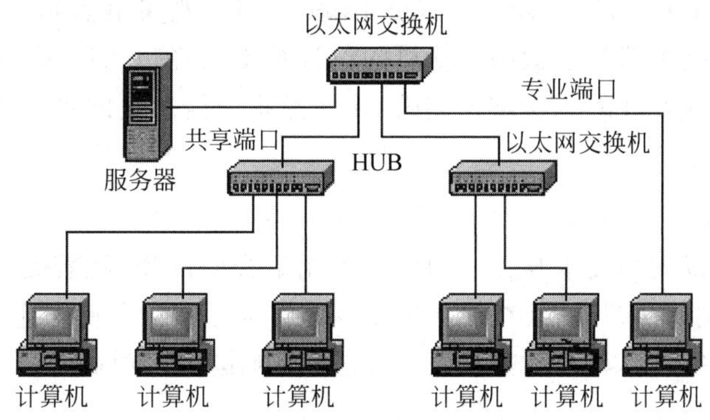

图 4-14 典型的交换式以太网结构

因此,交换式以太网可以增加网络带宽,改善局域网的性能与服务质量。共享式以太网和交换式以太网的对比如表 4-3 所示。如一台 100Mb/s 的交换机连接了 4 台计算机,则每台计算机获得最大带宽是 100Mb/s,即每台计算机独享 100Mb/s 带宽。

表 4-3 共享式以太网和交换式以太网异同

共享式以太网	交换式以太网
HUB 向所有计算机发送数据帧(广播),由计算机选择接收	交换机按 MAC 地址将数据帧直接发送给指定的计算机
总线式拓扑结构	星形拓扑结构
一次只允许一对计算机进行数据帧传输	允许多对计算机同时进行数据帧传输
所有计算机共享一定的带宽	每台计算机各自独享一定的带宽
共同点:数据帧和 MAC 地址格式相同,使用的网卡也相同	

3. 高速局域网

1) 千兆以太网

千兆以太网是建立在以太网标准基础之上的技术。千兆以太网和 100Mb/s 快速以太网完全兼容,并利用了原以太网标准所规定的全部技术规范,其中包括 CSMA/CD 协议、以太网帧、全双工、流量控制以及 IEEE 802.3 标准中所定义的管理对象。作为以太网的一个组成部分,千兆以太网也支持流量管理技术,它保证在以太网上的服务质量。千兆以太网已经发展成为主流网络技术。大到成千上万人的大型企业,小到几十人的中小型企业,在建设企业局域网时都会把千兆以太网技术作为首选的高速网络技术。千兆以太网技术甚至正在取代 ATM 技术,成为城域网建设的主力军。

2) 万兆以太网

万兆以太网是一种数据传输速率高达 10Gb/s、通信距离可延伸 40km 的以太网。它是在以太网的基础上发展起来的,因此,万兆以太网和千兆以太网一样,在本质上仍是以太网,只是在速度和距离方面有了显著的改善。万兆以太网继续使用 IEEE 802.3 以太网协议,以及 IEEE 802.3 的帧格式和帧大小。但由于万兆以太网是一种只适用于全双工通信方式，并且只能使用光纤介质的技术，所以它不需要使用带冲突检测的载波监听多路访问协议（CSMA/CD）。我国的华为第五代高端核心路由器 Quidway NetEngine 80/40 也具有平滑升级至万兆的能力。Quidway 系列万兆路由器和交换机的推出，标志着我国大容量核心路由器和以太网交换机的设计技术已经迈入国际一流水平，这不仅是我国核心网通信技术发展的一次重大突破，并将为我国信息化的进一步深入开展提供更加强劲的发展动力。

4. 无线局域网

无线局域网是以太网技术与无线通信技术相结合的产物，随着无线局域网技术的发展，人们越来越深刻地认识到，无线局域网不仅能够满足移动和特殊应用领域对网络的要求，还能覆盖有线网络难以涉及的范围。无线局域网作为传统局域网的补充，目前已成为局域网应用的一个热点。

1990 年，IEEE 802 标准化委员会成立 IEEE 802. 11（俗称 WiFi）无线局域网（WLAN）标准工作组，专门从事无线局域网的研究。现在比较通行的标准是 802. 11b 和 802. 11g。

无线网络由无线网卡、无线接入点等组成。其中，无线接入点（Wireless Access Point，简称 WAP 或 AP）提供从无线节点对有线局域网和从有线局域网对无线节点的访问，实际上就是一个无线交换机，类似移动通信中的“基站”。WAP 使用扩频方式通信，具有抗干扰、抗噪声能力。室外覆盖距离通常可达 100～300m，室内一般为 30m 左右。目前，市场上大多数无线 AP 都可以支持 30～100 台计算机接入。当然，现在无线局域网还不能完全脱离有线网络，它只是有线网络的补充。

当前，移动智能设备（平板电脑、智能手机）的快速普及，对于无线局域网的需求越来越大，这些设备都内置无线网卡，只有接入无线局域网才能发挥它们更大的网络功能。在没有无线 Wi-Fi 信号的区域如果想让移动智能设备也能接入宽带，可以在 3G 或者 4G 手机中运行诸如 Wi-Fi Tethe 类的软件，临时将手机作为 AP，提供其他设备的无线接入。

构建无线局域网的另一种技术是“蓝牙”（Bluetooch），它是一种支持设备短距离通信（一般为 10m 内）的无线电技术。能在包括移动电话、PDA、无线耳机、笔记本电脑、相关外设等众多设备之间进行无线信息交换。利用“蓝牙”技术，能够有效地简化移动通信终端设备之间的通信，也能够成功地简化设备与因特网之间的通信，从而使数据传输变得更加迅速高效，为无线通信拓宽道路。蓝牙采用点对点及点对多点通信，工作在全球通用的 2. 4GHz ISM（即工业、科学、医学）频段，其数据速率为 1Mb/s。采用时分双工传输方案实现全双工传输。当前，蓝牙 4. 0 已经在最新的 iPad 和 iPhone 上使用，它具有更低功耗和更高速率的特点。

4.3 因特网组成

互联网始于 1969 年的美国，又称因特网，是全球性的网络，是一种公用信息的载体，是大众传媒的一种，具有快捷性、普及性，是现今最流行、最受欢迎的传媒之一。这种大众传媒比以往的任何一种通信媒体都要快。互联网是由一些使用公用语言互相通信的计算机连接而成的网络，即广域网、局域网及单机按照一定的通信协议组成的国际计算机网络。

4.3.1 TCP/IP 协议

计算机网络是一个复杂的系统，相互通信的计算机需要高度协调才能完成预定的数据传输任务，计算机间必须依据一定的通信协议，约定数据传输的方式，保证两台或者多台计算机之间数据传输无误。

计算机网络通信协议采用“分层”方法进行设计，把庞大而复杂的问题转化为较小的局部问题。最著名的结构有两种模型：开放系统互联（OSI）参考模型和 TCP/IP 模型。OSI 模型是国际标准化组织（ISO）提出的，它将网络分成 7 层，概念清楚但过于复杂，运行效率低，没有得到市场的认可。而 TCP/IP 模型起源于 1969 年美国国防部赞助的 ARPANET——世界上第一个采用分组交换技术的通信网，因结构相对简单，得到很多大公司的采用，随着 Internet 的迅速发展，得到广泛的使用，已经成为事实上的标准。

TCP/IP 分为 4 个层次，分别是网络接口层、网际层、传输层和应用层。每一层都包含若干协议，整个 TCP/IP 一共包含 100 多种协议，并随着网络技术的发展，协议数仍在继续增加。在所有的协议中，TCP（传输控制协议）和 IP（Internet 协议）是其中两个最基本、最重要的协议，因此通常用 TCP/IP 来代表整个协议系列。图 4-15 给出了每个层次的名称以及包含的主要协议和功能。

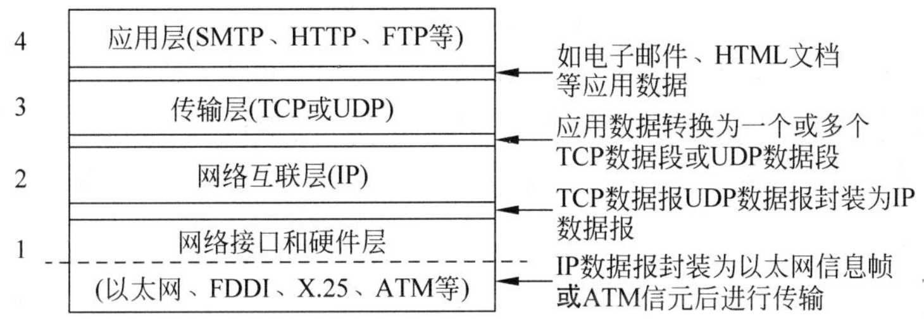

图 4-15 TCP/IP 协议分层结构

1）网络接口和硬件层

网络接口层是 TCP/IP 协议的最低层，规定了怎样与各种不同的物理网络（如以太网、FDDI 网、X.25、ATM 网）进行连接，负责接收 IP 数据包并通过网络发送 IP 数据包，或者从网络上接收物理帧，取出 IP 数据包，并把它交给网际层。网络接口一般是设备驱动程序，如以太网的网卡驱动程序。

2）网络互联层

网络互联层规定了在整个互连的网络中所有计算机统一使用的编址方案和数据包格式（IP 数据包），主要功能是处理来自传输层的分组，将分组形成数据包，并为数据包进行路径选择，最终将数据包从源主机通过一个或者多个路由器发送到目的主机。在网际层中，最常用的协议是网际协议 IP，其他一些协议用来协助 IP 的操作。

3) 传输层

传输层(TCP 和 UDP)提供应用程序间的通信,规定了怎样进行端到端的数据传输,TCP 提供了可靠的数据传输,用在不允许数据出错的应用中,如电子邮件的传送和网页的下载,而使用 UDP 协议时网络只是尽力而为地进行数据传输,不保证传输的可靠性,一般用在允许出现小概率丢包现象的数据传输应用中,如收听在线音视频和进行视频聊天时使用 UDP 协议。

4) 应用层

应用层在 TCP/IP 模型中,用于提供网络服务,如文件传送(FTP)、远程登录(Telnet)、域名服务(DNS)、Web 服务(HTTP 协议)和简单邮件服务(SMTP)。

因特网是基于 TCP/IP 协议实现的,TCP/IP 协议由很多协议组成,不同类型的协议又被放在不同的层,其中,位于应用层的协议就有很多,如 FTP、SMTP、HTTP。只要应用层使用的是 HTTP 协议,就称为万维网(World Wide Web)。在浏览器里输入百度网址时,就能看到百度网提供的网页,就是因为个人浏览器和百度网的服务器之间使用 HTTP 协议交流和传输信息。

4.3.2 Internet 网络地址

Internet 将世界各地的大大小小的公司网、政务网、校园网等不同网络互联起来,这些网络上又有数量不等的计算机接入,为了使用户能够方便、快捷地找到互联网上的信息的提供者,或信息的目的地(两者统称为"主机"),首先必须解决如何识别网络上的主机的问题,在网络中,"主机"的识别依靠地址,就像人们发信件必须在信封上写上收发件人地址(地址是全世界唯一的),所以 Internet 在统一全网的过程首先要解决地址统一的问题。Internet 采用一种全局通用的地址格式,为全网的每一个网络和每一台主机都分配一个 Internet 地址,IP 协议的重要功能就是保证在整个 Internet 网络中使用统一的地址。

1. IP 地址

1) IPv4 协议

IP 协议第 4 版(简称 IPv4)规定,每个 IP 地址由 32 位二进制数组成,如 10011010 11011101 11001100 00101101,为了方便理解和记忆,它采用了点分十进制标记法,即将 4 个字节的二进制数转换成 4 个十进制数值,每个数值小于等于 255,数值中间用"."隔开,上述二进制数可以表示为 154.221.204.45。例如,搜狐公司的网站服务器(www.sohu.com)在 Internet 上的地址是 101.227.172.11,邮箱服务器(mail.sohu.com)的地址是 220.181.90.34。具体格式如图 4-16 所示。

为了确保 IP 地址在 Internet 网上的唯一性,就像每家的住址也是全世界唯一的,IP 地址统一由美国的国防部数据网络信息中心 DDN NIC 分配,对于美国以外的国家和地区,DDN NIC 又授权给世界各大区的网络信息分配中心。总之,要加入到 Internet,就必须申请到合法的 IP 地址。

2) IP 地址的分类

根据网络规模的不同,IP 分为以下五类:A 类、B 类、C 类、D 类和 E 类,划分方法如图 4-17 所示。

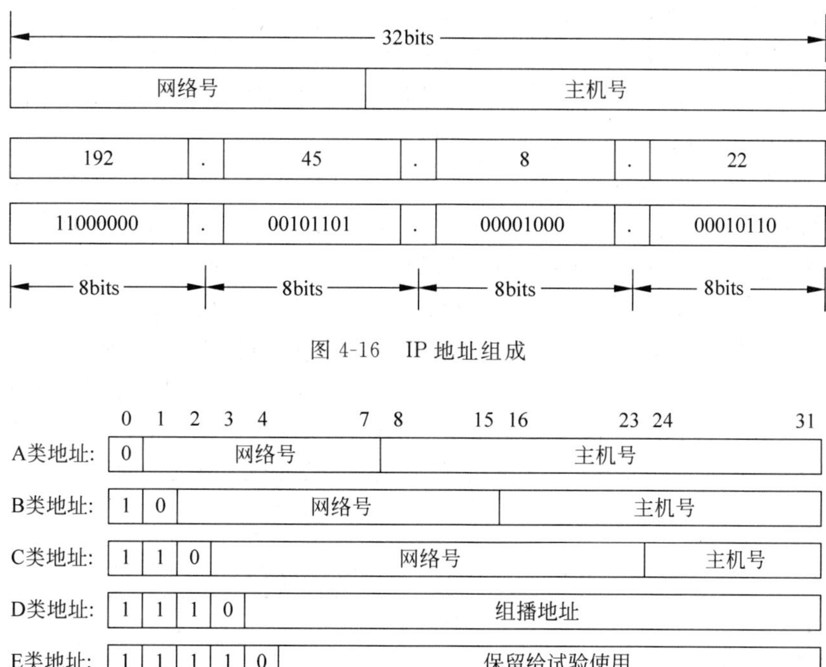

图 4-16　IP 地址组成

图 4-17　IP 地址划分原理

其中，A 类、B 类、C 类地址是基本的 Internet 地址，提供给用户使用。D 类地址被称为组播地址（多点播送地址），而 E 类地址尚未使用，以保留给将来的特殊用途。IP 地址的最左边的一个或多个二进制位通常用来指定网络的类型。例如，A 类地址的第一位为“0”，B 类地址的前两位为“10”，C 类地址的前 3 位为“110”。例如，IP 地址 192.168.115.28 为 C 类地址，18.15.89.2 为 A 类地址。具体分类和应用如表 4-4 所示。

表 4-4　IP 地址分类表

分　　类	第一字节数字范围	应　　用	主　机　数
A	1～126	大型网络	约 16000 万台
B	128～191	中等规模网络	65500 台左右
C	192～223	小型局域网	254 台
D	224～239	备用	
E	240～254	Internet 实验和开发	

3）几种特殊的 IP 地址

（1）网络地址。主机号各位全为“0”的 IP 地址不能分配给主机使用，它是用来标识本网络的网络地址。例如，C 类 202.102.192.68，网络号占 24 位，主机号占 8 位，因此它的网络地址是 202.102.192.0，主机号是 68。

（2）广播地址。IP 具有两种广播地址形式，即直接广播地址和有限广播地址。

① 直接广播地址：是主机号各位全为“1”的 IP 地址，它用于将一个分组发送给特定网络上的所有主机，即对全网广播。例如，一个 C 类网络的网络地址是 202.102.192.0，

则该子网的直接广播地址是 202.102.192.255。

② 有限广播地址：是网络号和主机号都为 1 的 IP 地址(即 255.255.255.255)，它对当前网络进行广播。若一台主机在运行引导程序，但又不知道其 IP 地址需要向服务器获取 IP，这时用该地址作为目的地址发送分组。

(3) 回送地址。A 类网络地址 127.0.0.1 是一个保留地址，用于网络软件测试及本地机进程间通信，叫作回送地址。任何一个 IP 数据报，若它的目的地址是回送地址，TCP/IP 协议软件不会将该数据报在网络传播，而是直接返回本机。也可以在命令模式下执行"ping 127.0.0.1"命令来查看计算机是否安装 TCP/IP 协议。

(4) 本地地址。如果一个公司网络不需要接入到因特网上，但需要在其网络上运行 TCP/IP 协议，最佳选择是使用本地地址。本地地址不需要从因特网管理机构申请，任何组织都可以使用这些地址。这些地址在一个组织内部是唯一的，但从全局来看却不是唯一的。同时，本地地址只可以在局域网内部使用，因特网的路由器不转发目标地址为本地地址的数据包。本地地址如表 4-5 所示。

表 4-5 Internet 的保留 IP 地址空间

类　型	网　络　号	网　络　数
A 类	10.0.0.0	1
B 类	172.16.0.0～172.32.0.0	16
C 类	192.168.0.0～192.168.255.0	256

4) 子网掩码

在数据的传递过程中，需要根据发送数据的主机的 IP 地址确定该主机的网络地址，TPC/IP 体系用子网掩码来区分 IP 地址中的网络地址和主机地址，子网掩码由一连串的 1 和一连串的 0 组成，1 对应于 IP 地址中网络地址字段，而 0 对应于主机地址字段，为了使用方便，子网掩码也采用 IP 地址的点分十进制方法。不同类型的 IP 地址对应的默认子网掩码如下。

(1) 对于 A 类网络，标准的子网掩码为 255.0.0.0。

(2) 对于 B 类网络，标准的子网掩码为 255.255.0.0。

(3) 对于 C 类网络，标准的子网掩码为 255.255.255.0。

为了表示方便，通常在 IP 地址后加一个"/网络号和子网号位数"。例如，210.45.12.58/28 就表示该 IP 地址的网络号和子网号共占用 28 位，主机号占用 32－28＝4 位。如果用二进制数表示法表示，则子网屏蔽码为 11111111.11111111.11111111.11110000，用点分十进制数表示法表示为 255.255.255.240。

通过子网掩码和 IP 地址可以确定主机所在的网络地址和主机地址，方法如下。

(1) 将子网掩码和 IP 地址转换为二进制的形式。

(2) 将 IP 地址与子网掩码进行与运算，得到 IP 地址的网络号。

(3) 将子网掩码取反后再与 IP 地址进行与运算，得到 IP 地址的主机号。

如某 IP 地址为 192.168.10.50，掩码为 255.255.255.0，其网络号为 192.168.10.0，主机地址为 0.0.0.50。

5）IPv6

现在使用的第二代互联网 IPv4 技术，核心技术属于美国。它的最大问题是网络地址资源有限，从理论上讲，编址 1600 万个网络、40 亿台主机。但采用 A 类、B 类、C 类三类编址方式后，可用的网络地址和主机地址的数目大打折扣，以至 IP 地址已于 2011 年 2 月 3 日分配完毕。其中北美占有 3/4，约 30 亿个，而人口最多的亚洲只有不到 4 亿个，到 2008 年，中国的 IPv4 地址数量超过 1 亿，达到世界第二位，相比中国的计算机上网总数仍然非常紧缺。

一方面是地址资源数量的限制，另一方面是随着电子技术及网络技术的发展，计算机网络将进入人们的日常生活，可能身边的每一样东西都需要连入全球因特网。在这样的环境下，IPv6 应运而生。单从数量级上来说，IPv6 所拥有的地址容量是 IPv4 的约 8×10^{28} 倍，达到 2^{128} 个。这不但解决了网络地址资源数量的问题，同时也为除计算机外的设备连入互联网在数量限制上扫清了障碍。当前主流的操作系统 Windows 7、Windows 8、iOS 7 均支持 IPv6。

2. 路由器

路由器是互联网的重要节点设备。路由器通过路由决定数据的转发，转发策略称为路由选择（Routing），这也是路由器名称的由来（Router，转发者）。路由器是连接异构网络（不同技术的局域网和广域网）的关键设备，屏蔽了各种网络的技术差别，将 IP 数据报正确快速地送达目的计算机。作为不同网络之间互相连接的枢纽，路由器系统构成了基于 TCP/IP 的国际互联网络 Internet 的主体脉络，也可以说，路由器构成了 Internet 的骨架。它的处理速度是网络通信的主要瓶颈之一，它的可靠性则直接影响着网络互连的质量。因此，在园区网、地区网乃至整个 Internet 领域中，路由器技术始终处于核心地位，其发展历程和方向，成为整个 Internet 技术发展的一个缩影。

路由器可以是一台专用设备，也可以是具有多个网络接口的计算机，它具备多个输入端口和输出端口（至少需要两个端口，一个输入，一个输出），每个端口必须根据所连接的网络配置 IP 地址参数，路由器根据相应配置完成路由选择并转发数据包。随着技术的发展，路由器还可以根据网络的需要划分多个子网平衡网络负载，并可以进行数据流量限制、IP 数据包过滤、优先权控制等操作。

4.3.3　域名系统

通常情况下，数字形式 IP 地址很难记忆，因此，Internet 引入域名服务系统 DNS。这是一个分层定义和分布式管理的命名系统，它是由解析器以及域名服务器组成的。域名服务器是指保存有该网络中所有主机的域名和对应 IP 地址，并具有将域名转换为 IP 地址功能的服务器。域名相对于 IP 地址来说是一种更为高级的地址形式，一个 IP 地址可对应多个域名。

Internet 的顶级域名由 Internet 网络协会负责网络地址分配的委员会进行登记和管理，它还为 Internet 的每一台主机分配唯一的 IP 地址。全世界现有 3 个大的网络信息中心：位于美国的 Inter-NIC，负责美国及其他地区；位于荷兰的 RIPE-NIC，负责欧洲地区；位于日本的 APNIC，负责亚太地区。主要顶级域名如表 4-6 所示。

表 4-6 顶级域名代码及意义

域名代码	意义	域名代码	意义
com	商业组织	net	网络支持中心
edu	教育机构	org	其他组织
gov	政府部门	arpa	临时 ARPA(未用)
mil	军事部门	int	国际组织

Internet 主机域名的一般结构为：主机名. 三级域名. 二级域名. 顶级域名。自右向左分别为最高层域名、机构名、网络名、主机名。例如，www. usl. edu. cn 域名表示中国(cn)教育机构(edu)硅湖学院(edu,该名称由学院向互联网管理中心申请)的一台网站服务器(www)。部分机构的域名及其对应的 IP 地址如表 4-7 所示。

表 4-7 部分域名与 IP 地址对照表实例

位置	域名	IP 地址	地址类别
中国教育科研网	cer. edu. cn	202. 113. 0. 36	C
清华大学	tsinghua. edu. cn	166. 111. 250. 2	B
北京大学	pku. edu. cn	162. 105. 129. 30	B
搜狐公司	sohu. com	220. 181. 90. 24	C
南京政府	nanjing. gov. cn	221. 226. 86. 196	C

4.3.4 因特网的接入

随着因特网的快速发展，大量的局域网和个人计算机(包括移动通信设备)需要接入因特网，目前我国的大部分地区普遍采用的做法是，由城域网的运营商(中国电信、中国移动、中国联通等)作为 ISP(因特网服务提供商)来承担因特网的用户接入。ISP 通常拥有主机的通信链路，从因特网管理机构申请得到许多 IP 地址，给个人用户和单位用户提供宽带接入服务。用户计算机若要接入到因特网，必须向 ISP 申请接入因特网，并获得 ISP 分配的 IP 地址。对于单位用户，ISP 通常分配一段地址，单位的网络中心再对网络中的每一台主机指定 IP 地址。对于家庭用户，ISP 一般不会分配固定的 IP 地址，而是采用动态的方法，即上网时由 ISP 的 DHCP(动态主机分配协议)服务器临时分配一个 IP 地址，下网时收回该地址给其他用户使用。

具体因特网接入有如下几种方式。

1. 电话拨号接入

电话拨号接入方式是通过电话线，将用户的计算机与网络服务商(ISP)的主机连接起来。使用电话拨号上网方式价格低廉、方便，无须另外接线，但上网访问 Internet 的速度较慢。在宽带还未普及前是家庭个人用户上网的主要方式。拨号上网的计算机需要通过 Modem 拨号将自己的计算机连入 Internet。其连接原理如图 4-18 所示。

电话拨号直接连入 Internet 方式需要的硬件比较少，即一台较好的计算机、一条直拨电话线和一个调制解调器(Modem)，然后通过 Internet 服务提供商(ISP)获得上网的账号，就可以入网了。需要说明的是，现在很多 ISP 提供给用户的是公用用户名和密码，上

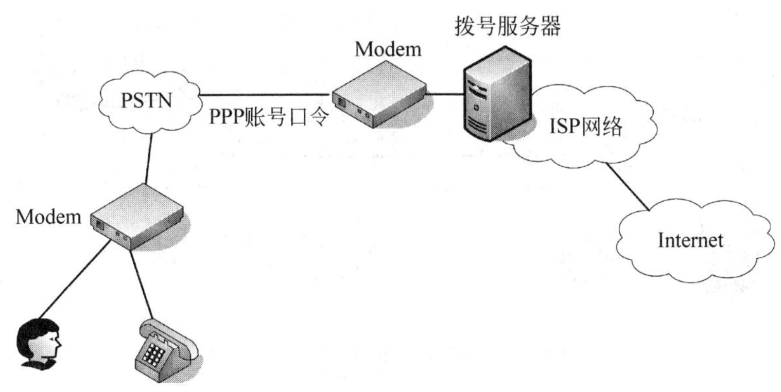

图 4-18　电话拨号连接 Internet 结构图

网的相关费用直接在电话费中收取，因此，这种连接方式费用较高。另外，这种方式在上网前需要拨号，上网过程中无法同时拨打或接听电话，数据传输速率较低，Modem 支持的最大速率为 56Kb/s，实际应用过程中，数据传输速率可能更低。因此，这种上网方式逐渐被淘汰，只在一些特殊的需求中使用，如通过电话拨入远程的路由器交换机等设备进行远程管理。

2. ADSL 接入

通过电话线提供的数字服务技术中，最有效的一种是不对称用户数字电路（ADSL），是一种新的数据传输方式。由于上行和下行带宽不对称，因此称之为非对称数字用户线环路。它采用频分复用技术把普通的电话线分成了电话语音、数据上行和数据下行 3 个相对独立的信道，从而避免了相互之间的干扰。即使边打电话边上网，也不会发生上网速率和通话质量下降的情况。通常 ADSL 可以提供最高 1Mb/s 的上行速率和最高 8Mb/s 的下行速率（也就是人们通常说的带宽），一般 ADSL 有效传输距离为 3～5km。最新的 ADSL2＋技术可以提供最高 24Mb/s 的下行速率，ADSL2＋打破了 ADSL 接入方式带宽限制的瓶颈，使其应用范围更加广阔。

ADSL 的特点：①一条电话线可同时接听、拨打电话并进行数据传输，两者互不影响；②虽然使用的还是原来的电话线，但 ADSL 传输的数据并不通过电话交换机，所以 ADSL 上网不需要缴付额外的电话费，节省了费用；③ADSL 的数据传输速率是根据线路的情况自动调整的，它以“尽力而为”的方式进行数据传输。

用户安装 ADSL 需要以下 3 个设备：ADSL Modem、语音分离器（滤波器）、以太网卡。ADSL Modem 通过电话线连接语音分离器，网卡与 ADSL Modem 用双绞线连接，然后再在操作系统下建立 ADSL 拨号连接。ADSL 连接原理如图 4-19 所示。

3. 电缆调制解调技术

有线电视系统的传输介质同轴电缆具有很大的容量，而且抗电子干扰能力强，它使用频分多路复用技术可同时传送上百个电视频道。目前已广泛采用光纤同轴电缆混合网（Hybrid Fiber Coaxial，HFC）进行信息传输：主干线路采用光纤连接到小区，然后用同轴电缆以总线方式接入用户。由于有线电视系统的设计容量要远远高于现在使用的电视频

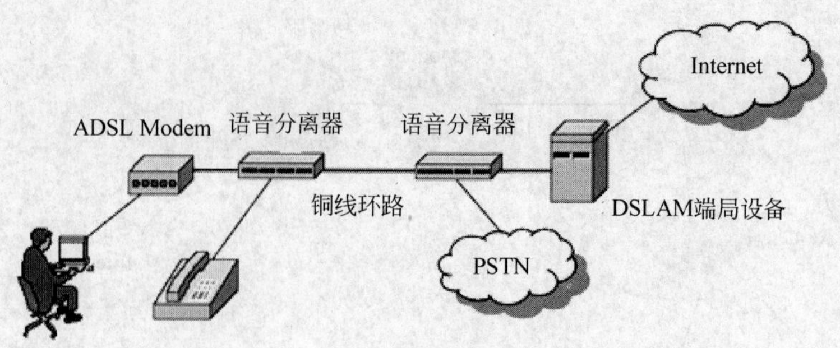

图 4-19 ADSL 连接 Internet 结构图

道数目，未使用的带宽(即频道)可用来传输数据。因此，人们研究开发了用有线电视网高速传送数字信息的技术，这就是电缆调制解调器(Cable Modem)技术。

使用 Cable Modem 传输数据时，与 ADSL 使用电话线传输多路信号一样，将同轴电缆的整个频带划分为 3 部分，分别用于数字信号上传、数字信号下传及电视节目(模拟信号)下传。一般同轴电缆的带宽为 5～750MHz，数字信号上传使用的频带为 5～42MHz，电视节目(模拟信号)下传使用的频带为 50～550MHz，数字信号下传使用的频带则为 550～750MHz。故数字信号和模拟信号就不会发生冲突而可以同时传输，这也是为什么上网时还可以同时收看电视节目的原因。

Cable Modem 在上传数据和下载数据时的速率是不同的。数据下行传输时的速率可达 36Mb/s，而上传信道低速调制方式一般为 320Kb/s～10Mb/s。

为了允许多个用户同时下传和上传数据，必须采用频分多路复用技术，将下传和上传的频带划分给多个用户使用。每个用户都需要一对调制解调器(一个调制解调器置于有线电视中心，另一个装在用户站点上)。这一对调制解调器必须调到相同的载波频段，与电视信号一起在电缆上多路复用。

4. 光纤接入技术

光纤用户网是用户接入网技术的发展方向，是指局端与用户之间完全以光纤作为传输媒体的接入网。用户网光纤化有很多方案，有光纤到路边(Fiber To The Curb，FTTC)、光纤到小区(Fiber To The Zone，FTTZ)、光纤到大楼(Fiber To The Building，FTTB)、光纤到家庭(光纤到户)(Fiber To The Home，FTTH)，因 FTTx 接入方式成本较高，就我国目前普通人群的经济承受能力和网络应用水平而言，并不适合。而将 FTTx 与 LAN 结合，大大降低了接入成本，同时可以提供高达 10Mb/s 甚至 100Mb/s 的用户端接入带宽，是目前比较理想的用户接入方式。光纤接入主要应用如下。

(1) 高速数据接入：用户可以通过 FTTx+LAN 宽带接入方式快速地浏览各种互联网上的信息，进行网上交谈，收发电子邮件等。

(2) 视频点播：FTTx+LAN 方式高带宽的接入特别适合用户对音乐、影视和交互式游戏点播的需求，还可根据用户的个性化需要进行随意控制。

(3) 家庭办公：实现家庭办公，用户只需通过高速接入方式，即在网上查阅自己企业(单位)信息库中所需要的信息，甚至可以面对面地和同事进行交谈，完成工作任务。

(4) 远程教学、远程医疗等：通过宽带接入方式，用户可以在网上获得图文并茂的多媒体信息，或与教师、医生进行随意交流、探讨。

总之，由于 FTTx+LAN 方式的高带宽，用户可以通过这种接入方式得到所需要的各种信息，不会受到因为带宽不够而带来的困扰，也不会为因为停留在网上所付出的附加话费而担忧。

5. 无线接入

无线技术在不断发展，越来越多的人采用无线方式接入因特网。常用的无线接入技术主要有 4 类，如表 4-8 所示，用户可以根据实际情况进行选择。其中无线局域网接入需要用到无线路由器设备，关于无线路由器的相关技术和使用请参考本章资料链接。

表 4-8　无线接入因特网技术

接入技术	使用的接入设备	数据传输速率	说明
无线局域网(WLAN)	Wi-Fi 无线网卡，无线接入点	11～100Mb/s	必须在安装有接入点(AP)的热点区域中才能接入
GPRS 移动电话网接入	GPRS 无线网卡	56～114Kb/s	方便，有手机信号的地方就能上网，但速率不快，费用较高
3G 移动电话网接入	3G 无线网卡	几百 Kb/s 至几 Mb/s	方便，有 3G 手机信号的地方就能上网，但费用较高
4G 接入	4G 智能手机等	20～100Mb/s	通信速度快，通信灵活，兼容性好，费用便宜等

4.4　因特网提供的服务

因特网由大量的计算机和信息资源构成，它提供了丰富的信息资源和应用服务。它不仅可以传送文字、声音、图像等信息，而且远在世界各地的人们通过因特网可以进行文件共享、视频点播、在线交谈等。因特网上的信息包罗万象，上至政治、经济、高科技、军事，下至平民百姓喜闻乐见的体育、娱乐、社会消息等，人们可以非常方便地浏览、查询、下载、复制和使用这些信息。常见的信息服务有 WWW 服务、FTP 文件传输服务、即时通信服务、电子邮件服务、信息检索服务、远程登录服务等。

4.4.1　WWW 应用

WWW(World Wide Web)的含义是“环球信息网”，俗称“万维网”或 3W、Web，这是一个基于超文本(Hypertext)方式的信息查询工具。它是由位于瑞士日内瓦的欧洲粒子物理实验室 CERN(the European Partical Physics Laboratory)最先研制的。WWW 把位于全世界不同地方的 Internet 网上数据信息有机地组织起来，形成一个巨大的公共信息资源网。通过操纵计算机的鼠标器(触摸屏)，人们就可以在 Internet 上浏览到分布在全世界各地的文本、图像、声音和视频等信息，并且可以进行网上购物、网上银行、证券交易等商务活动。另外，WWW 也可以提供传统的 Internet 服务，如 Telnet(远程登录)、FTP

(远程传输文件)、Gopher(基于菜单的信息查询工具)和 Usenet News(Internet 的电子公告牌服务)。最流行的访问 WWW 服务的程序就是微软的 IE 浏览器、火狐公司的 Firefox、苹果公司的 Safari、UC 公司的 UC 浏览器(主要在智能手机中使用)。

WWW 由浏览器、Web 服务器、超文本文档(HTML)、URL(统一资源定位符)等多部分组成。WWW 服务是采用浏览器/服务器模式,客户访问服务器时,通过浏览器向 Web 服务器发出请求,Web 服务器响应客户的请求并向客户端发送其想要的万维网文档(网页),客户端收到该文档后,使用浏览器解释该文档并按照一定的格式将其显示在屏幕上。万维网客户与服务器之间通过 HTTP 协议进行通信。整个访问过程如图 4-20 所示。

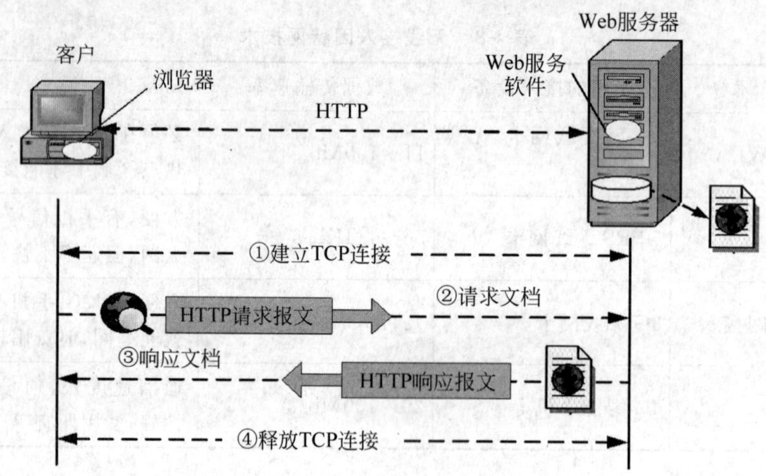

图 4-20 客户端访问 Web 服务器过程

1) Web 服务器

万维网上能够提供信息服务的主机称为 Web 服务器(也称 WWW 服务器),Web 服务器上主要存放 Web 页面文件,通常称为 Web 站点。在 Web 站点上除了 Web 页面文件资源外还有相应的 Web 服务程序。WWW 由遍布世界各地数以万计的 Web 站点(也称网站)组成。

2) URL

要在全网范围内确定一个网页,网页名称必须包括以下 3 个部分:网页的存放地址、网页在宿主机中的全路径名和网页的访问方法,符合这种条件的名字称为统一资源定位符 URL,通常用以下形式表示:

```
http://<主机域名或地址>[:端口号]/文件路径/文件名
```

其中,http 表示客户端和服务器之间通过 HTTP 协议传输文件,主机域名及地址指目标网站服务器的网址或具体的 IP 地址,端口号(任何一个服务都对应一个或多个服务端口)通常是默认的 Web 服务端口号 80,文件路径和文件名指的是网页在 Web 服务器硬盘中的位置和路径,一般以 index.html 或 default.html 作为默认的文件名,即该网站的主页。

3）HTML

它是一种制作万维网页面的标准语言，简单地说，就是一组用来确定网页上的字体、颜色、图形和超链接等格式标准，用这种语言写出的文档称为 HTML 文档。HTML 文档可以用 FrontPage、Dreamweaver 等软件制作，也可以从.doc 或.pdf 文档转换而成。

Web 服务器中的网页也是一种超文本文档，最重要的特性是能借助超链接把网页相互链接起来。网页又可以分为静态网页和动态网页。静态网页的内容固定不变，任何时候访问该网页所得到的内容都一样，一般采用静态 HTML 编写。其优点是简单、响应速度快，但不适合于网页中包含动态数据（如外汇行情、股票价格、天气情况等）的应用场合。访问静态网页主要采用两层的客户机/服务器模式。

动态网页中的内容是由服务器根据用户请求而临时生成的，一般以数据库技术为基础，可以实现更多的交互性功能，如用户注册、用户登录、在线调查、用户管理、订单管理等。动态网页适用于网页中包含动态数据的应用场合，一般动态网站采用的是浏览器/服务器/数据库的三层结构，如图 4-21 所示，即把数据库服务器从原来的第 2 层中分离出来，成为独立的数据库服务器。其中，Web 服务器专门响应客户的访问请求，为浏览器做网页的"收发工作"和对静态网页的查询工作。至于动态网页，则是由服务器中的应用程序从数据库中取得数据后自动生成的，生成后由 Web 服务器返回给客户的浏览器。第 2 层的应用程序通过数据库的标准接口 ODBC 或 JDBC 直接访问第 3 层的数据库服务器，它不仅可以向数据库服务器发出数据访问请求，而且还可以互相对话，进行事务处理；不仅可以连接一个数据库，而且可以连接多个异构的数据库服务器。数据库服务器使用的主要数据库有 Access、MS SQL Server、Sybase、Oracle 等。

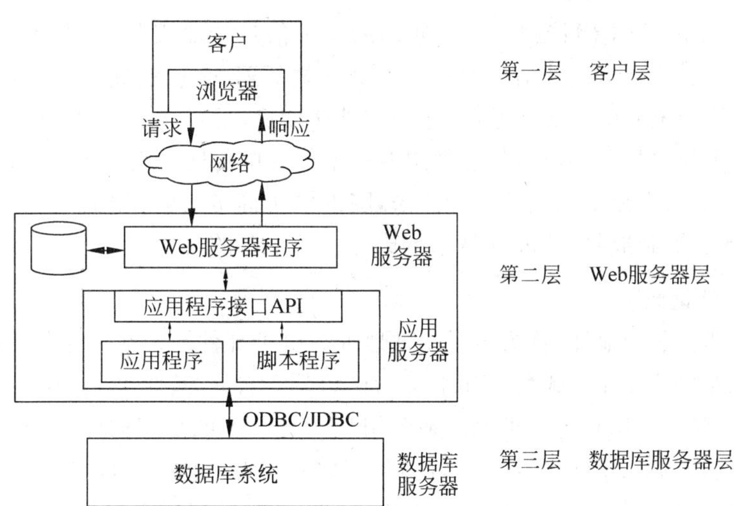

图 4-21　客户同机/服务器/数据库三层机构

4.4.2　文件传输服务 FTP

文件传送协议 FTP（File Transfer Protocol）是目前计算机网络中最广泛的应用之一。在因特网中，用户可以通过 FTP 与远程主机连接，从远程主机上把共享软件或免费资源复制到本地计算机(术语称“客户机”)上,也可以从本地计算机上把文件复制(也称为上传)到远程主机上。例如,当完成自己所设计的网页时,可以通过FTP软件把这些网页文件传输到网站服务器的指定目录中去,然后网络中的用户就可以通过访问网站服务器访问各个网页。

在因特网中,并不是所有的FTP服务器都可以随意访问以及获取资源。FTP主机通过TCP/IP协议以及主机上的操作系统可以对不同的用户给予不同的文件操作权限(如只读、读写、完全)。有些FTP主机要求用户给出合法的注册账号和口令才能访问主机。而那些提供匿名登录的FTP服务器一般只需用户输入账号:anonymous,密码:用户的电子邮箱,就可以访问FTP主机。一般地,匿名FTP服务器只允许用户查看和下载文件,不能随意修改、删除和上传文件。

用户也可以通过浏览器来访问FTP服务器进行文件的上传下载,例如,要从南京大学匿名FTP服务器的gongxiang目录中下载一个文件abc.txt,可在浏览器的地址栏中输入:

ftp://ftp.nju.edu.cn/gongxiang/abc.txt

其中,ftp表示用FTP方式访问服务器,ftp.nju.edu.cn是南京大学匿名FTP服务器的主机名,gongxiang/abc.txt是要下载的文件的目录和文件名。

也可以通过FTP下载工具(FTP客户端程序)进行FTP服务器访问,这些下载工具既可以提高文件的下载速度,又可以实现断点续传,更便于用户对多个FTP访问站点的管理,常用的FTP下载工具主要有LeapFTP 7.0、CuteFTP和NetTransport等。

4.4.3 电子邮件服务

电子邮件(E-mail)是因特网上广泛使用的一种信息传输服务,是发送者和指定的接收者利用计算机通信网络发送信息的一种非交互式的通信方式,属于异步通信。电子邮件的出现改变了传统的纸质文档通信,电子邮件速度快、可靠性高、价格便宜,而且可以将文字、表格、图像和视频等多媒体信息集中在一个邮件中传输。电子邮件也可以一次发送给很多个用户,信息交流更加便捷。近年来,随着电子商务、网上服务(如电子贺卡、网上购物等)的不断发展和成熟,E-mail越来越成为人们主要的通信方式。

1. 电子邮件地址

每个信箱都有一个地址,称为电子邮件地址。电子邮件地址在全球范围内唯一,它的格式可以表示为:用户名@域名。其中,字符“@”读作at,其含义是“在……之中”。显然,邮件地址的含义为在某台主机上的某个用户。主机名就是前面介绍的每个拥有独立IP地址的计算机所拥有的域名,用户名则是在该计算机上的为用户建立的账户名。例如,对于邮件服务器usl.edu.cn上的一个用户zhang,他的电子邮件地址为:zhang@usl.edu.cn。

2. 电子邮件的组成

电子邮件主要由如下三部分组成。

(1) 邮件头部,包括发信人地址、接收人地址(允许多个)、抄送人地址(允许多个)、主题。

(2) 附件,可以包含一个或多个文件,文件类型是任意的。

(3) 邮件的正文,可包含文本和图像,文本可以使用不同的编码字符集。

由于电子邮件系统采用了 MIME 协议,可以实现在邮件正文部分使用图片、声音和超链接,并具有格式排版的功能,使得邮件的表达丰富而生动。

3. 电子邮件的工作过程

电子邮件系统采用客户/服务器工作模式。邮件服务器是 Internet 邮件服务系统的核心,它一方面负责接收用户送来的邮件,并根据邮件所要发送的目的地址将其传送到对方的邮件服务器中;另一方面,它负责接收从其他邮件服务器发来的邮件,并根据收件人的不同将邮件分发到各自的电子邮箱中。电子邮箱是邮件服务器中为每个合法用户开辟的一个存储用户邮件的空间。

目前,使用得比较多的电子邮件应用程序有微软的 Outlook Express、Netscape Mail、Foxmail 等,它们都是通过 SMTP、POP3 和 IMAP 协议发送和接收电子邮件的。另外,用户也可以通过 Web 浏览器收发邮件。

邮件服务器之间使用简单邮件传送协议(SMTP)相互传递邮件;电子邮件应用程序使用 SMTP 协议向邮件服务器发送邮件,使用邮局协议(POP3)或 IMAP 协议从邮件服务器中读取邮件,整个传输过程如图 4-22 所示。

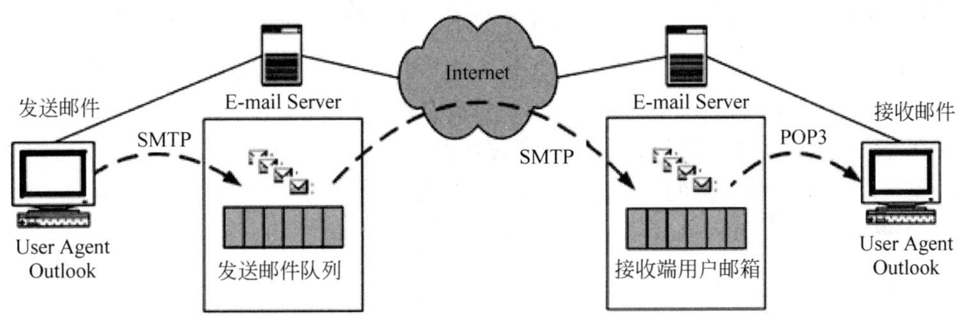

图 4-22　电子邮件系统的工作过程

4.4.4　其他因特网常用服务

1. 即时通信

即时通信(IM)是一种基于 Internet 的通信服务,它与电子邮件的通信方式不同,是一种同步通信,即通信双方必须都在网上(相应的通信软件同时登录在线)。

即时通信除了提供实时信息交换和状态跟踪服务外,一般还包括以下附加功能:音频/视频聊天、应用共享、文件传输、文件共享、游戏邀请、远程助理、白板等。通信成本比传统通信成本低很多,特别是在异地通信方面更有显著优势。

实现即时通信需要通信双方或多方安装相同的软件,即同一公司开发的聊天工具。不同公司开发的不同聊天工具暂时还无法实现通信。最早的即时通信软件是美国 AOL 公司的 ICQ,之后雅虎和微软也相继推出了 Yahoo Messenger 和 MSN Messenger,我国目前较为流行的聊天软件有腾讯公司的 QQ、网易的 POPO、新浪的 UC、淘宝旺旺等。

随着移动互联网快速发展,当前腾讯公司推出的微信也已经越来越受欢迎了。微信是近几年迅速发展起来的一种即时通信软件,是我国腾讯公司于2011年推出的一款快速发送文字和照片、支持多人语音对讲的手机聊天软件。用户可以通过手机或平板电脑快速发送语音、视频、图片和文字。微信提供公众平台、朋友圈、消息推送等功能,用户可以通过"摇一摇""搜索号码""附近的人"、扫二维码方式添加好友和关注公众平台,同时微信将内容分享给好友以及将用户看到的精彩内容分享到微信朋友圈。其官方网站上的宣传语为"微信,是一个生活方式"。与传统的短信相比,微信更加灵活、智能,且费用更低(仅消耗网络流量)。

微信支持多种语言,也支持Wi-Fi无线局域网、2G、3G和4G移动数据网络等多种网络通信模式,并具有iOS版、Android版、Windows Phone版、Blackberry版等不同版本的程序。截至2013年11月注册用户量已经突破6亿,是亚洲地区最大用户群体的移动即时通信软件。

2. 博客和微博

博客(Blog),又译为网络日志,是一种通常由个人管理、不定期张贴新的文章的网站。博客上的文章通常根据张贴时间,以倒序方式由新到旧排列,许多博客专注在特定的课题上提供评论或新闻。一个典型的博客结合了文字、图像、其他博客或网站的链接及其他与主题相关的媒体,能够让读者以互动的方式留下意见,是许多博客的重要因素。大部分的博客内容以文字为主,仍有一些博客专注在艺术、摄影、视频、音乐、播客等各种主题。博客是社会媒体网络的一部分,比较著名的有新浪、网易、搜狐等博客。

微博是一种通过关注机制分享简短实时信息的广播式的社交网络平台,既可以作为观众,在微博上浏览感兴趣的信息;也可以作为发布者,在微博上发布内容供别人浏览。发布的内容一般较短,如140字的限制,微博由此得名。当然也可以发布图片、分享视频等。微博最大的特点就是,发布信息快速,信息传播的速度快。例如,有200万听众(粉丝),则发布的信息会在瞬间传播给200万人。2009年8月中国门户网站新浪推出"新浪微博"内测版,成为门户网站中第一家提供微博服务的网站,微博正式进入中文上网主流人群视野。随着微博在网民中的日益火热,在微博中诞生的各种网络热词也迅速走红网络,微博效应正在逐渐形成。2012年第三季度腾讯微博注册用户达到5.07亿,2013年上半年,新浪微博注册用户达到5.36亿,微博成为中国网民上网的主要活动之一。

3. Web信息检索

随着Internet的飞速发展,WWW已经为人们提供了一个海量的信息库,如何进行有效的信息检索,快速、准确地在网上找到有价值的信息已经变得越来越重要,信息检索主要有两种方式:一种是主题目录;另一种是搜索引擎。

目录搜索:目录搜索主要是通过一些门户网站提供的主题目录供用户寻找信息,用户不需要用进行关键词查询,仅靠分类目录也可找到需要的信息,但信息量不够大,可能需要查询多家网站才能获得需要的信息。我国的新浪(sina)、搜狐(sohu)、网易(163)等综合性信息服务网站,以及IT信息综合网站类,如中关村在线网(zol)、太平洋电脑网(pconline)等专业类网站均提供目录搜索服务。

搜索引擎：帮助人们在因特网中查找信息的一类软件。它以一定的策略在 Web 上搜索和发现信息，对信息进行理解、提取、组织和处理后，为用户提供 Web 信息查询服务。用户可以通过浏览器或客户端软件提出检索需求，搜索引擎中的检索器服务从海量的索引数据库中找出与查询条件匹配的网页信息，然后将这些网站的名称、摘要以及链接地址排序后发给用户。

目前在我国广泛使用的搜索网站有百度(Baidu)、搜搜(Soso)、搜狗(Sogou)等，国外著名的搜索网站有谷歌(Google)、必应(Bing)、雅虎(Yahoo)等。

4.5　计算机网络信息安全

4.5.1　计算机网络安全概述

随着计算机技术的飞速发展，信息网络已经成为社会发展的重要保证。信息网络涉及国家的政府、军事、文教等诸多领域，存储、传输和处理的许多信息是政府宏观调控决策、商业经济信息、银行资金转账、股票证券、能源资源数据、科研数据等重要的信息，其中有很多是敏感信息，甚至是国家机密，所以难免会吸引来自世界各地的各种人为攻击(如信息泄漏、信息窃取、数据篡改、数据删添、计算机病毒等)。通常利用计算机犯罪很难留下犯罪证据，这也大大刺激了计算机高技术犯罪案件的发生。计算机犯罪率的迅速增加，使各国的计算机系统特别是网络系统面临着很大的威胁，并成为严重的社会问题之一。因此，网上信息的安全和保密是一个至关重要的问题。

保证信息安全，最根本的就是保证信息安全的基本特征发挥作用。信息安全的 5 大特征如下。

(1) 完整性：指信息在传输、交换、存储和处理过程保持非修改、非破坏和非丢失的特性，即保持信息原样性，使信息能正确生成、存储、传输，这是最基本的安全特征。

(2) 保密性：指信息按给定要求不泄漏给非授权的个人、实体或过程，或提供其利用的特性，即杜绝有用信息泄漏给非授权个人或实体，强调有用信息只被授权对象使用的特征。

(3) 可用性：指网络信息可被授权实体正确访问，并按要求能正常使用或在非正常情况下能恢复使用的特征，即在系统运行时能正确存取所需信息，当系统遭受攻击或破坏时，能迅速恢复并能投入使用。可用性是衡量网络信息系统面向用户的一种安全性能。

(4) 不可否认性：指通信双方在信息交互过程中，确信参与者本身，以及参与者所提供的信息的真实同一性，即所有参与者都不可能否认或抵赖本人的真实身份，以及提供信息的原样性和完成的操作与承诺。

(5) 可控性：指对流通在网络系统中的信息传播及具体内容能够实现有效控制的特性，即网络系统中的任何信息要在一定传输范围和存放空间内可控。

4.5.2　网络安全采取的措施

为了保证网络信息安全，必须有足够强大的安全措施，有一个完整的网络安全体系结构，否则所建的网络将是无用，甚至会危及国家安全的网络。在建设一个网络系统时，一般需要考虑以下几种安全措施。

(1) 数据加密/解密。数据加密的目的是为了隐蔽和保护具有一定密级的信息，既可以用于信息存储，也可以用于信息传输，使其不被非授权方识别。数据解密则是指将被加密的信息还原。数据加密又称密码学，它是一门历史悠久的技术，指通过加密算法和加密密钥将明文转变为密文，而解密则是通过解密算法和解密密钥将密文恢复为明文。数据加密目前仍是计算机系统对信息进行保护的一种最可靠的办法。它利用密码技术对信息进行加密，实现信息隐蔽，从而起到保护信息的安全的作用。数据加解密模型如图 4-23 所示。

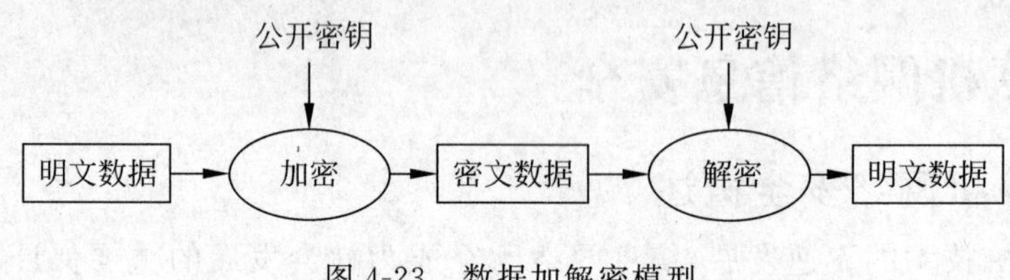

图 4-23　数据加解密模型

(2) 数字签名。又称公钥数字签名、电子签章，是一种类似写在纸上的普通的物理签名，但是使用了公钥加密领域的技术实现，用于鉴别数字信息。一套数字签名通常定义两种互补的运算，一个用于签名，另一个用于验证。数字签名了的文件的完整性是很容易验证的(不需要骑缝章、骑缝签名，也不需要笔迹专家)，而且数字签名具有不可抵赖性(不需要笔迹专家来验证)。现在典型的应用如网上银行、电子商务、电子政务、网络通信等。

(3) 身份认证。身份认证是为了防止敌人的主动攻击，包括检测信息的真伪及防止信息在通信过程中被篡改、删除、插入、伪造、延迟和重放等。身份认证又称身份鉴别，它是通信和数据系统中正确识别通信用户或终端身份的重要途径。身份认证的常用方法有口令认证、持证认证和生物识别。身份认证可分为用户与主机间的认证和主机与主机之间的认证，用户与主机之间的认证可以基于如下一个或几个因素：用户所知道的东西，如口令、密码等，用户拥有的东西，如印章、智能卡(如信用卡等)；用户所具有的生物特征：如指纹、声音、视网膜、签字、笔迹等。同时，身份认证也是访问控制的基础。当前银行卡就是利用双重身份认证“密码＋芯片卡”，保证个人银行卡信息的相对安全。

(4) 访问控制。访问控制的目的是保证网络资源不被未授权地访问和使用。按用户身份及其所归属的某项定义组来限制用户对某些信息项的访问，或限制对某些控制功能的使用。访问控制通常用于系统管理员控制用户对服务器、目录、文件等网络资源的访问。主要有以下功能：①防止非法的主体进入受保护的网络资源；②允许合法用户访问受保护的网络资源；③防止合法的用户对受保护的网络资源进行非授权的访问。访问控制可以由如下策略实现：①入网访问控制；②网络权限限制；③目录级安全控制；④网络服务器安全控制；⑤网络端口和节点的安全控制；⑥防火墙控制；等等。

(5) 防火墙。防火墙技术最初是针对 Internet 网络不安全因素所采取的一种保护措施。顾名思义，防火墙就是用来阻挡外部不安全因素影响的内部网络屏障，其目的就是防止外部网络用户未经授权的访问。它是一种计算机硬件和软件的结合，使 Internet(因特网)与 Intranet(企业内部网)之间建立起一个安全网关(Security Gateway)，企业网络流入流出的所有网络通信数据均要经过此防火墙。防火墙可以是一台独立的硬件设备，也可以是一台安装了防火墙软件的计算机，一般来说，硬件防火墙设备比软件防火墙性能更好，但价格更贵，个人计算机一般可以安装一套软件防火墙（如瑞星防火墙、天网防火墙）保证自己的计算机免受攻击，该计算机流入流出的所有网络通信均要经过此防火墙。当然，防火墙一般无法防止内部计算机对内部网络的攻击。

(6) 入侵检测。入侵检测(IDS)是对入侵行为的检测。它通过收集和分析网络行为、安全日志、审计数据、其他网络上可以获得的信息以及计算机系统中若干关键点的信息，检查网络或系统中是否存在违反安全策略的行为和被攻击的迹象。入侵检测作为一种积极主动的安全防护技术，提供了对内部攻击、外部攻击和误操作的实时保护，在网络系统受到危害之前拦截和响应入侵。因此被认为是防火墙之后的第二道安全闸门，在不影响网络性能的情况下能对网络进行监测。入侵检测通过执行以下任务来实现：监视、分析用户及系统活动；系统构造和弱点的审计；识别反映已知进攻的活动模式并向相关人士报警；异常行为模式的统计分析；评估重要系统和数据文件的完整性；操作系统的审计跟踪管理，并识别用户违反安全策略的行为。

入侵检测是防火墙的合理补充，帮助系统对付网络攻击，扩展了系统管理员的安全管理能力（包括安全审计、监视、进攻识别和响应），提高了信息安全基础结构的完整性。它从计算机网络系统中的若干关键点收集信息，并分析这些信息，看看网络中是否有违反安全策略的行为和遭到袭击的迹象，从而提供对内部攻击、外部攻击和误操作的实时保护。

4.5.3 计算机病毒及防护

1. 计算机病毒概述

计算机病毒是指编制者在计算机程序中插入的破坏计算机功能或者破坏数据、影响计算机使用并且能够自我复制的一组计算机指令或者程序代码。这种程序能够在计算机系统中生存、复制和传播，当计算机满足一定条件时，程序就被激活运行，对计算机系统和信息进行更改和删除，使计算机遭到不同程度的破坏。计算机病毒都是人为地故意制造出来的，一旦扩散，甚至制造者自己都无法控制。计算机病毒能在计算机中生存，通过自我复制进行传播，在一定条件下被激活，从而给计算机系统造成损害甚至严重破坏系统中的软件、硬件和数据资源。

随着智能手机的不断普及，手机病毒成为病毒发展的下一个目标。手机病毒是一种破坏性程序，和计算机病毒（程序）一样具有传染性、破坏性。手机病毒可利用发送短信、彩信，电子邮件，浏览网站，下载铃声，蓝牙等方式进行传播。手机病毒可能会导致用户手机死机、关机、资料被删、向外发送垃圾邮件、拨打电话等，甚至还会损毁 SIM 卡、芯片等硬件。

2. 计算机病毒特征

(1) 繁殖性。计算机病毒可以像生物病毒一样进行繁殖，当正常程序运行时，它也运行自身进行复制，是否具有繁殖、感染的特征是判断某段程序是否为计算机病毒的首要条件。

(2) 破坏性。计算机中毒后，可能会导致正常的程序无法运行，把计算机内的文件删除或受到不同程度的损坏，通常表现为文件的增、删、改、移。

(3) 隐蔽性。计算机病毒具有很强的隐蔽性,有的可以通过病毒软件检查出来,有的根本就查不出来,有的时隐时现、变化无常,这类病毒处理起来通常很困难。

(4) 传染性。计算机病毒不但本身具有破坏性,更有害的是具有传染性,一旦病毒被复制或产生变种,其速度之快令人难以预防。传染性是病毒的基本特征。计算机病毒会通过各种渠道从已被感染的计算机扩散到未被感染的计算机,在某些情况下造成被感染的计算机工作失常甚至瘫痪。只要一台计算机染毒,如不及时处理,那么病毒会在这台计算机上迅速扩散,计算机病毒可通过各种可能的渠道,如 U 盘、硬盘、移动硬盘、计算机网络去传染其他的计算机。当用户在一台机器上发现了病毒时,往往曾在这台计算机上用过的 U 盘已感染上了病毒,而与这台计算机联网的其他计算机也许也被该病毒染上了。是否具有传染性是判别一个程序是否为计算机病毒的最重要条件。

(5) 潜伏性。有些病毒像定时炸弹一样,让它什么时间发作是预先设计好的。例如黑色星期五病毒,不到预定时间一点都觉察不出来,等到条件具备的时候一下子就爆炸开来,对系统进行破坏。一个编制精巧的计算机病毒程序,进入系统之后一般不会马上发作,因此病毒可以静静地躲在磁盘或磁带里待上几天,甚至几年,一旦时机成熟,得到运行机会,就又要四处繁殖、扩散,继续危害。潜伏性的第二种表现是指,计算机病毒的内部往往有一种触发机制,不满足触发条件时,计算机病毒除了传染外不做什么破坏。触发条件一旦得到满足,有的在屏幕上显示信息、图形或特殊标识,有的则执行破坏系统的操作,如格式化磁盘、删除磁盘文件、对数据文件做加密、封锁键盘以及使系统死锁等。

3. 感染计算机的常见征兆

计算机感染了病毒后的症状很多,其中以下 10 种最为常见。

(1) 计算机系统运行速度明显减慢。

(2) 经常无缘无故地死机或重新启动。

(3) 丢失文件或文件损坏。

(4) 打开某网页后弹出大量对话框。

(5) 文件无法正确读取、复制或打开。

(6) 以前能正常运行的软件经常发生内存不足的错误,甚至死机。

(7) 出现异常对话框,要求用户输入密码。

(8) 显示器屏幕出现花屏、奇怪的信息或图像。

(9) 浏览器自动链接到一些陌生的网站。

(10) 鼠标或键盘不受控制等。

4. 木马病毒

木马指通过一段特定的程序(木马程序)来控制另一台计算机。木马通常有两个可执行程序:一个是客户端,即控制端;另一个是服务端,即被控制端。植入被种者计算机的是"服务器"部分,而所谓的"黑客"正是利用"控制器"进入运行了"服务器"的计算机。运行了木马程序的"服务器"以后,被种者的计算机就会有一个或几个端口被打开,使黑客可以利用这些打开的端口进入计算机系统,安全和个人隐私也就全无保障了!木马的设计者为了防止木马被发现,而采用多种手段隐藏木马。木马的服务一旦运行并被控制端连接，其控制端将享有服务端的大部分操作权限，例如给计算机增加口令，浏览、移动、复制、删除文件，修改注册表，更改计算机配置等。

随着病毒编写技术的发展，木马程序对用户的威胁越来越大，尤其是一些木马程序采用了极其狡猾的手段来隐蔽自己，使普通用户很难在中毒后发觉。

(1) 盗取用户的网游账号，威胁用户的虚拟财产的安全，木马病毒会盗取用户的网游账号，它会在盗取用户账号后立即将账号中的游戏装备转移，再由木马病毒使用者出售这些盗取的游戏装备和游戏币而获利。

(2) 盗取用户的网银信息，威胁用户的真实财产的安全，木马采用键盘记录等方式盗取用户的网银账号和密码，并发送给黑客，直接导致用户的经济损失。

(3) 利用即时通信软件盗取用户的身份，传播木马病毒，中了此类木马病毒后，可能导致用户的经济损失。在中了木马后计算机会下载病毒作者指定的任意程序，具有不确定的危害性，如恶作剧等。

(4) 给用户的计算机打开后门，使用户的计算机可能被黑客控制，如灰鸽子木马等。当用户中了此类木马后，用户的计算机就可能沦为肉鸡，成为黑客手中的工具。

5. 主要常见病毒举例

(1) “冲击波”(Worm. Blaster)病毒是利用 Windows 系统的 RPC 漏洞进行传播的，只要是有 RPC 服务并且没有打安全补丁的计算机都存在 RPC 漏洞，病毒运行时会不停地利用 IP 扫描技术寻找网络上系统为 Windows 2000 或 XP 的计算机，找到后就利用 DCOM RPC 缓冲区漏洞攻击该系统，一旦攻击成功，病毒体将会被传送到对方计算机中进行感染，使系统操作异常，不停重启，甚至导致系统崩溃。另外，该病毒还会对微软的一个升级网站进行拒绝服务攻击，导致该网站堵塞，使用户无法通过该网站升级系统。该病毒感染系统后，会使计算机产生下列现象：系统资源被大量占用，有时会弹出 RPC 服务终止的对话框，并且系统反复重启，不能收发邮件，不能正常复制文件，无法正常浏览网页，复制粘贴等操作受到严重破坏，且不能复制粘贴。

(2) “熊猫烧香”是一种经过多次变种的“蠕虫病毒”变种，2007 年 1 月初肆虐网络，它主要通过下载的档案传染，对计算机程序、系统破坏严重。

由于中毒计算机的可执行文件会出现“熊猫烧香”图案，所以也被称为“熊猫烧香”病毒。但原病毒只会对 EXE 图标进行替换，并不会对系统本身进行破坏。而大多数中的是病毒变种，用户计算机中毒后可能会出现蓝屏、频繁重启以及系统硬盘中数据文件被破坏等现象。同时，该病毒的某些变种可以通过局域网进行传播，进而感染局域网内所有计算机系统，最终导致企业局域网瘫痪，无法正常使用，它能感染系统中 EXE、COM、PIF、SRC、HTML、ASP 等文件，它还能终止大量的反病毒软件进程并且会删除扩展名为 GHO 的备份文件。被感染的用户系统中所有.exe 可执行文件全部被改成熊猫举着三根香的模样。

(3) “红色代码”病毒是 2001 年一种新型网络病毒，其传播所使用的技术可以充分体现网络时代网络安全与病毒的巧妙结合，将网络蠕虫、计算机病毒、木马程序合为一体，开创了网络病毒传播的新路，可称之为划时代的病毒。如果稍加改造，将是非常致命的病毒，可以完全取得所攻破计算机的所有权限并为所欲为，可以盗走机密数据，严重威胁网络安全。

6. 计算机病毒的防范和消除

计算机病毒的传播主要是通过读写各种存储介质以及网络上的文件完成的，而读写文件的操作又是用户操作计算机必须进行的行为，故用户无法从根本上防治计算机病毒，除非拒绝使用计算机以及网络。但是，也可以采取一定措施来拒绝病毒对计算机的侵害。尽管病毒具有极强的危害性，但是在还没有满足其运行所需要的条件时，它是不会发作的。如果用户能够在病毒被激活之前，发现并清除它，就不会造成重大的损失。因此，计算机病毒的防护应以防为主，以治为辅。

用户必须要形成良好的计算机使用习惯来预防感染以及传播计算机病毒，主要有以下一些常用做法。

(1) 不随便使用外来 U 盘或其他介质，对外来 U 盘或其他介质必须先检查后使用。

(2) 不随便打开来历不明的邮件，尤其是邮件附件，不随便访问陌生网站。

(3) 不随便使用来历不明的程序和数据。

(4) 如发现有计算机感染病毒，应立即将该台计算机从网上撤下，以防止病毒蔓延。

(5) 做好系统软件、应用软件的备份，并定期进行重要数据文件备份，供系统恢复使用。

为防止计算机病毒侵犯计算机，除了有良好的计算机使用习惯外，安装一款市场好评的杀毒软件也是必不可少的(常见的杀毒软件有 360 杀毒、瑞星杀毒、Norton AntiVirus、卡巴斯基、金山毒霸等)，用户需要不定期地对计算机进行全盘病毒扫描，或当需要访问 U 盘、移动硬盘等外存时也需要用杀毒软件先进行病毒检测，并且也需要按期对杀毒软件进行病毒库升级，以适应不断变化的病毒形势。当前，杀毒软件又增加了对计算运行状况进行动态监测的功能，一旦发现病毒将要运行，就立刻向用户报告，使得对病毒的防护更为主动。

当然，任何一款杀毒软件都未必能杀除所有的病毒，有些病毒感染后用户需要用过复杂的手动修改系统注册表以及在 DOS 下删除感染的系统文件来完成，并且杀毒软件的开发与更新总是滞后于新病毒的出现，因此无法确保百分之百的安全。为了确保计算机系统万无一失，不受计算机病毒的侵害，关键工作还是养成良好的使用计算机的习惯，并做好相应的预防措施。

4.6 真题强化

1. 判断题

(1) 计算机局域网中的传输介质只能是同类型的，要么全部采用光纤，要么全部采用双绞线，不能混用。(2013 年春试题)

(2) 无线局域网中的无线接入点(简称 WAP 或 AP)，其作用相当于手机通信系统中的“基站”。(2013 年秋试题)

(3) 接入无线局域网的每台计算机都需要有 1 块无线网卡，其数据传输速率目前已

可达到 1Gb/s。(2014 年春试题)

(4) 调制解调技术仅限于有线通信,无线通信不需要使用。(2014 年秋试题)

(5) 因特网防火墙是安装在 PC 上仅用于防止病毒入侵的硬件系统。(2014 年春试题)

(6) 在计算机系统中,单纯采用令牌(如 IC 卡、磁卡等)进行身份认证的缺点是丢失令牌将导致他人能轻易进行假冒和欺骗,从而带来安全隐患。(2014 年秋试题)

(7) 在有线电视系统中,通过同轴电缆传输多个电视频道的节目所采用的信道复用技术是频分多路复用。(2014 年春试题)

(8) 蓝牙是一种近距离高速有线数字通信的技术标准。(2015 年秋试题)

(9) 在 ATM 柜员机取款时,使用银行卡加口令进行身份认证,这种做法称为"双因素认证",安全性较高。(2015 年秋试题)

(10) TCP/IP 标准中的 TCP 协议是一种能保障端—端(源计算机—目的计算机)可靠地进行数据传输的通信协议。(2015 年春试题)

(11) 通常把 IP 地址分为 A 类、B 类、C 类、D 类、E 类五类,IP 地址 202. 115. 1. 1 属于 B 类。(2015 年秋试题)

(12) 每一台接入 Internet(正在上网)的主机都需要有一个 IP 地址。(2015 年春试题)

(13) 因特网使用的网络协议是严格按 ISO 制定的开放系统互连参考模型(OSI/RM)来设计的。(2013 年春试题)

(14) ADSL 是目前家庭宽带上网使用最广泛的技术之一,由于使用电话线路,所以上网时还需根据上网时间的长短缴付电话通话费。(2014 年秋试题)

(15) 在脱机(未上网)状态下是不能撰写邮件的,因为发不出去。(2015 年春试题)

(16) 搜索引擎能帮助人们在 WWW 中查找信息,它返回给用户的检索结果都是用户所希望的结果。(2014 年春试题)

(17) 通过 Web 浏览器不仅能下载和浏览网页,而且还能进行 E-mail、Telnet、FTP 等其他 Internet 服务。(2015 年春试题)

(18) 在分组交换机转发表中,选择哪个端口输出是由包(分组)的源地址和目的地址共同决定的。(2015 年秋试题)

2. 单项选择题

(1) 下列关于计算机网络的叙述中正确的是________。(2013 年春试题)

A. 计算机组网的目的主要是为了提高单机的运行效率

B. 网络中所有计算机运行的操作系统必须相同

C. 构成网络的多台计算机其硬件配置必须相同

D. 一些智能设备(如手机、ATM 柜员机等)也可以接入计算机网络

(2) 局域网是指较小地域范围内的计算机网络。下列关于计算机局域网的描述错误的是________。(2013 年秋试题)

A. 局域网的数据传输速率高　　B. 通信可靠性好(误码率低)

C. 通常由电信局进行建设和管理　　D. 经授权可共享网络中的软硬件资源

(3) 通信的任务就是传递信息。通信系统至少需由三个要素组成，________不是三要素之一。(2013 年春试题)

A. 信号　B. 信源与信宿　C. 用户　D. 信道

(4) 下列关于共享式以太网的说法错误的是________。(2014 年春试题)

A. 拓扑结构采用总线结构　B. 以广播方式进行通信

C. 数据传输的基本单位称为 MAC　D. 需使用以太网卡才能接入网络

(5) 下列关于"木马"病毒的叙述中，错误的是________。(2014 年春试题)

A. 不用来收发电子邮件的计算机，不会感染"木马"病毒

B. "木马"运行时比较隐蔽，一般不会在任务栏上显示出来

C. "木马"运行时会占用系统的 CPU 和内存等资源

D. "木马"运行时可以截获键盘输入的口令、账号等机密信息，发送给黑客

(6) 计算机网络按其所覆盖的地域范围一般可分为________。(2014 年秋试题)

A. 局域网、广域网和万维网　B. 局域网、广域网和互联网

C. 局域网、城域网和广域网　D. 校园网、局域网和广域网

(7) 下列关于计算机局域网资源共享的叙述中正确的是________。(2013 年春试题)

A. 通过 Windows 的"网上邻居"功能，相同工作组中的计算机可以相互共享软硬件资源

B. 相同工作组中的计算机可以无条件地访问彼此的所有文件

C. 即使与因特网没有连接，局域网中的计算机也可以进行网上银行支付

D. 无线局域网对资源共享的限制比有线局域网小得多

(8) 交换式以太网是最常用的一种局域网，其数据传输速率目前主要有三种，下列________不属于其中一种。(2013 年春试题)

A. 56Kb/s　B. 10Mb/s　C. 1Gb/s　D. 100Mb/s

(9) 使用以太网交换机构建以太网与使用以太网集线器相比，其主要优点在于________。(2013 年秋试题)

A. 扩大网络容量　B. 降低设备成本

C. 提高网络带宽　D. 增加传输距离

(10) 因特网使用 TCP/IP 协议实现全球范围计算机网络的互联，连接在因特网上的每一台主机都有一个 IP 地址。下面不能作为因特网设备配置的 IP 地址是________。(2014 年春试题)

A. 201.252.29.68　B. 123.29.86.97

C. 192.168.75.100　D. 163.15.49.52

(11) 在 Internet 提供的下列服务中，通常不需要用户输入账号和口令的服务是________。(2015 年秋试题)

A. FTP 文件传送服务　B. E-mail 电子邮件服务

C. Telnet 远程登录服务　D. 网页浏览服务

(12) 下列有关网络操作系统的叙述中，错误的是________。(2015 年春试题)

A. 网络操作系统通常安装在服务器上运行

B. 网络操作系统必须具备强大的网络通信和资源共享功能

C. Windows 7(Home 版)属于网络操作系统

D. 利用网络操作系统可以管理、检测和记录客户机的操作

(13) 下列网络应用中,采用对等模式工作的是________。(2014 年春试题)

A. Web 信息服务　　B. FTP 文件服务

C. 网上邻居　　D. 打印服务

(14) 网上银行、电子商务等交易过程中,确保数据的完整性是指________。(2013 年秋试题)

A. 控制不同用户对信息资源的访问权限

B. 数据不被非法窃取

C. 数据不被非法篡改,保证在传输(存储)前后保持完全相同

D. 保证数据在任何情况下不丢失

(15) 路由器(Router)用于异构网络的互联,它跨接在几个不同的网络之中,所以使用的 IP 地址个数为________。(2014 年秋试题)

A. 1　　B. 2

C. 3　　D. 连接的物理网络数目

(16) 下面关于因特网服务提供商(ISP)的叙述中,错误的是________。(2015 年春试题)

A. ISP 指的是向个人、企业、政府机构等提供因特网接入服务的公司

B. 因特网已经逐渐形成了基于 ISP 的多层次结构,最外层的 ISP 又称为本地 ISP

C. ISP 通常拥有自己的通信线路和许多 IP 地址,用户计算机的 IP 地址是由 ISP 分配的

D. 家庭计算机用户在江苏电信或江苏移动开户后,就可分配一个固定的 IP 地址进行上网

(17) 下列关于 3G 上网的叙述中,错误的是________。(2013 年春试题)

A. 我国 3G 上网有三种技术标准,各自使用专门的上网卡,相互并不兼容

B. 3G 上网比 WLAN 的速度快

C. 3G 上网属于无线接入方式

D. 3G 上网的覆盖范围较 WLAN 大得多

(18) 给局域网分类的方法很多,下列________是按拓扑结构分类的。(2013 年秋试题)

A. 有线网和无线网　　B. 星型网和总线网

C. 以太网和 FDDI 网　　D. 高速网和低速网

(19) 下面关于网络信息安全的叙述中,正确的是________。(2013 年秋试题)

A. 数据加密是为了在网络通信被窃听的情况下,也能保证数据的安全

B. 数字签名的主要目的是对信息加密

C. 因特网防火墙的目的是允许单位内部的计算机访问外网,而外界计算机不

能访问内部网络

D. 所有黑客都是利用微软产品存在的漏洞对计算机网络进行攻击与破坏的

(20) 下列软件中，________是一种 Web 浏览器。(2014 年春试题)

A. QQ　　B. Google

C. FTP　　D. Internet　Explorer

(21) 下列叙述中正确的是________。(2014 年春试题)

A. 计算机病毒只传染给程序而不会传染给数据文件

B. 计算机病毒是扩展名为.exe 的文件

C. 计算机病毒只会通过扩展名为.exe 的文件传播

D. 所有的计算机病毒都是人为制造出来的

(22) 与其他传输介质相比，下面不属于光纤通信优点的是________。(2014 年春试题)

A. 不受电磁干扰　　B. 中继设备的价格便宜

C. 数据传输速率高　　D. 保密性好

(23) 主机域名 WWW.JH.ZJ.CN 由四个子域组成，其中最高层的子域是________。(2015 年春试题)

A. WWW　　B. JH　　C. ZJ　　D. CN

(24) 下列网络应用中，采用 C/S 模式工作的是________。(2015 年秋试题)

A. BT 下载　　B. Skype 网络电话

C. 电子邮件　　D. 迅雷下载

(25) 以下关于 TCP/IP 协议的叙述中，错误的是________。(2015 年春试题)

A. 因特网采用的通信协议是 TCP/IP 协议

B. 全部 TCP/IP 协议有 100 多个，它们共分成 7 层

C. TCP 和 IP 是全部 TCP/IP 协议中两个最基本、最重要的协议

D. TCP/IP 协议中部分协议由硬件实现，部分由操作系统实现，部分由应用软件实现

(26) 通信系统中，为了能将电或光信号在信道中进行长距离传输，需要采用的技术是________。(2015 年春试题)

A. 交换技术　　B. 复用技术　　C. 调制解调技术　　D. 无线技术

(27) 文件传输是使用下面的________协议。(2015 年春试题)

A. SMTP　　B. FTP　　C. UDP　　D. TELNET

(28) WWW 浏览器和 Web 服务器都遵循________协议，该协议定义了浏览器和服务器的请求格式及应答格式。(2015 年秋试题)

A. TCP　　B. HTTP　　C. UDP　　D. FTP

(29) 关于因特网防火墙，下列叙述中错误的是________。(2015 年春试题)

A. 为单位内部网络提供了安全边界

B. 防止外界入侵单位内部网络

C. 可以阻止来自内部的威胁与攻击

D. 可以使用过滤技术在网络层对数据进行选择

(30) 甲给乙发消息,说其同意签订合同,随后甲反悔,不承认发过此消息,为了预防这种情况发生,应采用下面的________技术。(2015 年秋试题)

A. 访问控制　　B. 数据加密　　C. 防火墙　　D. 数字签名

(31) 如图 4-24 所示,安放防火墙比较有效的位置是________。(2011 年春试题)

A. 1　　B. 2　　C. 3　　D. 4

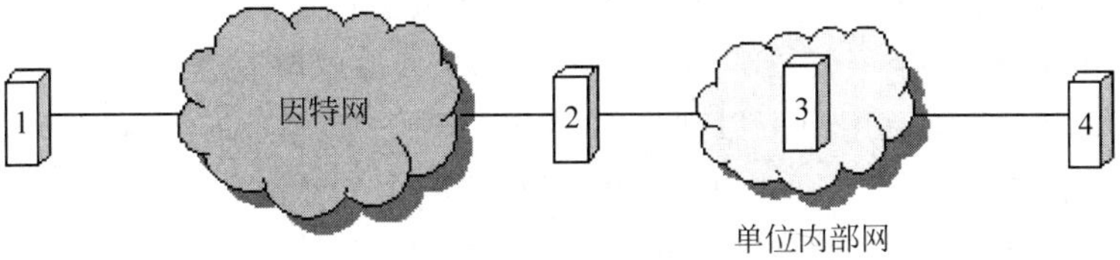

图 4-24 安放防火墙的位置

(32) 常用的数据传输速率单位有 Kb/s、Mb/s、Gb/s,1Gb/s 等于________。(2014 年秋试题)

A. 1×10^{3} Mb/s　　B. 1×10^{3} Kb/s　　C. 1×10^{6} Mb/s　　D. 1×10^{9} Kb/s

(33) 以下关于局域网和广域网的叙述中,正确的是________。(2013 年春试题)

A. 广域网只是比局域网覆盖的地域广,它们所采用的技术是相同的

B. 家庭用户拨号入网,接入的大多是广域网

C. 现阶段家庭用户的 PC 只能通过电话线接入网络

D. 单位或个人组建的网络,都是局域网,国家建设的网络才是广域网

(34) 目前流行的很多操作系统都具有网络功能,以下操作系统中不能作为网络服务器操作系统的是________。(2013 年秋试题)

A. Windows XP　　B. Linux

C. Windows 2003 Server　　D. UNIX

(35) 从地域范围来分,计算机网络可分为局域网、广域网、城域网,南京和上海两城市的计算机网互连起来构成的是________。(2013 年春试题)

A. 局域网　　B. 广域网　　C. 城域网　　D. 政府网

(36) 光纤所采用的信道多路复用技术称为________多路复用技术。(2015 年秋试题)

A. 频分　　B. 时分　　C. 码分　　D. 波分

(37) 在分组交换网上,数据以________为单位进行传输和交换。(2013 年春试题)

A. 文件　　B. 字节　　C. 数据包　　D. 记录

(38) 假设 IP 地址为 202.119.24.5,为了计算出它的网络号,下面________最有可能用作其子网掩码。(2013 年秋试题)

A. 255.0.0.0　　B. 255.255.0.0

C. 255.255.255.0　　D. 255.255.255.255

(39) 使用 ADSL 接入因特网时,下面的叙述中正确的是________。(2013 年春

试题）

A. 在上网的同时可以接听电话，两者互不影响

B. 在上网的同时电话处于“占线”状态，电话无法打入

C. 在上网的同时可以接听电话，但数据传输暂时中止，挂机后再恢复传输

D. 线路会根据两者的流量动态调整各自所占比例

(40) 计算机利用电话线上网时，需使用数字信号来调制载波信号的参数，才能远距离传输信息。所用的设备是________。(2014 年秋试题)

A. 调制解调器　B. 多路复用器　C. 编码解码器　D. 交换器

(41) 单位用户和家庭用户可以选择多种方式接入因特网，下列有关因特网接入技术的叙述中，错误的是________。(2015 年春试题)

A. 单位用户可以经过局域网而接入因特网

B. 家庭用户可以选择电话线、有线电视电缆等不同的传输介质及相关技术接入因特网

C. 家庭用户目前还不可以通过无线方式接入因特网

D. 不论用哪种方式接入因特网，都需要因特网服务提供商(ISP)提供服务

(42) 以下是有关 IPv4 中 IP 地址格式的叙述，其中错误的是________。(2015 年秋试题)

A. IP 地址用 64 个二进位表示

B. IP 地址有 A 类、B 类、C 类等不同类型之分

C. IP 地址由网络号和主机号两部分组成

D. C 类 IP 地址的主机号共 8 位，具有 C 类地址的主机连接在小型网络中

(43) 通过下面________方式上网时，需要使用电话线。(2014 年春试题)

A. 手机　B. 局域网

C. ADSL　D. Cable Modem

(44) 下列有关网络对等工作模式的叙述中，正确的是________。(2015 年秋试题)

A. 对等工作模式的网络中的每台计算机要么是服务器，要么是客户机，角色是固定的

B. 对等工作模式的网络中可以没有专门的硬件服务器，也可以不需要网络管理员

C. 电子邮件服务是因特网上对等工作模式的典型实例

D. 对等工作模式适用于大型网络，安全性较高

(45) 采用分组交换技术传输数据时，________不是分组交换机的任务。(2013 年春试题)

A. 检查包中传输的数据内容

B. 检查包的目的地址

C. 将包送到交换机相应端口的缓冲区中排队

D. 从缓冲区中提取下一个包进行发送

(46) 下面关于分组交换机和转发表的说法中，错误的是________。(2014 年春试题)

A. 分组交换网中的交换机称为分组交换机或包交换机

B. 每个交换机均有转发表,用于确定收到的数据包从哪一个端口转发出去

C. 交换机中转发表的路由信息是固定不变的

D. 交换机的端口有的连接计算机,有的连接其他交换机

(47) 下面关于因特网电子邮件的叙述中,正确的是________。(2013 年春试题)

A. 电子邮件发送成功后,将直接抵达收信人的计算机

B. 发送电子邮件和接收电子邮件时使用的应用层协议都是 SMTP

C. 电子邮件利用的是实时数据传输服务,因此邮件一旦发出对方立即收到

D. 电子邮件的收信人地址可以有很多个

(48) 下列________不是杀毒软件。(2014 年秋试题)

A. FlashGet　　B. 金山毒霸

C. Norton AntiVirus　　D. 卡巴斯基

(49) 以下关于 IP 地址的叙述中,错误的是________。(2015 年秋试题)

A. 正在上网(online)的每一台计算机都有一个 IP 地址

B. 现在广泛使用的 IPv4 协议规定 IP 地址使用 32 个二进位表示

C. IPv4 规定的 IP 地址快要用完了,取而代之的将是 64 位的 IPv5

D. IP 地址是计算机的逻辑地址,每台计算机还有各自的物理地址

(50) 在网上进行银行卡支付时,常常弹出动态“软键盘”,让用户输入银行账户、密码,其最主要的目的是________。(2013 年秋试题)

A. 方便用户操作　　B. 尽可能防止“木马”盗取用户信息

C. 提高软件的运行速度　　D. 为了查杀“木马”病毒

(51) 假设 192.168.0.1 是某个 IP 地址的“点分十进制”表示,则该 IP 地址的二进制表示中最高 3 位一定是________。(2014 年秋试题)

A. 011　　B. 100　　C. 101　　D. 110

(52) 假设 IP 地址为 62.26.1.254,为了计算出该 IP 地址的网络号,需要使用________与该地址进行逻辑乘操作。(2015 年秋试题)

A. 域名　　B. 子网掩码　　C. 网关地址　　D. DHCP

(53) 传输电视信号的有线电视系统,所采用的信道复用技术一般是________多路复用。(2014 年春试题)

A. 时分　　B. 频分　　C. 码分　　D. 波分

(54) 路由器用于连接异构的网络,它收到一个 IP 数据报后要进行许多操作,这些操作不包含________。(2015 年春试题)

A. 域名解析　　B. 路由选择

C. 帧格式转换　　D. IP 数据报的转发

(55) 下列有关网络两种工作模式(客户/服务器模式和对等模式)的叙述中,错误的是________。(2015 年秋试题)

A. 近年来盛行的“BT”下载服务采用的是对等工作模式

B. 基于客户机/服务器模式的网络会因客户机的请求过多、服务器负担过重而

导致整体性能下降

C. Windows XP 操作系统中的“网上邻居”是按客户机/服务器模式工作的

D. 对等网络中的每台计算机既可以作为客户机也可以作为服务器

3. 填空题

(1) 通信中使用的传输介质分为有线介质和无线介质：有线介质有________、同轴电缆和光纤等，无线介质有无线电波、微波、红外线和激光等。(2013 年春试题)

(2) TCP/IP 协议标准将计算机网络通信的技术实现划分为应用层、传输层、网络互联层等，其中 HTTP 协议属于________层。(2014 年春试题)

(3) DNS 服务器实现入网主机域名和________的转换。(2014 年秋试题)

(4) 为了书写方便，IP 地址写成以圆点隔开的 4 组十进制数，它的统一格式是×××.×××.×××.×××，圆点之间每组的取值范围为 0～________。(2013 年秋试题)

(5) 电子邮件收发时，常用的用于发送邮件和接收邮件的协议分别是________协议和 POP3 协议。(2015 年秋试题)

(6) 能把异构的计算机网络相互连接起来，且可根据路由表转发 IP 数据报的网络设备是________。(2015 年春试题)

(7) 计算机网络是以共享________和信息传递为目的，把地理上分散而功能各自独立的多台计算机利用通信手段有机地连接起来的一个系统。(2014 年春试题)

(8) 某用户的 E-mail 地址是 wangluo@usl.edu.cn，那么该用户邮箱所在的服务器的域名多半是________。(2013 年春试题)

(9) 与电子邮件的通信方式不同，即时通信是一种以________方式为主进行消息交换的通信服务。(2013 年春试题)

(10) 在有线电视系统中，通过同轴电缆传输多个电视频道的模拟电视信号所采用的信道复用技术是________多路复用。(2014 年春试题)

(11) 以太网中需要传输的数据必须预先组织成若干帧，每一数据帧的内容包括源计算机 MAC 地址、________、有效载荷(传输的数据)、校验信息。(2015 年春试题)

(12) ADSL 接入技术是一种不对称数字用户线，即提供的下行传输速率比上行的速度要________。(2013 年秋试题)

(13) 目前，因特网中有数千台 FTP 服务器使用________作为其公开账号，用户只需将自己的邮箱地址作为密码就可以访问 FTP 服务器中的文件。(2014 年秋试题)

(14) 从地域覆盖范围来分，计算机网络可分为局域网、广域网和城域网。中国教育科研网(CERNET)属于________网。(2015 年春试题)

(15) 如果在浏览器中输入的网址(URL)为 ftp://ftp.pku.edu.cn/，则用户所访问的网站服务器一定是________服务器。(2015 年春试题)

4.7 评价与讨论

1. 抛出问题

(1) 阐述通信系统中各传输介质的性能，分析优缺点。

(2) 阐述共享式以太网和交换式以太网的差别。

(3) 阐述因特网的接入技术有哪些，分析它们的特点和应用情况。

(4) 分析 http://www.usl.edu.cn 的含义。

(5) 阐述多种不同的因特网应用服务，各自如何实现，需要用哪些软件完成访问。

(6) 阐述如何安全访问网络，日常上网以及使用计算机需要注意哪些情况。

2. 说一说、评一评

学生在解决问题过程中，分小组讨论，最后选派代表回答问题，其他小组成员及教师给出点评，并从回答问题过程中了解学生对学习目标的掌握情况。

课堂重点突出，培养学生的实际应用能力，教师做好记录，为以后的教学获取第一手材料。

4.8 资料链接

第 4 代移动通信技术

4G(第四代移动通信技术)的概念可称为宽带接入和分布网络，具有非对称的超过 2Mb/s 的数据传输能力。它包括宽带无线固定接入、宽带无线局域网、移动宽带系统和交互式广播网络。第四代移动通信标准比第三代标准具有更多的功能。第四代移动通信可以在不同的固定、无线平台和跨越不同的频带的网络中提供无线服务，可以在任何地方用宽带接入互联网(包括卫星通信和平流层通信)，能够提供定位定时、数据采集、远程控制等综合功能。此外，第四代移动通信系统是集成多功能的宽带移动通信系统，是宽带接入 IP 系统。

1. 4G 技术定义

第四代移动通信技术的主要指标：①数据速率从 2Mb/s 提高到 100Mb/s，移动速率从步行到车速以上；②支持高速数据和高分辨率多媒体服务的需要，宽带局域网应能与 B-ISDN 和 ATM 兼容，实现宽带多媒体通信，形成综合宽带通信网；③对全速移动用户能够提供 150Mb/s 的高质量影像等多媒体业务。

2. 4G 技术特点

(1) 具有很高的传输速率和传输质量。未来的移动通信系统应该能够承载大量的多媒体信息，因此要具备 50～100Mb/s 的最大传输速率、非对称的上下行链路速率、地区的连续覆盖、QoS 机制、很低的比特开销等功能。

(2) 灵活多样的业务功能。未来的移动通信网络应能使各类媒体、通信主机及网络之间进行“无缝”连接，使得用户能够自由地在各种网络环境间无缝漫游，并觉察不到业务质量上的变化，因此新的通信系统要具备媒体转换、网间移动管理及鉴权、AD Hoc 网络(自组网)、代理等功能。

(3) 开放的平台。未来的移动通信系统应在移动终端、业务节点及移动网络机制上具有“开放性”，使得用户能够自由地选择协议、应用和网络。

(4) 高度智能化的网络。未来的移动通信网将是一个高度自治、自适应的网络，具有很好的重构性、可变性、自组织性等，以便于满足不同用户在不同环境下的通信需求。

3. 主要技术

在4G移动通信中，下列关键技术需进一步研究和解决。

(1) 定位技术：定位是指移动终端位置的测量方法和计算方法。它主要分为基于移动终端定位、基于移动网络定位或者混合定位3种方式。在4G移动通信系统中，移动终端可能在不同系统(平台)间进行移动通信。因此，对移动终端的定位和跟踪，是实现移动终端在不同系统(平台)间无缝连接和系统中高速率和高质量的移动通信的前提和保障。

(2) 切换技术：切换技术适用于移动终端在不同移动小区之间、不同频率之间通信或者信号降低信道选择等情况。切换技术是未来移动终端在众多通信系统、移动小区之间建立可靠移动通信的基础和重要技术。它主要有软切换和硬切换两种。在4G通信系统中，切换技术的适用范围更为广泛，并朝着软切换和硬切换相结合的方向发展。

(3) 软件无线电技术：在4G移动通信系统中，软件将会变得非常繁杂。为此，专家们提议引入软件无线电技术，将其作为从第二代移动通信通向第三代和第四代移动通信的桥梁。软件无线电技术能够将模拟信号的数字化过程尽可能地接近天线，即将A/D和D/A转换器尽可能地靠近RF前端，利用DSP进行信道分离、调制解调和信道编译码等工作。它旨在建立一个无线电通信平台，在平台上运行各种软件系统，以实现多通路、多层次和多模式的无线通信。因此，应用软件无线电技术，一个移动终端就可以实现在不同系统和平台之间畅通无阻地使用。就现在而言比较成熟的软件无线电技术有参数控制软件无线电系统。

(4) 智能天线技术：智能天线具有抑制噪声、自动跟踪信号、智能化时空处理算法形成数字波束等功能。

(5) 无线电在光纤中的传输技术：在未来的通信系统中，光纤网将发挥十分重要的作用。可以利用光纤传送宽带无线电信号，与其他传输媒介相比，损耗很小。还可以用光纤传送包含多种业务的高频(60GHz)无线电信号。因此，利用光纤传输无线电信号成为研究的一个重点。

随着新技术和人们的新需求不断出现，第四代移动通信技术将会做相应调整和进一步发展。纵观移动通信发展规律，有理由相信，第四代移动通信技术的高速率、高质量、大容量的多媒体服务将使世界更美好！

4. 相关应用

结合移动通信市场发展和用户需求，4G移动网络的根本任务是能够接收、获取到终端的呼叫，在多个运行网络(平台)之间或者多个无线接口之间，建立其最有效的通信路径，并对其进行实时的定位和跟踪。在移动通信过程中，移动网络还要保持良好的无缝连接能力，保证数据传输的高质量、高速率。4G移动网络将基于多层蜂窝结构，通过多个无线接口，由多个业务提供者和众多网络运营者提供多媒体业务。因此，4G移动通信技术应具备以下几个基本特征。

(1) 多种业务的完整融合。个人通信、信息系统、广播、娱乐等业务无缝连接为一个整体，满足用户的各种需求。4G 应能集成不同模式的无线通信——从无线局域网和蓝牙等室内网络、蜂窝信号、广播电视到卫星通信，移动用户可以自由地从一个标准漫游到另一个标准。各种业务应用、各种系统平台间的互联更便捷、安全，面向不同用户要求，更富有个性化。

(2) 高速移动中不同系统间的无缝连接：用户在高速移动中，能够按需接入系统，并在不同系统间无缝切换，传送高速多媒体业务数据。

(3) 各种用户设备便捷地入网：各种价格低廉的设备应能方便地接入通信网络中。这些设备体积小巧，甚至无须接入电源网即可工作。用户与设备间不再局限于听、说、读、写的简单交流方式，为满足用户的特殊需要和特殊用户(如残疾人)的需要，更多新的人机交互方式将出现。

(4) 高度智能化的网络：4G 的网络系统是一个高度自治、自适应的网络，它具有良好的重构性、可伸缩性、自组织性等，用以满足不同环境、不同用户的通信需求。

(5) 独立的软件平台。数字化数据交易点(Digital Market-place)是 4G 移动网络的一个重要技术。它用于预处理各个不同网络平台之间的呼叫。在网络平台之间的特定协议条件下，帮助业务供应者提供高质量、低费用的业务应用。例如，两个网络平台之间传送电视数据信息，首先经由数字化数据交易所处理。在数字化数据交易所里，这个电视数据信息将被分离成视频信号和音频信号，经由不同信道传送。音频信号将由覆盖广泛的网络传送，视频信号将由只能处理、接收视频信号的网络传送，从而达到降低通信成本和有效利用传输信道的目的。未来的全球互联网系统和骨干网系统，将以结合宽带 IP 技术和光纤网技术为主。4G 移动网络的蜂窝按功率大小被细分为 macro BS、micro BS 和 pico BS 三类。

Bell 公司已经研制出一种新型光网络。它是利用大气激光传输原理的一种“无光纤”的光网系统。该系统主要由激光器、光放大器和光接收器组成，通过发射一种特殊的“扩展光束”(Expanded Beam)传送光信号，并采用 DWDM 技术，支持 10Gb/s 速率的波长，传输距离大于 5km，具有良好的信号安全和稳定性。诸如此类的先进的光网络和光技术层出不穷。可以预见，在未来的 4G 移动通信网络中，光网络将大放异彩，起着举足轻重的作用。

无线路由器应用

无线路由器是带有无线覆盖功能的路由器，它主要应用于用户上网和无线覆盖。无线路由器可以看作一个转发器，将家中墙上接出的宽带网络信号通过天线转发给附近的无线网络设备(笔记本电脑、支持 Wi-Fi 的手机等)。市场上流行的无线路由器一般都支持专线 xDSL、Cable、动态 xDSL、PPTP 4 种接入方式，它还具有其他一些网络管理的功能，如 DHCP 服务、NAT 防火墙、MAC 地址过滤等。

1. 工作原理

无线路由器(Wireless Router)好比将单纯性无线 AP 和宽带路由器合二为一的扩展型产品，它不仅具备单纯性无线 AP 所有功能如支持 DHCP 客户端、支持 VPN、防火墙、支持 WEP 加密等，而且还包括了网络地址转换(NAT)功能，可支持局域网用户的网络连接共享。可实现家庭无线网络中的Internet连接共享，实现ADSL、Cable Modem和小区宽带的无线共享接入。无线路由器可以与所有以太网接的ADSL Modem或Cable Modem直接相连，也可以在使用时通过交换机/集线器、宽带路由器等局域网方式再接入。其内置有简单的虚拟拨号软件，可以存储用户名和密码拨号联网，可以实现为拨号接入Internet的ADSL、Cale Modem等提供自动拨号功能，而无须手动拨号或占用一台计算机做服务器使用。此外，无线路由器一般还具备相对更完善的安全防护功能。

3G路由器主要在原路由器嵌入无线3G模块。首先用户使用一张资费卡(USIM卡)插3G路由器，通过运营商3G网络WCDMA、TD-SCDMA等进行拨号联网，就可以实现数据传输、上网等。路由器有Wi-Fi功能实现共享上网，只要手机、计算机、PSP有无线网卡或者带Wi-Fi功能就能通过3G无线路由器接入Internet，为实现无线局域网共享3G无线网提供了极大的方便。部分厂家的还带有有线宽带接口，不用3G也能正常接入互联网。通过3G无线路由器，可以实现宽带连接，达到或超过当前ADSL的网络带宽，在物联网等应用中变得非常广泛。

2. 优点

1) 智能管理配备

双WAM 3.75G Wireless-N宽带路由器无线路由器，让用户在Wi-Fi安全保证下，随时随地享受极速连网络生活，永不掉线，智能管理配备了最新的3G和Wireless-N技术。JGR-N605是一个全功能的网络设备，它能够让用户自由享受无忧的网络连接，无论是在室外会议、展会、会场、工厂、家里还是路上，通过USB 2.0接口，该硬件可以让台式计算机和笔记本电脑享用有线或者无线网络。如JCG捷希的无线路由器，通过JGR-N605，用户可以轻松下载图片、高清晰视频，运行多媒体软件，观赏电影或者与客户、团队成员、朋友或者家人共享文件。这个路由器甚至可以作为打印机服务器，Webcam或者FTP服务器使用，实现硬件的网络共享。当它连接3G网络时，通过JGR-N605的增值应用软件，可以随时监控3G网络的连接状态。同时，管理中心能够让用户监控或者最大化网络连接，也可以管理3G月流量。

2) 多功能服务

无线路由器的USB接口可以作为多功能服务器来帮助用户建立一个属于自己的网络，当用户外出时，可以使用办公室打印机，通过Webcam监控房子，与同事或者朋友共享文件，甚至可以下载FTP或BT文件。市面上具备USB接口的无线路由器较为罕见，其中，飞鱼星的一款路由器VE982W就是具备USB接口的无线路由器。

3) 多功能展示工具

独特3G管理中心是一个多功能展示工具，它在视觉上展示信号情况，可使用户最大限度地利用它们的连接。利用上传速度、下载速度可以监视带宽。这种工具可以计算出每月使用的数据总量或者小时总量。

4) 增益天线信号

在无线网络中，天线可以达到增强无线信号的目的，可以把它理解为无线信号的放大器。天线对空间不同方向具有不同的辐射或接收能力，而根据方向性的不同，天线有全向和定向两种。

全向天线：在水平面上，辐射与接收无最大方向的天线称为全向天线。全向天线由于无方向性，所以多用在点对多点通信的中心台。如想要在相邻的两幢楼之间建立无线连接，就可以选择这类天线。

定向天线：有一个或多个辐射与接收能力最大方向的天线称为定向天线。定向天线能量集中，增益相对全向天线要高，适合于远距离点对点通信，同时由于具有方向性，抗干扰能力比较强。如一个小区里，需要横跨几幢楼建立无线连接时，就可以选择这类天线。

3. 网络参数设置

常见的无线路由器一般都有一个 RJ-45 口为 WAN 口，也就是 UPLink 到外部网络的接口，其余 2～4 个口为 LAN 口，用来连接普通局域网，内部有一个网络交换机芯片，专门处理 LAN 接口之间的信息交换，如图 4-25 所示。通常无线路由的 WAN 口和 LAN 口之间的路由工作模式一般都采用 NAT(Network Address Translation)方式。

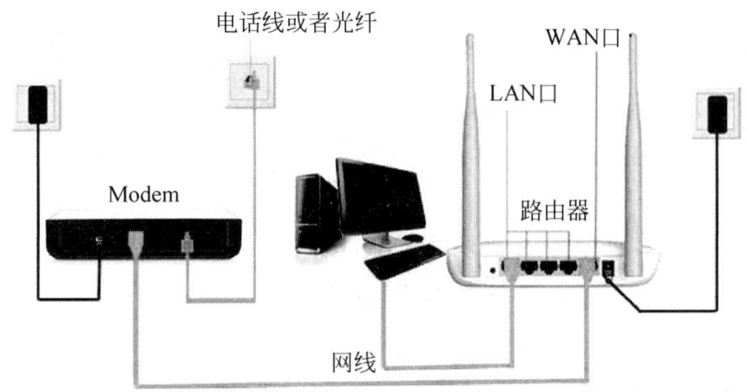

图 4-25　无线宽带路由器端口说明

所以，其实无线路由器也可以作为有线路由器使用。

配置无线路由器之前，必须将 PC 与无线路由器用网线连接起来，网线的另一端要接到无线路由器的 LAN 口上。物理连接安装完成后，要想配置无线路由器，还必须知道两个参数，一个是无线路由器的用户名和密码；另外一个参数是无线路由器的管理 IP。一般无线路由器默认管理 IP 是 192.168.1.1 或者 192.168.0.1(或其他)，用户名和密码都是 admin。

要想配置无线路由器，必须让 PC 的 IP 地址与无线路由器的管理 IP 在同一网段，子网掩码用系统默认的即可，网关无须设置。

在浏览器的网址栏中，输入无线路由器的管理 IP，桌面会弹出一个登录界面，将用户名和密码填写进入之后，就进入了无线路由器的配置界面。

进入无线路由器的配置界面之后，系统会自动弹出一个“设置向导”界面。在“设置向导”界面中，系统只提供了 WAN 口的设置。建议用户不要理会“设置向导”界面，直接进入“网络参数设置”选项。

在无线路由器的网络参数设置中，必须对 LAN 口、WAN 口两个接口的参数进行设置。在实际应用中，很多用户只对 WAN 口进行了设置，LAN 口的设置保持无线路由器的默认状态。

要想让无线路由器保持高效稳定的工作状态，除对无线路由器进行必要的设置之外，还要进行必要的安全防范。用户购买无线路由器的目的，就是为了方便自己，如果无线路由器是一个公开的网络接入点，其他用户都可以共享，这种情况之下，用户的网络速度还会稳定吗？为了无线路由器的安全，用户必须清除无线路由器的默认LAN设置。

例如，有一个无线路由器，默认LAN口地址是192.168.1.1，为了防止他人入侵，可以将LAN地址更改为192.168.1.254，子网掩码不做任何更改。LAN口地址设置完毕之后，单击“保存”按钮后会弹出重新启动的对话框。

配置了LAN口的相关信息之后，再配置WAN口。对WAN口进行配置之前，先要搞清楚自己的宽带属于哪种接入类型，固定IP、动态IP、PPPoE虚拟拨号、PPTP、L2TP、802.1x+动态IP，还是802.1x+静态IP。笔者使用的是固定IP的ADSL宽带，为此，WAN口连接类型选择“PPPoE虚拟拨号”，然后把IP地址、子网掩码、网关和DNS服务器地址填写进去就可以了。

4. 防止不授权用户蹭网

使用无线路由器的时候最苦恼的就是自己的网络被别人蹭用，家用无线路由器应该要怎么进行设置去防止别人盗用网络呢？可以通过下面几个方法。

1）修改密码

密码被盗用，最简单的方法就是把密码改了，用WPA2这类比较新的加密技术。不过别人可以破解第一次，就可以破解第二次，这个方法不够彻底，看第二招。

2）MAC物理地址绑定和过滤

MAC地址这边，有两个招式可以用：一个是绑定自己的地址，一个是过滤别人的地址。通过上面的无线主机状态，用户可以得到蹭网者的一个IP和MAC地址，可以打开MAC地址过滤表，把对方的主机过滤掉，让他无法再上网。

3）关闭DICH使用静态IP

DHCP的功能是用来自动下发IP给需要获取IP的计算机，关闭路由器的DHCP功能，同时把SSID号和密码都换了，最好把LAN口的上网网段给换了，然后自己再回到计算机设置IP，用固定IP上网。只要别人不知道你的上网网段，就算账号、密码被盗，他也没有正确的IP可以上网。不过这个方法会让你用起网络来不是很方便。

4）关闭SSID广播，让别人搜不到你

在路由器无线设置的基础参数里面有一个SSID广播的选项，不要勾选这个选项，就可不外放自己的Wi-Fi名称了，如果想上网，需要在无线终端上自己手动建立连接。

5. 路由器选购技巧

随着宽带网络的逐步普及，宽带路由器已经得到越来越广泛的应用，衍生并发展了宽带路由市场，路由器产品也是种类繁多，使大多数想要购买路由器但又缺乏基本技术的消费者无从选择，因此，这里对宽带路由器的主要性能指标逐一进行分析解读，希望对大家选择宽带路由器有所帮助。

1）使用方便

在购买路由器时一定要注意路由器相关说明或在商家处询问清楚是否提供Web界

面管理，否则对于家庭用户来说可能存在配置或维护方面的困难。并且许多路由器维护界面已经是全中文，界面更加人性化，让操作变得更简单。

2）LAN 端口数量

LAN 端口即局域网端口，由于家庭计算机数量不可能有太多，所以局域网端口数量只要能够满足需求即可，过多的局域网端口对于家庭来说只是一种浪费，而且会增加不必要的开支。

3）WAN 端口数量

WAN 端口即宽带网端口，它是用来与 Internet 网连接的广域网接口。通常在家庭宽带网络中 WAN 端口都接如小区宽带 LAN 接口或是 ADSL Modem 等。而一般家庭宽带用户对网络要求并不是很高，所以，路由器的 WAN 端口一般只需要一个就够了，不必要为了过分追求网络带宽而采用多 WAN 端口路由器，也不必要花多余的钱。

4）带宽分配方式

需要了解所购买的路由器 LAN 端口的带宽分配方式。到 2013 年，市面上有些不知名品牌厂商所生产的家用路由器实际上是采用了集线器的共享宽带分配方式，即在局域网内部的所有计算机共同分享 10/100Mb/s 的带宽，而不是路由器的独享带宽分配方式，即单独拥有 10/100Mb/s 的带宽，因此这种产品在局域网内部传送数据时对网络传输速度有很大影响。

5）功能适用

2013 年，市面上很多宽带路由器都提供了防火墙、动态 DNS、网站过滤、DMZ、网络打印机等功能。在这之中，有的功能对于家庭宽带用户来说比较实用，如防火墙、网站过滤、DHCP、虚拟拔号功能等。但有些功能对于一般家庭宽带用户来说却是几乎用不上，如 DMZ、VPN、网络打印机功能等。所以在选购家用路由器时要考虑有没有必要为一些几乎用不上的功能买单。

6）品牌可靠性

作为知名品牌的路由器，其质量和信誉肯定是被大多数人都公认的，可是网络产品同世界一起在发展，不少厂商正如雨后春笋般发展起来，但也难免产品质量良莠不齐。为了让自己买得放心，用起来省心，建议还是选择一些品牌有保证，并且性价比较高的经济适用型产品。

网上支付

网上支付是电子支付的一种形式，它是通过第三方提供的与银行之间的支付接口进行的即时支付方式，这种方式的好处在于可以直接把资金从用户的银行卡中转账到网站账户中，汇款马上到账，不需要人工确认。客户和商家之间可采用信用卡、电子钱包、电子支票和电子现金等多种电子支付方式进行网上支付，采用在网上电子支付的方式节省了交易的开销。

从网上支付业务发展情况看，银行提供网上支付服务已经介入了 B2C、B2B 电子商务。在 B2C 电子商务中，银行通过与 B2C 电子商务平台供应商合作，为个人用户提供支付结算服务；在 B2B 电子商务中，银行对 B2B 结算业务的支持已从单纯地在网上为企业用户提供转账结算服务，发展到介入企业的采购和分销系统，支付结算的手段也从单纯的转账功能发展到结合企业综合授信额度的网上信用证服务。从B2C网上支付技术形式看，基于SSL的支付系统是网上支付的主流形式，而基于SET的网上支付发展则相对缓慢。招商银行同时提供基于SSL的小额网上支付和基于数字证书的无限额支付，发展形势良好。

总的看来，我国银行网上支付系统尚处于发展的起步阶段，还存在着诸多问题：大部分银行无法提供全国联网的网上支付服务；在实现传统支付系统到网上支付系统的改造过程中，银行间缺乏合作，各自为政，未形成大型的支付网关，网上支付结算体系覆盖面较小；网上支付业务的标准性差，数据传输和处理标准不统一；网上银行法律框架亟待健全、完善，等等。此外，我国网上支付体系的发展还受到来自社会信用制度等因素的限制。信用是电子商务发展的关键前提之一，但从我国的信用制度现状看，社会整体信用制度不够健全，严重影响到市场主体对电子商务安全性的认知程度的提升；同时，基础通信设施不发达、企业信息化程度较低等因素的制约，网上支付体系的发展可谓任重而道远。

但是，应当看到，对应于我国电子商务发展的现状，支付系统在B2C方面已经能基本满足现实需要。虽然银行支付系统是电子商务发展的关键支持，但银行充当的角色还只是提供结算服务的中介机构。

其一，许多政策、法规、标准尚未制定，社会信用体系尚全的情形下，期望银行冒着风险超前建立一套完善的网上结算体系，是不现实的想法。

其二，从短期看，尽管技术标准、认证中心和支付网关的建立仍制约着网上支付系统的建设。但随着我国电子商务和网上银行的发展，源于市场选择作用而产生的龙头企业(银行)将产生，由这些龙头企业制定的行业标准的权威性将逐步确立起来。在这种情况下，企业之间的交叉认证将加强网上支付系统的建设与发展。最后，经过市场的进一步选择和检验，具有生命力和权威性的为数不多的企业将通过谈判和协商的方式制定统一的技术标准。

其三，中央银行正会同国家立法机构采取积极的态度推动网上支付业务的发展，网上银行业务管理办法也即将出台，网上支付的有关法律框架正在逐步形成，这将进一步促进网上支付结算系统的发展。

其四，要最终建成完善的网上支付系统以支撑成熟的电子商务运作，有待银行业实现全国性的跨行联网清算体系的建成。

中国的商业银行都在积极加快各自的网上支付结算系统建设，可以预见，在不远的将来，一个有效支撑电子商务发展的中国网上支付系统将构建起来。

1. 网上银行基本功能

(1) 认证交易双方、防止支付欺诈。能够使用数字签名和数字证书等实现对网上商务各方的认证，以防止支付欺诈，对参与网上贸易的各方身份的有效性进行认证，通过认证机构或注册机构向参与各方发放数字证书，以证实其身份的合法性。

(2) 加密信息流。可以采用单密钥体制或双密钥体制进行信息的加密和解密，可以采用数字信封、数字签名等技术加强数据传输的保密性与完整性，防止未被授权的第三者获取信息的真正含义。

（3）数字摘要算法确认支付电子信息的真伪。为了保护数据不被未授权者建立、嵌入、删除、篡改、重放等，完整无缺地到达接收者一方，可以采用数据杂凑技术。

（4）保证交易行为和业务的不可抵赖性。当网上交易双方出现纠纷，特别是有关支付结算的纠纷时，系统能够保证对相关行为或业务的不可否认性。网络支付系统必须在交易的过程中生成或提供足够充分的证据来迅速辨别纠纷中的是非，可以用数字签名等技术来实现。

（5）处理网络贸易业务的多边支付问题。支付结算牵涉客户、商家和银行等多方，传送的购货信息与支付指令信息还必须连接在一起，因为商家只有确认了某些支付信息后才会继续交易，银行也只有确认支付才会提供支付。为了保证安全，商家不能读取客户的支付指令，银行不能读取商家的购货信息，这种多边支付的关系能够借用系统提供的诸如双重数字签名等技术来实现。

（6）提高支付效率。网络支付的手续和过程并不复杂，支付效率很高。

2. 网上银行基本特征

与传统的支付方式相比，网上支付具有以下特征。

（1）网上支付是采用先进的技术通过数字流转来完成信息传输的，其各种支付方式都是采用数字化的方式进行款项支付的；而传统的支付方式则是通过现金的流转、票据的转让及银行的汇兑等物理实体式流转来完成款项支付的。

（2）网上支付的工作环境是一个开放的系统平台（即因特网）；而传统支付则是在较为封闭的系统中运作。

（3）网上支付使用的是最先进的通信手段，如因特网、Extranet，而传统支付使用的则是传统的通信媒介。网络支付对软、硬件设施的要求很高，一般要求有联网的微机、相关的软件及其他一些配套设施，而传统支付则没有这么高的要求。

（4）网上支付具有方便、快捷、高效、经济的优势。用户只要拥有一台上网的 PC，便可足不出户，在很短的时间内完成整个支付过程。支付费用仅相当于传统支付的几十分之一，甚至几百分之一。网络支付可以完全突破时间和空间的限制，可以满足 24/7（每周 7 天，每天 24 小时）的工作模式，其效率之高是传统支付望尘莫及的。

（5）网络支付的技术支持。由于网络支付工具和支付过程具有无形化、电子化的特点，因此对网络支付工具的安全管理不能依靠普通的防伪技术，而是通过用户密码、软硬件加密和解密系统以及防火墙等网络安全设备的安全保护功能进行实现。

3. 网上支付基本流程

基于 Internet 平台的网上支付一般流程如下。

（1）客户接入因特网（Internet），通过浏览器在网上浏览商品，选择货物，填写网络订单，选择应用的网络支付结算工具，并且得到银行的授权使用，如银行卡、电子钱包、电子现金、电子支票或网络银行账号等。

（2）客户机对相关订单信息，如支付信息进行加密，在网上提交订单。

（3）商家服务器对客户的订购信息进行检查、确认，并把相关的、经过加密的客户支付信息转发给支付网关，直到银行专用网络的银行后台业务服务器确认，以期从银行等电子货币发行机构验证得到支付资金的授权。

(4) 银行验证确认后,通过建立起来的经由支付网关的加密通信通道,给商家服务器回送确认及支付结算信息,为进一步的安全,给客户回送支付授权请求(也可没有)。

(5) 银行得到客户传来的进一步授权结算信息后,把资金从客户账号上转拨至开展电子商务的商家银行账号上,借助金融专用网进行结算,并分别给商家、客户发送支付结算成功信息。

(6) 商家服务器收到银行发来的结算成功信息后,给客户发送网络付款成功信息和发货通知。至此,一次典型的网络支付结算流程结束。商家和客户可以分别借助网络查询自己的资金余额信息,以进一步核对。

以上的网上支付一般流程只是对各种网上支付结算方式的应用流程的普遍归纳,不表示各种网络支付方式的应用流程完全相同,但大致遵守该流程。

4. 网上支付方式

网银支付直接通过登录网上银行进行支付。要求开通网上银行之后才能进行网银支付,可实现银联在线支付,信用卡网上支付,等等,这种支付方式是直接从银行卡支付的。

第三方支付本身集成了多种支付方式,流程如下。

(1) 将网银中的钱充值到第三方。

(2) 在用户支付时使用第三方中的存款进行支付。

(3) 花费手续费进行提现。

第三方的支付手段是多样的,包括移动支付和固定电话支付。

最常用的第三方支付是支付宝、财付通、环迅支付、易宝支付、快钱、网银在线等,其中作为独立网商或有支付业务的网站而言,最常选择的不外乎支付宝、环迅支付、易宝支付、快钱这4家。

5. 安全问题

尽管网上支付发展普遍被人看好,但暴露出来的一些网上安全问题仍然使网上支付蒙上了阴影。

美国《计算机安全威胁报告》显示,美国制造的恶意计算机攻击数量远超过其他任何一个国家。由于犯罪团伙之间激烈的竞争,被盗金融信息的售价也在日益下跌。

1) 不安全的根源

一个重要的原因就在于一些不法之徒十分猖獗,他们盯上了互联网,通过设立仿冒网站、发送伪造电子邮件甚至利用计算机病毒等手段,骗取用户的银行账户、密码等信息。

2) 网络钓鱼

"网络钓鱼"是一种比较典型的诈骗方式,顾名思义,就是骗子利用一些不被人注意的诱饵,来骗取用户的账号和密码,从而坐收渔翁之利。通常骗子都是利用向别人发送垃圾邮件,将受害者引导到一个假的网站,这个假网站会做得与某些电子银行网站一模一样,粗心的用户往往会将自己的账户和密码乖乖送到骗子那里。

3) 鸡尾酒钓鱼术

网络"鸡尾酒钓鱼术"更让人防不胜防。与使用仿冒站点和假链接行骗的"网络钓鱼"

不同,"鸡尾酒钓鱼术"直接利用真的银行站点行骗,即使是有经验的用户也可能会陷入骗子的陷阱。据光华反病毒中心的专家介绍,"鸡尾酒钓鱼术"是通过用户点击邮件中包含这种技术的链接触发。当用户点击邮件中的链接以后,的确能登录网上银行的正常站点,但是骗子的恶意代码会让网上银行的站点上出现一个类似登录框的弹出窗口,毫无戒心的用户往往会在这里输入自己的账号和密码,而这些信息就会通过计算机病毒发送到骗子指定的邮箱中。由于骗子利用了客户端技术,银行方面也很难发现自己的站点有异常。

6. 网上支付注意问题

网络技术发展日新月异,应运而生的"网上购物"越来越被大众接受,逐渐成为人们的主流购物方式。由于跟钱袋子密切相关,在享受方便的网购乐趣时,保证网上支付安全显得更加重要。确保网上资金安全,你真的做足保护工作了吗?下面就来盘点一下网上支付比较常见的几大误区。

(1) 一个密码走天下,密码好记就 OK。

描述:一些网友把所有的账号和密码都设置为一样,并且喜欢用生日、身份证号码等数字作为账号密码。这样的密码极易被"盗号者"破解,任意一次的资料泄露都极有可能导致用户所有账户链失去安全保障。

支招:为网上支付账号设置单独的密码,使用"数字+字母+符号"组合的高安全级别的密码。像支付宝有登录密码和支付密码两个密码,必须设置成不同。

(2) 账号、密码存计算机,方便记。

描述:有的网友喜欢把账号密码保存在计算机某个文件中。若计算机处于联网状态,就有可能被木马侵害,账号密码也可能泄露。

支招:账户与密码不要保存于联网的计算机中,对于一些不熟悉的网站,填写信息要谨慎。

(3) 卖家提供的链接不会有问题。

描述:有的网友网购时轻信卖家,不假思索地就点击了卖家发送的不明链接。卖家发送的链接有可能是一个木马网站,随意进入可能会遭木马攻击,从而泄露支付账号和密码。

支招:登录正确的网址,按照购物流程直接在平台内购买、支付,不要轻易点击卖家发送的不明链接。

(4) 账号"裸奔"最方便。

描述:部分网友认为网购图的就是方便快捷,使用数字证书、宝令太麻烦,而且安装也麻烦。其实没有一些安全产品的保护,账号是很容易被"入侵"的。

支招:使用数字证书、宝令、支付盾等能帮助提升账户的安全等级的安全产品。安装了这些安全产品,用户即使被盗,盗用者在没有证书、支付盾或宝令的情况下也无法操作资金,用户从而可以避免资金损失。支付宝的数字证书可以免费安装,步骤很简易,在不同计算机上使用时,通过手机校验码的方式重新安装或删除也很方便。

绑定手机,使用手机动态口令。支付宝等网络支付账户都支持绑定手机,并支持设定手机动态口令。用户可以设定当单笔支付额度或者每日支付累计额度超过一定金额时就需要进行手机动态口令校验,从而增强资金的安全性。

(5) 用网银付款更安全。

描述:部分网友觉得使用网银操作,有了U盾等硬件在手里,交易就一定是安全的。事实上很多木马钓鱼都是针对从第三方支付平台跳转到网银页面的中间步骤进行欺诈作案。

支招:由于木马钓鱼的存在,支付平台向网银跳转的过程很容易被利用。网上支付除了自己做足安全保障,支付平台的安全保障承诺也很重要。推荐大家更多使用支付宝快捷支付付款。由于付款操作统一在支付宝平台完成,无须跳转,可以有效封杀钓鱼者利用页面跳转进行钓鱼欺诈的空间。用户只要是通过快捷支付进行的付款操作,即可享受全额赔付保障,遭遇欺诈等资金损失,支付宝都会全额赔付。

网上银行对于同种银行,不用地域之间可以进行相关业务关联,减少业务所需的手续费用。

7. 网上支付面临的挑战

现阶段网上支付还面临许多挑战,主要有以下几点。

(1) 信用不足、相关知识缺乏致使企业与客户普遍对网上支付结算的安全性、方便性持怀疑态度,对采用网上支付方式持谨慎,甚至是消极态度。

(2) 网上支付与电子银行是电子商务双方结算处理的主要方式,这就需要改变过去传统的支付结算习惯。但由于很多商家、客户对这种方式难以适应和接受,往往抵制电子商务。

(3) 网上支付与电子银行需要一个完善的技术平台和管理机制,中间应用了很多高科技技术,很多银行的技术与管理控制能力还不足以支撑网上支付结算的可靠运转。这包含许多影响因素,主要包括网络建设、宽带、传输过程中数据安全问题和国家管理体制等问题。其中特别是安全问题,如黑客的攻击,全球或全国缺乏一个统一、权威的CA认证中心,容易造成交叉认证和混乱。此外,各个商业银行推出的网上支付方案不同,例如,银行直接参与的信用卡非SET机制电子商务支付系统和SET机制安全支付系统方案,都有银行在使用,这必将造成开发上的重复浪费,也无法保证信用卡处理的统一性。这些都给用户带来了使用上的困惑,复杂度也相应提高了。

(4) 电子商务中网上支付与结算采用的方式是否确实能做到低成本、快捷方便、安全可靠,还有待观察。特别在国内,诸多银行研发的网上支付结算工具如信用卡支付结算等各自为战,难以联合使用。这些自成体系的银行卡纷纷设法与网站联盟推出的网上支付结算业务,客观上造成信用卡只能用于网内结算,不能用于网间结算,这就大大阻碍了网上支付结算业务的发展,也给用户带来诸多不便。

总之,资金流是电子商务的核心流程与关键环节,一遇网上支付与电子银行的资金流运转不畅将直接影响电子商务的发展水平与规模,是电子商务发展过程中的瓶颈之一。

第5章

数字媒体及应用

【学习场景】

数字媒体，几乎可以用“包罗万象”来形容。数字电视、CG动画、数字电影、游戏、交互多媒体运用、手机增值业务、互联网都属于数字媒体的范畴。

数字媒体正变得无所不在。公交汽车上，细心的市民可以看到打着“北广传媒”或“CCTV”标志的移动电视；地铁车厢里，电视屏幕镶嵌在车门旁，一遍遍播放着奥运各比赛项目的图像和动画，酝酿着令人振奋的气氛；出租汽车司机或副驾驶座位后方的小屏幕上，播放着与电视同步的新闻；而与此同时，广播里还在推荐一种已经渐渐耳熟能详的DAB手机，一种随时随地能用手机免费收看电视的移动终端。在写字楼、银行、餐馆、电梯间，人们习惯路过时瞄一眼或竖或横挂着的电视屏幕，无论是冰冻灾害还是汶川地震，人们都可以从中得知最新消息。

仅仅就电视这种传统媒体的衍生形态来看，就有高清电视、有线数字电视、网络电视、车载移动电视、手机电视、IPTV、楼宇电视、户外大屏等。媒介生态正在发生改变。数字新媒体的崛起迅速影响了媒介生态。趋于成熟的新媒体已经创造了一个新市场，并对传统媒体形成一定的挤压。

从这个意义上讲，数字媒体已经形成了一个全新的产业，而且随着近年来的飞速发展，也拥有了纷繁复杂的产品形态与产品格局。面对全新的产业概念、企业概念、产品概念、市场营销概念，无论是在市场第一线的创业者还是高等学府的学者师生，都需要更透彻地理解和观察数字媒体产业，同时详尽地了解和解析数字媒体产品。只有把宏观的产业观察和微观的产品解析有机地结合在一起，才能参透“数字媒体”的真正含义。

数字媒体是指以二进制数的形式记录、处理、传播、获取过程的信息载体，这些载体包括数字化的文字、图形、图像、声音、视频影像和动画等媒体。数字媒体的发展不再是互联网和IT行业的事情，而将成为全产业未来发展的驱动力和不可或缺的能量。数字媒体的发展通过影响消费者行为深刻地影响着各个领域的发展，消费业、制造业等都受到来自数字媒体的强烈冲击。

各种数字媒体形态正在迅速发展，中国这个拥有最大的互联网用户群体的市场也成为国际数字媒体巨头的必争之地。中国社交网站(SNS)用户已经超过2.35亿人，约1/3

的网民都在使用 SNS；各大主流互联网媒体纷纷向社交化转型，众多 SNS 新平台和产品竞相登场。视频网站和社交媒体成为数字媒体发展的新方向。

【学习目标】

培养学生使用数字媒体的能力。

【学习任务】

(1) 掌握西文和汉字的编码原理。
(2) 掌握数字文本的编辑和处理。
(3) 掌握数字图像的获取、处理及合成。
(4) 了解数字声音的获取和合成。
(5) 掌握数字视频的获取和应用。

5.1 文本

文字信息在计算机中称为“文本”(Text)，是人类表达信息最基本的方式之一，是计算机中最常用的一种数字媒体。文本信息主要由 ASCII 码表所规定的字符集(包括字母、数字、特殊符号等)和汉字信息交换码所规定的中文字符集中的字符组合而成，习惯上把前者称为西文字符，而把后者称为中文字符，其中每个字符均使用二进制编码表示。

5.1.1 字符的标准化

要使文字能进入计算机，并能在互联网上传输，首要的任务就是字符的标准化。字符的标准化主要内容是字符集，字符集是多个字符的集合。常见的字符集有 ASCII 字符集、GB 2312 字符集、BIG 5 字符集、GBK 字符集、GB 18030 字符集、Unicode 字符集等。

1. 西文字符编码

目前计算机中使用最广泛的西文字符集是 ASCII 字符集，即“美国标准信息交换码”。表 5-1 为标准的 ASCII 字符集，共有 128 个字符，其中 32 个为控制字符，96 个为可

表 5-1 标准 ASCII 字符集及其编码

$b_3b_2b_1b_0$ / $b_6b_5b_4$	0	1	2	3	4	5	6	7	8	9	A	B	C	D	E	F
0	NUL	SOH	STX	ETX	EOT	ENQ	ACK	BEL	BS	HT	LF	VT	FF	CR	SO	SI
1	DLE	DC1	DC2	DC3	DC4	NAK	SYN	ETB	CAN	EM	SUB	ECS	FS	GS	RS	US
2	20 SP	21 !	22 "	23 #	24 $	25 %	26 &	27 '	28 (	29)	2A *	2B +	2C ,	2D —	2E .	2F /
3	30 0	31 1	32 2	33 3	34 4	35 5	36 6	37 7	38 8	39 9	3A :	3B ;	3C <	3D *	3E >	3F ?
4	40 @	41 A	42 B	43 C	44 D	45 E	46 F	47 G	48 H	49 I	4A J	4B K	4C L	4D M	4E N	4F O
5	50 P	51 Q	52 R	53 S	54 T	55 U	56 V	57 W	58 X	59 Y	5A Z	5B [	5C \	5D]	5E ^	5F _
6	60	61 a	62 b	63 c	64 d	65 e	66 f	67 g	68 h	69 i	6A j	6B k	6C l	6D m	6E n	6F o
7	70 p	71 q	72 r	73 s	74 t	75 u	76 v	77 w	78 x	79 y	7A z	7B {	7C |	7D }	7E ~	DEL

打印字符(包括大小写英文字符、数字和常用标点符号)。每个字符对应 1 个 7 位二进制编码,称为该字符的 ASCII 码。因为计算机中存储和处理数据的基本单位是字节(即 8 个二进制位),所以在计算机中,需在 ASCII 码的首位加“0”,构成一个字节,便于存储和传输。

标准 ASCII 编码字符集只对 128 个字符进行了编码,已经不能满足现在对字符的使用,于是在不同的平台上,出现了扩展 ASCII 字符集。扩展 ASCII 码使用 8 个二进制位,与标准 ASCII 编码不同,它的首位是“1”,对新的 128 个字符进行了编码,编码范围是 128～255。

2. 汉字编码

1) GB 2312 标准

为了适应计算机处理汉字信息的需要,1981 年我国颁布了第一个国家标准——《信息交换用汉字编码字符集基本集》(GB 2312—1980)。该标准选出 6763 个常用汉字和 682 个非汉字字符,为每个字符规定了标准代码,以便在不同计算机系统之间进行汉字文本的交换。

GB 2312 字符集由三部分组成:第一部分是字母、数字和各种符号,包括拉丁字母、俄文、日文平假名与片假名、希腊字母、汉语拼音等共 682 个(统称为图形符号);第二部分为一级常用汉字,共 3755 个,按汉语拼音排列;第三部分为二级常用字,共 3008 个,因不太常用,所以按偏旁部首排列。

GB 2312 的所有字符在计算机内部都采用 2 个字节(16 个二进制位)来表示,每个字节的最高位均规定为 1(图 5-1)。这种高位均为 1 的双字节汉字编码就称为 GB 2312 汉字的“机内码”(又称“内码”),以区别于西文字符的 ASCII 编码。例如,“巧”字的 GB 2312 内码是 10111001 11000001(用十六进制表示为 B9C1H)。显然,它与 ASCII 字符的二进制表示有明显的区别,因而方便了计算机的处理。

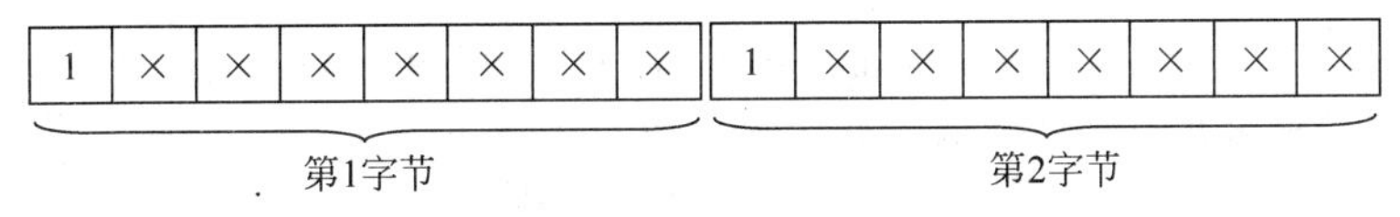

图 5-1　GB 2312 汉字在计算机中的表示

2) GBK 标准

GB 2312 只有 6763 个汉字,而且均为简体字,在人名、地名的处理上经常不够用,尤其是在古籍整理和研究方面有很大缺憾。为此,迫切需要有包含繁体字等更多汉字的标准字符集。

GBK 是我国 1995 年发布的又一个汉字编码标准,全称为《汉字内码扩展规范》。它一共有 21003 个汉字和 883 个图形符号,除了 GB 2312 中的全部汉字和符号之外,还收录了包括繁体字在内的大量汉字和符号,如“愛”“馬”等繁体汉字和“麤”等生僻的汉字。

GBK 汉字在计算机中也使用双字节表示。由于与 GB 2312 向下兼容,因此所有与 GB 2312 相同的字符,其编码也保持相同;新增加的符号和汉字则另外编码,它们的第 1 字节最高位必须为“1”,第 2 字节的最高位可以是“1”,也可以是“0”,如图 5-2 所示。

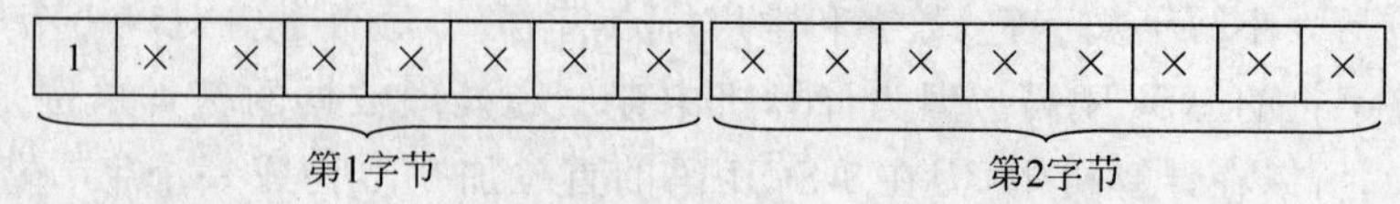

图 5-2 GBK 汉字在计算机中的表示

3）UCS/Unicode 汉字编码标准

全球有数以千计的不同语言文字，为了实现统一编码，国际标准化组织（ISO）制定了一个将全世界现代书面文字使用的所有字符和符号（包括中国大陆和港台地区、日本、韩国等使用的汉字，大约 10 万字符）集中进行统一编码，称为 UCS 标准，对应的工业标准称为 Unicode。

它的具体实现（如 UTF-8 和 UTF-16）已在 Windows 和 UNIX、Linux 操作系统中及许多因特网应用（如网页、电子邮件）中广泛使用。它是可变长代码，其中包含了我国 GB 2312 和 GBK 标准中的汉字，但是与它们并不兼容。

4）GB 18030 汉字编码标准

为了既与国际标准 UCS（Unicode）编码标准接轨，又能使用现有的汉字编码资源，我国于 2000 年发布并于 2001 年开始执行新的 GB 18030 汉字编码国家标准。GB 18030 标准一方面与 GB 2312 和 GBK 保持向下兼容，同时还扩充了 UCS/Unicode 中的其他字符。有关 UCS/Unicode 与我国汉字编码标准的情况详见表 5-2。

表 5-2 我国颁布的编码标准与 UCS/Unicode 对比

标准名称	GB 2312—1980	GBK	GB 18030	UCS-2（Unicode）
字符集	6763 个汉字（简体字）	21003 个汉字（包括 GB 2312 汉字在内）	近 3 万汉字（包括 GBK 汉字和 CJKV 及其扩充中的汉字）	包含近 11 万字符，其中的汉字与 GB 18030 相同
编码方法	双字节存储和表示，每个字节的最高位均为	双字节存储和表示，第 1 个字节的最高位必为“1”	部分双字节、部分 4 字节表示，双字节表示方法与 GBK 相同	（1）UTF-8 采用单字节可变长编码 （2）UTF-16 采用双字节可变长编码
兼容性	← 编码保持向下兼容			编码不兼容

5）BIG-5 码

BIG-5 码是通行中国台湾、香港等地区的繁体中文编码方案，俗称“大五码”，采用双字节表示，但不兼容简体中文。

5.1.2 文本的分类

文本是文字及符号为主的一种数字媒体。使用计算机制作的数字文本（也叫电子文本），若根据它们是否具有排版格式来分，可分为简单文本和丰富格式文本两大类；若根据文本内容的组织方式来分，可以分为线性文本和超文本两大类。

1. 简单文本

简单文本由一连串表达正文内容的字符(包括汉字)编码所组成,它几乎不包含任何其他的格式信息和结构信息。这种文本通常也称为纯文本,其文件的后缀名是.txt。Windows 附件中的“记事本”程序所编辑处理的文本就是简单文本,如图 5-3 所示。

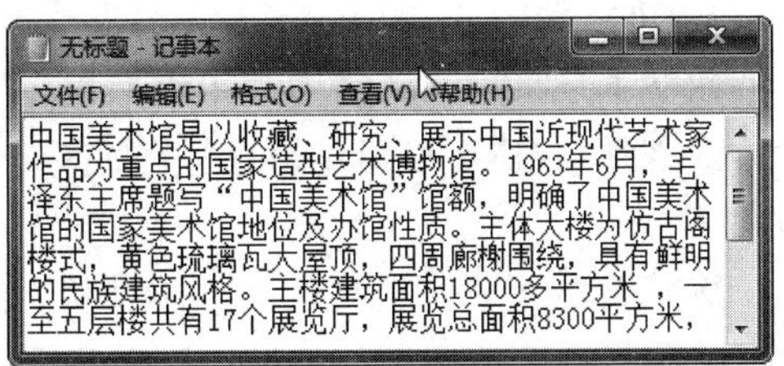

图 5-3　纯文本示例

简单文本呈现为一种线性结构,写作和阅读均按顺序进行。简单文本的文件体积小,通用性好,几乎所有的文字处理软件都能识别和处理,但是它没有字体、字号的变化,不能插入图片、表格,也不能建立超链接。手机短消息使用的就是简单文本。

2. 丰富格式文本

为了使文本能以整齐、醒目、美观、大方的形式展现给用户,人们还需要对纯文本进行必要的加工。例如,对文字所使用的字体、字号、颜色、文字走向等进行设定,将文本分栏、分页,确定页面的大小、文本在页面上的位置及布局等,这个过程称为文本的格式化,俗称为“排版”。经过排版处理后,纯文本中就增加了许多格式控制和结构说明信息,这样的文本称为“丰富格式文本”,如图 5-4 所示。Word、FrontPage、Adobe Acrobat、Adobe Dreamweaver 以及支持 MIME 协议的电子邮件程序等软件都可以编辑处理丰富格式文本。

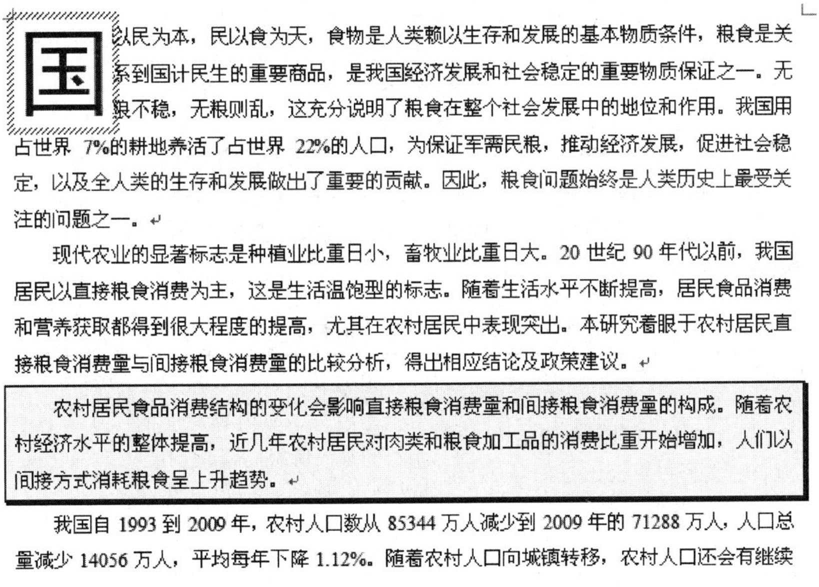

国以民为本，民以食为天，食物是人类赖以生存和发展的基本物质条件，粮食是关系到国计民生的重要商品，是我国经济发展和社会稳定的重要物质保证之一。无粮不稳，无粮则乱，这充分说明了粮食在整个社会发展中的地位和作用。我国用占世界 7%的耕地养活了占世界 22%的人口，为保证军需民粮，推动经济发展，促进社会稳定，以及全人类的生存和发展做出了重要的贡献。因此，粮食问题始终是人类历史上最受关注的问题之一。↵

现代农业的显著标志是种植业比重日小，畜牧业比重日大。20 世纪 90 年代以前，我国居民以直接粮食消费为主，这是生活温饱型的标志。随着生活水平不断提高，居民食品消费和营养获取都得到很大程度的提高，尤其在农村居民中表现突出。本研究着眼于农村居民直接粮食消费量与间接粮食消费量的比较分析，得出相应结论及政策建议。↵

农村居民食品消费结构的变化会影响直接粮食消费量和间接粮食消费量的构成。随着农村经济水平的整体提高，近几年农村居民对肉类和粮食加工品的消费比重开始增加，人们以间接方式消耗粮食呈上升趋势。↵

我国自 1993 到 2009 年，农村人口数从 85344 万人减少到 2009 年的 71288 万人，人口总量减少 14056 万人，平均每年下降 1.12%。随着农村人口向城镇转移，农村人口还会有继续

图 5-4　丰富格式文本示例

此外,许多应用场合还要求在文本中插入图、表、公式,甚至声音和视频。这种由文字、图像、声音、视频等多种信息媒体复合而成的文本也是一种丰富格式文本,其中含有声

音或者视频信息的文本，有时也称为多媒体文档。

不同软件制作的丰富格式文本其文件扩展名各不相同，如.doc 文件是 Word 文档、.htm 文件是网页，它们使用的格式控制符等并不统一，所以一般并不兼容。

3. 超文本

超文本是采用网状结构来组织信息，是对传统文本的一个扩展。除了传统的顺序阅读方式之外，它还可以通过链接进行跳转、导航、回溯等操作，实现对文本内容更为方便的访问。

WWW 网页就是典型的超文本结构，如图 5-5 所示。每个网页(A、B、C、D 等)中都包含了一些指向其他网页的超链(Hyperlink)，用于实现网页阅读时的快速跳转。超链是有向的，起点位置称为链源(HTML 文档中称为锚)，它可以是网页中的一个标题、一个句子、一个关键词、一幅画、一个图标等；目的地(目标)称为链宿，它可以是另一个网页(在本网站或其他网站)，也可以是同一网页中的其他部分。链源(锚)和链宿使用 HTML 标记语言指出。

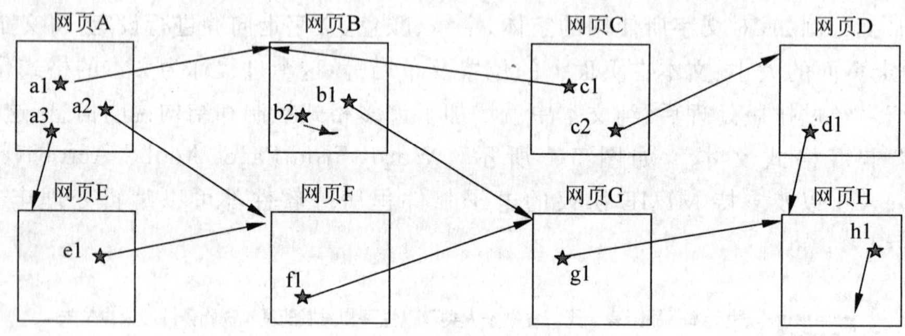

图 5-5 超文本示例

超文本也属于丰富格式文本，使用"写字板"程序和 Word、FrontPage、Dreamweaver 等软件可以制作、编辑和浏览超文本文档。目前最常使用的是超文本置标语言(Hyper Text Markup Language，HTML)，日常浏览的网页都属于超文本。关于常见几种文本的特点与应用情况详见表 5-3。

表 5-3 常见的文本格式的类型及特点

文本类型	特　点	在计算机内的表示	扩展名	用途
简单文本	没有字体、字号和版面格式的变化，文本在页面上逐行排列，也不含图片和表格	由一连串与正文内容对应的字符的编码所组成，几乎不包含任何其他的格式信息和结构信息	.txt	网上聊天 短信 文字录入 OCR 输入
丰富格式文本(线性文本)	有字体、字号、颜色等变化，文本在页面上可以自由定位和布局，还可插入图片和表格	除了与正文对应的字符编码之外，还使用某种"标记语言"所规定的一些标记来说明该文本的文字属性和排版格式等	.doc .rtf .htm .html .pdf	公文 论文 书稿 网页

续表

文本类型	特　　点	在计算机内的表示	扩展名	用途
丰富格式文本（超文本）	除上述特征外，文本中还含有超链接，使文本呈现为一种网状结构	同上，但还应包含用于指出“链源”和“链宿”的标记	.doc .rtf .htm .html .pdf .hlp	同上，以及软件的联机文档（帮助文件）

5.1.3　文本准备

文本在计算机中的处理过程包括文本准备、文本编辑、文本处理、文本存储与传输、文本展现等，如图 5-6 所示。根据应用场合的不同，各个处理环节的内容和要求可能有很大的差别。

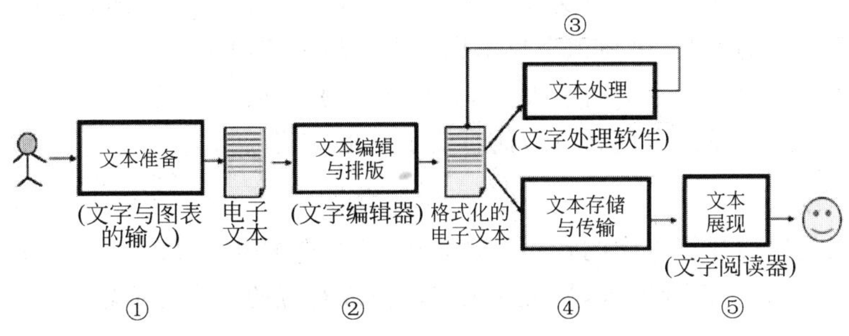

图 5-6　文本在计算机中的处理

使用计算机制作文本，首先要向计算机输入该文本所包含的字符信息，输入字符的方法有两类：人工输入和自动识别输入，如图 5-7 所示。人工输入即通过键盘、手写笔/屏幕或语音输入方式输入字符，其速度较慢，成本较高，不太适应需要大批量输入文字资料的档案管理、图书情报等应用领域。自动识别输入指的是将纸（或磁、电、光等）介质上的文字符号通过识别技术自动转换为字符的编码，这种输入方式速度快、效率高，但技术比较复杂。

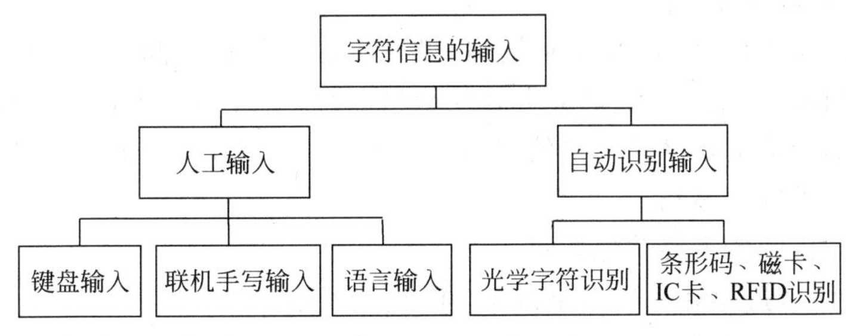

图 5-7　字符信息的输入方法

1. 键盘输入

这是文本信息主要的输入方法。通过键盘，英文信息可直接输入；中文信息则通过不同的中文输入编码来完成。

汉字输入编码方法大体分成如下 4 类。

(1) 数字编码。这是使用一串数字来表示汉字的编码方法，如电报码、区位码等，它们难以记忆，不易推广。

(2) 字音编码。这是一种基于汉语拼音的编码方法，简单易学，适合于非专业人员。其缺点是同音字引起的重码多，需增加选择操作，如搜狗输入法。

(3) 字形编码。这是将汉字的字形分解归类而给出的编码方法，具有重码少、输入速度快的特点，但编码规则不易掌握。五笔字型法和表形码属于这一类。

(4) 形音编码。它吸取了字音编码和字形编码的优点，使编码规则适当简化，重码减少，但掌握起来也不容易。

2. 手写输入

这是一种非常人性化的中英文输入法，适合于不习惯键盘操作的人群和没有标准英文键盘的场合。手写输入是人机交互最自然、最方便的手段之一。随着智能手机、掌上电脑等移动信息工具的普及，手写识别技术也进入了规模应用时代。

手写输入法需要配套的硬件手写板，在配套的手写板上用笔(可以是任何类型的硬笔)来书写录入汉字，不仅方便、快捷，而且错字率也比较低。

3. 语音输入

语音输入是通过计算机中的音频处理系统(主要包括声卡和麦克风)，采集处理人的语音信息，再经过语音识别处理，将说话内容转换成对应的文字完成输入。

4. OCR 输入

这是指用扫描仪将印刷文字以图像的方式扫描到计算机中，再用 OCR 文字识别软件将图像中的文字识别出来，并转换为文本格式的文件，完成文本信息的输入。

光学字符识别(Optical Character Recognition，OCR)是指对文本资料进行扫描，然后对图像文件进行分析处理，获取文字及版面信息的过程。常见软件包括汉王 OCR、清华紫光 OCR、尚书 OCR 等。

5.1.4 文本编辑与文本处理

1. 文本编辑与排版

格式文本由文本信息、文本属性信息以及文本版面信息三部分内容组成。文本信息是格式文本的内容，是主体部分；文本属性信息、版面信息用来表现和反映文本的形式。内容与形式的适当搭配是格式文本处理的基本要求。格式文本处理的主要目的是出版发行(包括打印、电子发行等)。

文本编辑与排版的主要功能如下。

(1) 对字、词、句、段落进行添加、删除、修改等操作。

(2) 字的处理：设置字体、字号、字的排列方向、间距、颜色、效果等。

(3) 段落的处理：设置行距、段间距、段缩进、对称方式等。

(4) 页面布局的处理：设置页边距、每页行列数、分栏、页眉、页脚等。

非文本内容有图片、表格、数学公式、文本框等，合理使用和处理这些内容，不仅可实现版面的文、图、表等表现形式的综合利用，还能将格式文本应用于科技资料处理中，增加格式文本的表现力和说服力。

2. 文本处理功能

如果说文本编辑主要是解决文本的外观问题，那么文本处理强调的是用计算机对文本中包含的文字信息进行深层次的分析、加工和处理。下面以中文为例，列举一些常用文本处理的有关内容。

(1) 字数统计，字频统计，简/繁体相互转换，汉字/拼音相互转换。

(2) 词语排序，词语错误检测，文句语法检查。

(3) 自动分词，词频统计，词性标注，词义辨识，大陆/台湾术语转换。

(4) 文本压缩，文本加密，文本著作权保护。

(5) 关键词提取，文摘自动生成，文本分类。

(6) 文本检索(关键词检索、全文检索)，文本过滤。

(7) 文语转换(语音合成)，文种转换(机器翻译)。

(8) 篇章理解，自动问答，自动写作等。

3. 常用文字处理软件

许多应用场合需要使用计算机制作与处理文本，不同的应用有不同的要求，通常使用不同的软件来完成任务。例如，因特网上用于聊天(笔谈)的程序和收发电子邮件的程序都内嵌了简单的文本编辑器，它们提供了文字输入和简单的编辑功能；而面向办公应用的文字处理软件要求比较高，既要功能丰富多样，又要操作简单方便。目前，在 PC 上使用最多的是微软公司 Office、Adobe Acrobat 和我国 WPS 套件中的文字处理软件。

为了使计算机制作的文本能发布、交换和长期保存，Adobe Systems 公司在 1993 年就开发了一种用于电子文档交换的文件格式 PDF(Portable Document Format，便携式文档格式)，它将文字、字形、颜色、排版格式、图形、图像、超链接、声音和视频等信息都封装在一个文件中，既适合网络传输，也适合印刷出版。它既是跨平台的(与制作和阅读该文档的操作系统无关)，又是一个开放标准，可免费使用。详细内容参见本章资料链接。

5.1.5 文本展现

数字电子文本主要有两种展现方式：打印输出和在屏幕显示。承担文本输出任务的软件称为文本阅读器或浏览器，它们可以是嵌入在文本处理软件中的一个模块，如微软的 Word，也可以是独立的软件，如 Adobe 公司的 Acrobat Reader、微软公司的 IE 等。

文本展现的大致过程是，首先要对文本的格式描述进行解释，然后生成文字和图表的映像(bitmap)，最后再传送到显示器或打印机输出。

5.2 图像与图形

5.2.1 基础知识

1. 图像与图形的信息表示

计算机中的“图”按其生成方法可以分为两类：一类是从现实世界中通过扫描仪、数码相机等设备获取的，它们称为取样图像，也称为点阵图像或位图图像（Bitmap），以下简称图像（Image）；另一类是使用计算机绘制而成的，它们称为矢量图形（Vector Graphic）或简称图形（Graphic）。

1）图像

图像指用像素点来描述的图。图像在计算机内存中由一组二进制位组成，这些位定义图像中每个像素点的颜色和亮度。屏幕上一个点也称为一个像素，显示一幅图像时，屏幕上的一个像素也就对应于图像中的某一个点。图像适合于表现比较细腻、层次较多、色彩较丰富、包含大量细节的图，并可直接、快速地在屏幕上显示出来。

图像的放大与缩小是通过增加或减少像素实现的，当放大图像时，就可看见构成整个图像的无数个小方块，线条和形状也显得参差不齐。同样，缩小图像尺寸也会使原图变形。由于图像是一个像素矩阵，所以局部移动或其他操作就会破坏原图形状。

图像文件保存的是组成位图的各像素点的颜色信息，颜色的种类越多，图像文件越大。在将图像文件放大、缩小和旋转时，会产生失真。如图 5-8(a)、图 5-8(b)所示为图像放大前、后的对比图。

2）图形

图形是用一系列计算机指令来描述和记录的一幅图的内容，即通过指令描述构成一幅图的所有直线、曲线、圆、圆弧、矩形等图元的位置、位数和形状，也可以用更为复杂的形式表示图像中的曲面、光照、材质等效果。图形实际上是用数学的方式来描述一幅图形图像，在处理图形图像时根据图元对应的数学表达式进行编辑和处理。因此，矢量图形的输出质量与分辨率无关，可以任意放大和缩小，是表现文字（小文字）、线条图形（标志）等的最佳选择。如图 5-9(a)、图 5-9(b)所示为矢量图形放大前、后的对比图。

(a) 放大前

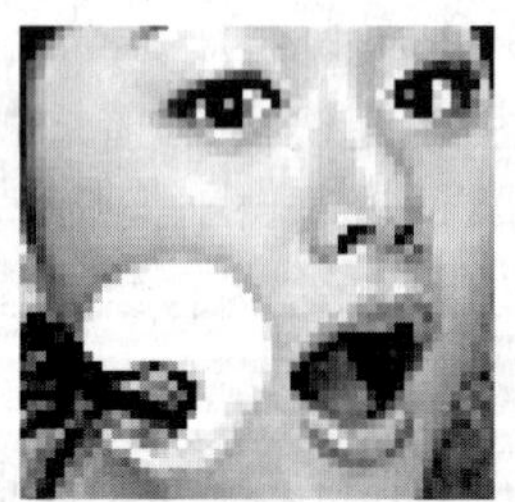
(b) 放大后

图 5-8 位图放大效果

(a) 放大前

(b) 放大后

图 5-9 矢量图形放大效果

2. 颜色模型

1）RGB 模型

计算机中的彩色图像一般都由红(R)、绿(G)、蓝(B)这 3 种颜色分量混合而成，这 3 种颜色分量称为三基色。计算机的显示器使用的是 RGB 模型。

2）CMYK 模型

油墨基色是青(C)、品红(M)、黄(Y)、黑(K)，可以用这 4 种颜色的油墨或颜料按不同的比例混合成任何一种油墨或颜料表现的颜色。彩色打印机使用的是 CMYK 模型。

3）HSB 模型

它实际上是依据人眼的视觉特征，利用颜色的三要素，即色调（H）、饱和度（S）、明度（B）来描述颜色的基本特征。许多图形处理软件中用到 HSB 模型，如 Windows 附件的“画图”程序。

4）YUV 模型

在现代彩色电视系统中，通常采用三管彩色摄像机或彩色 CCD 摄像机，它摄得的彩色图像信号经过分色、放大和校正得到 R、G、B 三基色，再经过矩阵变换得到亮度信号 Y、色差信号 U(R－Y)和 V(B－Y)，最后发送端将这 3 个信号分别进行编码，用同一信道发送出去，这就是通常用的 YUV 模型。

5.2.2　图像的获取与数字化

1. 图像获取

图像素材的获取主要有以下几种方法。

1）从网上获取

从网上获取图像需要到一些专门收集图像素材的网站上下载，如中国图片网 http://www.21pic.com；也可以从百度网站 http://image.baidu.com/和谷歌网站 http://image.google.com/搜索所需要的图片。

2）从屏幕截图

在图像处理过程中，有时需要大量的计算机桌面图片，此时可通过 Windows 内部的截图功能，或专业的抓图软件将所需的图像截取并存储到计算机中。

利用 Windows 内部的截图功能时，可使用快捷键（Print Screen）直接对屏幕上的图像进行截取；利用专业抓图软件。如 HyperSnap、Snaglt 和 Capture Professional 等，可以更加轻松快捷地截取屏幕图像。

3）从扫描仪采集图像

扫描仪是获取图像素材的重要工具，通过扫描仪可以将纸质媒介中的图像、照片等扫描并存储到计算机中。注意扫描仪只能扫描静态的图片，不能对动态的事物进行录制。

4）使用数码相机拍摄与采集图像

数码相机一般用于采集静态图像，图像先是存储在数码相机的存储卡中，拍摄完成后，将数码相机与计算机连接，再将其存储卡中的图像移动或复制到计算机中即可。

5）用摄像头采集图像素材

目前，很多计算机上都安装了摄像头，可以根据自己的需要利用摄像头进行拍照和录像操作。但这些操作都需要利用计算机软件进行控制。利用摄像头采集的图像将被直接存储在计算机上。

2. 图像数字化

图像的数字化实际上就是对连续图像进行空间和颜色离散化的过程，主要经过扫描、分色、取样、量化 4 个步骤，如图 5-10 所示。

(1) 扫描。将画面划分为 $M \times N$ 个网格，每个网格称为一个取样点。这样，一幅模拟图像就转换为 $M \times N$ 个取样点所组成的一个阵列。

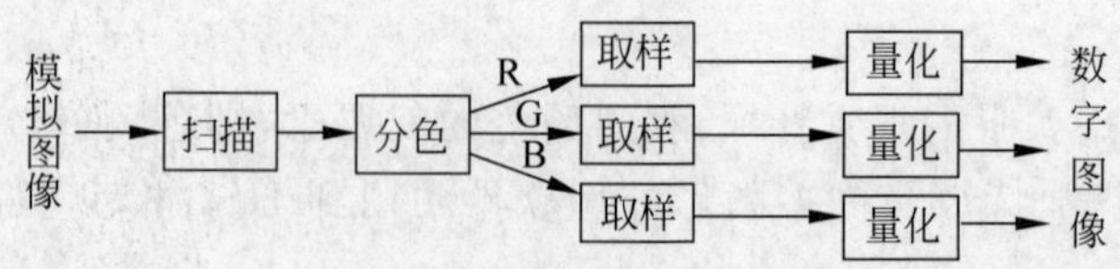

图 5-10 图像数字化过程

(2) 分色。将每个取样点的颜色分解成红、绿、蓝 3 个基色(RGB),如果不是彩色图像(即灰度图像或黑白图像),则不必进行分色。

(3) 取样。测量每个取样点的每个分量(基色)的亮度值。

(4) 量化。对取样点每个分量的亮度值进行 A/D 转换,即将模拟量转换为数字量(一般是 8~12 位的正整数)来表示。

通过上述方法所获取的数字图像称为取样图像,通常简称为"图像"。

3. 图像的属性

描述一个数字图像的属性可以使用不同的参数,主要有分辨率、像素深度等。

1) 图像分辨率

一幅图像的分辨率是由"水平分辨率×垂直分辨率"来表示的,例如,1024×768 表示图像有 768 行像素,每行有 1024 个像素。

对于一个相同尺寸的图像,组成该图像的像素数量越多,说明图像的分辨率越高,看起来越逼真,图像文件占用的存储空间也越大。

2) 像素深度

即像素的每个颜色分量的二进制位数之和,它决定了图像中不同颜色(或不同亮度)的最大数目。如单色图像,若其像素深度是 8 位,则不同亮度等级(灰度)的总数为 $2^8=256$;又如,由 R、G、B 三基色组成的彩色图像,若 3 个分量中的像素位数分别为 4、4、4,则该图像的像素深度为 12,图像中不同颜色的数目最多为 $2^{4+4+4}=2^{12}=4096$。

3) 图像的数据量

如果以计算机文件保存,一幅图像的数据量由以下三部分组成:

图像文件数据量=水平分辨率×垂直分辨率×像素深度/8

一幅不压缩的 Windows 真彩色图像,分辨率为 1024×768,它的像素深度是 24 位,它的数据量为 1024×768×24/8=2359296 字节。

4) 位平面数目

即像素的颜色分量的数目。黑白或灰度图像只有一个位平面,彩色图像有 3 个或更多的位平面。

5.2.3 数字图像的压缩编码

从 5.2.2 小节图像的数据量计算中可以看到,即使是单幅(静止的)数字图像,其数据量也很大。为了节省存储数字图像时所需要的存储器容量,降低存储成本,特别是在因特网应用中,为了提高图像的传输速度,尽可能地压缩图像的数据是非常必要的。

1. 图像压缩的方法

1) 无损压缩

无损压缩是指使用压缩以后的数据还原图像(也称为解压缩)时,重建的图像与原始图像完全相同,没有一点误差,如行程长度编码(RLE)、哈夫曼(Huffman)编码等。

2) 有损压缩

有损压缩是指使用压缩后的图像数据进行还原时,重建的图像与原始图像虽有一些误差,但不影响人们对图像含义的正确理解和使用。

2. 图像数据压缩性能指标

(1) 压缩比(压缩倍数): 衡量压缩前、后数据量减少的程度。

(2) 重建图像的质量: 主要针对有损压缩。

(3) 压缩算法的复杂度: 算法的复杂度越小越好。

3. 图像数据压缩编码的国际标准

计算机中使用的图像压缩编码方法有多种国际标准和工业标准。目前使用相当广泛的编码及压缩标准有JPEG、MPEG和H.261。

(1) JPEG: 一个由ISO和IEC两个组织机构联合组成的专家组,负责制定静态和数字图像数据压缩编码标准,这个专家组开发的算法称为JPEG算法,并且成为国际上通用的标准,因此又称为JPEG标准。

(2) MPEG: 是由ISO和IEC两个组织机构联合组成的一个专家组制定的。第一阶段(MPEG-1)是针对普通电视质量的视频信号的压缩; 第二阶段(MPEG-2)目标则是对高清晰度电视的信号进行压缩。目前又推出了许多多媒体内容描述接口标准等。每个新标准的产生都极大地推动了数字视频的发展和更广泛的应用。

(3) H.261: 是国际电话电报咨询委员会提出的电话/会议电视的建议标准。

4. 常用图像文件格式

图像是一种普遍使用的数字媒体,有着广泛的应用。多年来不同公司开发了许多图像处理软件,因而出现了多种不同的图像文件格式。下面将介绍几种经常使用的图像文件格式。

1) BMP图像格式

BMP图像一般称为"位图"格式,是Windows操作系统采用的图像文件存储格式。在Windows环境下所有的图像软件都支持这种格式。

位图格式的文件一般以.bmp为扩展名,属于无损压缩。

2) TIFF图像格式

TIFF图像文件格式大多使用于扫描仪和桌面出版,能支持多种压缩方法和多种不同类型的图像,此格式的图像文件一般以.tiff或.tif为扩展名。

3) GIF图像格式

GIF文件格式属于无损压缩,支持透明背景,它的颜色数目不超过256色,GIF适用于在色彩要求不高的应用场合作为插图、剪贴画等使用。文件特别小,适合因特网传输。具有在屏幕上渐进显示的功能,尤为突出的是,它可以将多张图像保存在同一个文件中,显示时按预先规定的时间间隔逐一进行显示,形成动画的效果,因而在网页制作中大量使用。

4) PNG图像格式

PNG是企图替代GIF和TIFF文件格式的一种较新的图像文件存储格式,支持流式读写性能，适合于在网络通信过程中连续传输，能由低分辨率到高分辨率、有轮廓到细节逐渐地显示图像。

5) JPEG 图像格式

JPEG 格式图像的压缩率可以控制，压缩率越低，重建后的图像质量越好；反之越差。目前，绝大多数数码相机和扫描仪可以直接生成 JPEG 格式的图像文件。网络上的人物或风景照片大部分是 JPEG 格式的。

JPEG 格式文件的扩展名有.jpeg、.jpg、.jpe 等。

5.2.4 数字图像的处理与应用

1. 图像处理

使用计算机对借助照相机、摄像机、传真机、扫描仪、医用 CT 机、X 光机等设备获取的图像进行去噪、增强、复原、分割、提取特征、压缩、存储、检索等操作处理，称为数字图像处理。一般来讲，对图像进行处理的主要目的有以下几个方面。

(1) 提高图像的视感质量。如调整图像的亮度和彩色，对图像进行几何变换，包括特技或效果处理等，以改善图像的质量。

(2) 图像复原与重建。如对航拍的照片进行图像校正，对拍摄多年的老照片消除退化的影响，或者使用多个一维投影重建图像，目的是产生一个等价于理想成像系统所获得的图像。

(3) 图像分析。提取图像中的某些特征或特殊信息，如频域特征、灰度(或颜色)特征、边界特征、区域特征、纹理特征、形状特征、拓扑特征以及关系结构等，通过分析处理，进而对图像进行分类、识别、理解或解释。

(4) 图像数据的变换、编码和数据压缩，用以更有效地进行图像的存储和传输。

(5) 图像的存储、管理、检索，以及图像内容与知识产权的保护等。

2. 图像的应用

数字图像在通信(如传真、可视电话、视频会议)、遥感(如卫星拍摄的水利、海洋、矿藏照片以及气象云图)、医疗诊断(如核磁共振、X 光、B 超、CT)、工业生产(如产品质量检测、生产过程自动化)、机器人视觉(如自动生产流水线、军事侦探、危险环境作业)、安全(如指纹、手迹、印章、人像识别)等领域都有广泛应用。

3. 图像绘图软件

图像的应用和图像的处理密不可分，目前大量商业化的图像处理软件被广泛使用。如 Windows 操作系统附件中的“画图”软件(Paint)，微软 Office 中的 Microsoft Photo Editor 和 Picture Manager 软件，Ulead System 公司的 PhotoImpact 软件，Adobe 公司的 Photoshop，ACD System 公司的 ACDSee 32 等。这些图像处理软件功能各有侧重，适用于不同用户。

5.2.5 矢量图形与图形应用

与位图图像相对应的是另外一类图像——矢量图形，也叫作计算机合成图像，简称图形，即运用计算机来描述景物的结构、形状与外貌，然后根据其描述和用户的观察位置及光线的设定，生成该景物的图像。

1. 矢量图形的特点

矢量图形的特点是适合于大部分的线条画、简单的插图、标志图以及可能需要以不同的大小被显示或打印的图表。矢量图形的特点如下。

(1) 改变大小时,矢量图形中的各个对象会按照比例改变而保持边缘的光滑。

(2) 矢量图形所需要的存储空间反映了图形的复杂程度,所需指令越多,就需要越多的存储空间。但是对于同一幅图片,用矢量图形表示占用空间小于位图图片所需要的存储空间。

(3) 在矢量图形中编辑对象比在位图图像中更容易。

2. 矢量图形的应用

使用计算机绘制图形,不但能生成实际存在的具体景物的图像,还能生成假想或抽象景物的图像,如科幻片中的怪兽、工程师构思中的产品外形与结构等;计算机不仅能生成静止图像,而且还能生成各种运动、变化的动态图像。在绘制图形的过程中,人们可以与计算机进行交互,参与图像的生成。正因为这些原因,计算机绘制图形有着广泛的应用领域。

1) 在计算机辅助设计中的应用

很多工业产品(如手机、电视机、汽车等)都采用了计算机辅助设计(CAD)和计算机辅助制造(CAM)技术。用数学模型精确地描述机械零件的三维形状,既可用于显示和绘制零部件的图形,又可提供加工数据,还能分析其应力分布、运动特性等,大大缩短了产品开发周期,提高了产品加工质量。

2) 在计算机动画和设计艺术中的应用

动画制作中无论是人物形象的造型、背景设计,还是中间画的制作均可由计算机来完成。计算机还可辅助人们进行美术和书法创作,这已经大量应用于工艺美术、装潢设计及电视广告制作等行业。

3) 在作战指挥和军事训练中的应用

利用计算机通信和图形显示设备直接传输战场态势的变化和下达作战部署,在陆、海、空军的战役战术对抗训练乃至实战中可发挥很大作用。

4) 在地理信息系统中的应用

利用计算机制作各种地形图、交通图、天气图、海洋图、石油开采图等。既可方便、快捷地制作和更新地图,又可用于地理信息的管理、查询和分析,这对于城市管理、国土规划、石油勘探、气象预报等提供了极为有效的工具。

5) 其他应用

如电子出版、数据处理、辅助教学、电子游戏等。

3. 矢量绘图软件

因为应用的不同,所以需要不同类型的矢量绘图软件。下面介绍常用的计算机绘图软件。

1) 专业绘图软件

AutoCAD、PROTEL 和 CAXA 电子图板等主要用于机械零部件图、电路图、工艺美术图、建筑设计与施工图等；ARCInfo 和国产的 SuperMap GIS 等主要用于地图、地理信息系统。

2）办公与事务处理、平面设计、电子出版等领域中的绘图软件

Corel 公司的 CorelDraw，Adobe 公司的 Illustrator，Macromedia 公司的 FreeHand，微软公司的 Microsoft Visio 等。需要注意的是，微软公司的 Office 办公套件，如 Word 和 PowerPoint 等都具有内嵌的矢量绘图功能，它们允许用户在文本或幻灯片的任意位置处插入临时制作的 2D 矢量图形。

图形文件格式有. dwg（AutoCAD）、. dxf（DXF 是 Autodesk 公司开发的用于 AutoCAD 与其他软件之间进行 CAD 数据交换的 CAD 数据文件格式）、. wmf（Microsoft Office 的剪贴画）等。

5.3 声音

5.3.1 波形声音的获取与播放

声音是一种通过波的形式传播的机械振动，是携带信息的重要媒体，它由许多不同频率的谐波组成。多媒体技术处理的声音主要是人耳可听见的音频信号（Audio），其中人的说话声音频率范围仅为 300～3400Hz，称为言语（Speech），也称为话音或语音。其他各种可听见的声音（如音乐声、风雨声、汽车声等）的频率范围要宽得多（20Hz～20kHz），它们通称为全频带声音。

1. 声音的数字化

声音是模拟信号。为了使用计算机进行处理，必须将它转换成二进制编码表示的形式，这个过程称为声音信号的数字化。声音信号数字化的过程如图 5-11 所示。

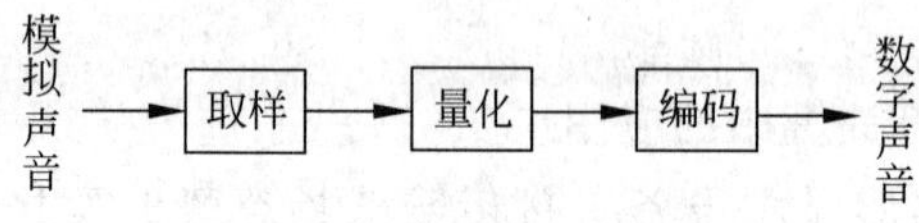

图 5-11 声音数字化过程

（1）取样。把时间上连续的声音信号离散为时间离散、幅度连续的信号。

（2）量化。取样得到的每个样本一般使用 8 位、12 位或 16 位二进制整数表示（称为“量化精度”）。

（3）编码。经过取样和量化得到的数据还必须进行数据压缩，以减少数据量，并按某种格式将数据进行组织，以便于计算机进行存储、处理和传输。

2. 声音的获取设备

1）在线获取

在个人计算机上，声音的获取设备包括麦克风和声卡，麦克风的作用是将声波转换为电信号，然后由声卡进行数字化。声卡既负责声音的获取，也负责声音的重建，它控制并完成声音的输入与输出。主要功能包括波形声音的获取与数字化、声音的重建与播放、MIDI 声音的输入、MIDI 声音的合成与播放。

随着 PC 主板技术的发展以及 CPU 性能的提高，同时也为了降低整机的成本，现在大多数中低档声卡几乎都已经集成在主板上。平时大家所说的"声卡"，指的多半就是这种"集成声卡"，只有少数专业用的高档声卡才做成独立的插卡形式。

2）离线获取

离线录音则需要使用手机、数码录音笔等进行离线声音获取，然后再通过 USB 接口直接将已经数字化的声音数据送入计算机中。不过由于取样频率较低，仅适合录制语音使用。

3. 声音的播放

计算机输出声音分为两步：声音的重建和声音播放，如图 5-12 所示。

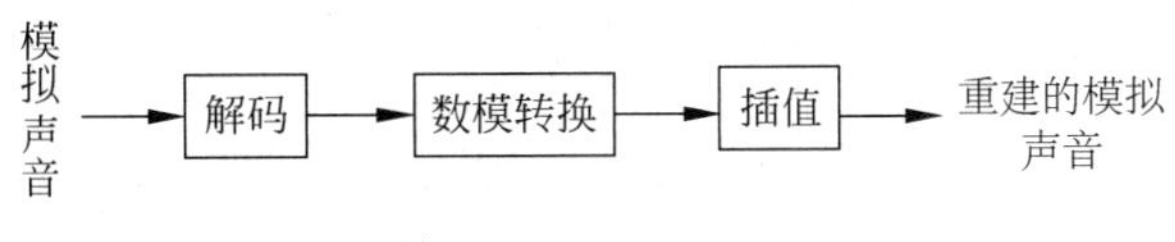

图 5-12　声音重建过程

声音的重建：是指把声音从数字形式转换成模拟信号形式，由声卡完成，过程与声音的数字化过程对应，分为以下 3 个步骤。

(1) 解码：把压缩编码的数字声音恢复为压缩编码前的状态。可以通过数字音箱直接输出。

(2) 数模转换：把声音样本从数字量转换为模拟量。

(3) 插值：把时间上离散的一组样本转换成在时间上连续的模拟声音信号。

声音播放：是指将模拟声音信号经处理和放大后送到音箱(扬声器)。

5.3.2　波形声音文件格式

1. 影响波形声音的主要参数

波形声音的主要参数包括取样频率、量化精度、声道数、使用的压缩编码方法以及比特率等。

(1) 取样频率：单位时间内进行的采样次数，单位用赫兹(Hz)表示。为了不产生失真，按照取样定理，取样频率不应低于声音信号最高频率的两倍。因此，语音的取样频率一般为 8kHz，音乐的取样频率应在 40kHz 以上。

(2) 量化精度：用二进制数据的位数表示。量化精度越高，声音的保真度越好，需要的存储空间也越大；位数越少，声音的保真度越差，需要的存储空间也就越小。

(3) 声道数：是指产生声音的波形数，一般为 1 个或 2 个，分别表示产生一个波形的单声道数和产生两个波形的立体声音。新式的带 AC3 解码的 DVD 光盘及其播放系统(即家庭影院)支持 5.1、6.1 甚至 7.1 声道，称为环绕立体声。其中"0.1"是指超重低音。

(4) 比特率：也称为码率，它指的是每秒钟的数据量。波形声音未压缩前，码率的计算公式为

波形声音的码率＝取样频率×量化位数×声道数

例如：立体声的声音，经 44.1kHz 的采样频率、16 位的量化位数进行数字化后，码率为

码率＝44.1×16×2＝1411.2(Kb/s)

2. 声音文件类型

数字波形声音的数据量很大。1小时数字语音的数据量接近30MB,CD质量的立体声高保真的数字音乐1小时的数据量大约是635MB。为了降低存储成本和提高在网络上的传输效率,必须对数字波形声音进行压缩。

根据不同的应用需求,波形声音采用的编码方法有多种,文件格式也各不相同。目前常用数字波形声音的文件类型、编码类型如表5-4所示。

表5-4 常用数字波形声音的文件类型、编码类型

音频格式	文件扩展名	编码类型	效果	主要应用	开发者
WAV	.wav	未压缩	声音达到CD品质	支持多种采样频率和量化位数,获得广泛支持	微软公司
FLAC	.flac	无损压缩	压缩比为2∶1左右	高品质数字音乐	Xiph.Org基金会
APE	.ape	无损压缩	压缩比为2∶1左右	高品质数字音乐	Matthew T.Ashland
M4A	.m4a	无损压缩	压缩比为2∶1左右	QuickTime、iTunes、iPod、Real Player	苹果公司
MP3	.mp3	有损压缩	MPEG-1 Audio层3压缩比为8∶1～12∶1	因特网、MP3音乐	ISO
WMA	.wma	有损压缩	压缩比高于MP3使用数字版权保护	因特网、音乐	微软公司
AC3	.ac3	有损压缩	压缩比可调,支持5.1、7.1声道	DVD、数字电视、家庭影院等	美国Dolby公司
AAC	.aac	有损压缩	压缩比可调,支持5.1、7.1声道	DVD、数字电视、家庭影院等	ISO/MPEG-2/MPEG-4

其中,WAV是未经压缩的波形声音,音质与CD相当,但对存储空间需求太大,不便于交流和传播。FLAC、APE和M4A采用无损压缩方法,数据量比WAV文件大约可少一半,而音质仍保持相同。MP3是因特网上最流行的数字音乐格式,它采用国际标准化组织提出的MPEG-1层3算法进行有损的压缩编码,以8～12倍的比率大幅度降低了声音的数据量,加快了网络下载的速度,也使一张普通CD光盘可以存储大约100首MP3歌曲。WMA是微软公司开发的声音文件格式,采用有损压缩方法,压缩比高于MP3,质量大体相当,它在文件中增加了数字版权保护的措施,防止未经授权进行下载和复制。

为了在因特网环境下开发数字音(视)频的实时应用,例如,通过因特网进行在线音(视)频广播、音(视)频点播等,服务器必须做到以高于音(视)频播放的速度从因特网上向用户连续地传输数据,达到用户可以边下载边收听(看)的效果。这一方面要求数字音(视)频压缩后数据量要小,另一方面还要合理组织音(视)频数据,让它们能像流水一样进行传输,实现上述要求的媒体分发技术就称为“流媒体”。目前流行的流媒体技术有Real Networks公司的RealMedia(RealAudio和RealVideo)、微软公司的Windows Media Services(WMA、WIV和ASF)和苹果公司的QuickTime等。

5.3.3 计算机合成声音

除了从自然界等原始声音中获取数字声音外，还可以完全由计算机合成电子语音和电子音乐(MIDI)。

1. 语音合成

计算机合成语音就是让计算机模仿人把一段文字朗读出来，这个过程称为文语转换(TTS)。计算机合成语音有多方面的应用。例如，在股票交易、航班查询和电话报税等业务中，用户利用电话进行信息查询，计算机从数据库中检索得到结果后以准确、清晰的语音为用户提供查询结果。再如有声 E-mail 服务，它通过电话上网，以电话或手机作为 E-mail 的接收终端，计算机借助文语转换技术将邮件内容转换为声音，使用户能收听 E-mail 的内容，满足各类移动用户使用 E-mail 的要求。此外，文语转换在文稿校对、语言学习、语音秘书、自动报警、残疾人服务等方面都能发挥很好的作用。

2. 电子音乐(MIDI)

计算机合成音乐是指计算机自动演奏乐曲。生活中的音乐是人们使用乐器按照乐谱演奏出来的，所以，计算机生成音乐需要具备 3 个要素：乐器、乐谱和“演奏员”。PC 的声卡一般都带有“音源”，音源也称为音乐合成器，它能像电子琴一样模仿几十种不同的乐器发出各种不同音色、音调的音符声音。

乐谱在计算机中既不用简谱也不用五线谱表示，而是使用一种叫作 MIDI 的音乐描述语言来表示。MIDI 是乐谱的二进制编码表示方法，使用 MIDI 描述的音乐称为 MIDI 音乐。一首乐曲对应一个 MIDI 文件，其文件扩展名为. mid 或. midi。

计算机中的“媒体播放器”软件相当于“演奏员”。在播放 MIDI 音乐时，媒体播放器先从磁盘上读入某个. mid 文件，解释其内容，然后向声卡上的音乐合成器发出指令(MIDI 消息)，由音乐合成器合成出各种音色的音符，通过扬声器播放出音乐来。

MIDI 音乐与高保真的波形声音相比，虽然在音质方面还有一些差距，且只能合成音乐，无法合成歌曲，但它的数据量很少，又易于编辑修改，成本很低，因此，在音乐作曲和自动配器、自动伴奏中得到了广泛的使用。

5.4 数字视频

本书中所说的视频(Video)泛指内容随时间变化的图像序列，也称为活动图像或运动图像(Motion picture)。常见的视频有电视(电影)和计算机动画。电视能传输和再现真实世界的图像与声音，是当代最有影响力的信息传播工具。计算机动画是计算机制作的图像序列，是一种计算机合成的视频。下面先介绍数字视频，然后再简单介绍计算机动画。

5.4.1 数字视频的获取

1. 从数码产品获取视频

1) 离线获取

离线数字视频获取设备典型的是数字摄像机。它的原理与数码相机类似，但具有更多的功能和更好的性能。所拍摄的视频图像及记录的伴音使用MPEG进行压缩编码,记录在磁带、硬盘或存储卡中,需要时再通过USB或IEEE 1394接口输入计算机处理。

2)在线获取

在线数字视频获取设备典型的是数字摄像头,它通过光学镜头和CMOS(或CCD)器件采集图像,然后直接将图像转换成数字信号并输入到PC,不再需要使用专门的视频采集卡。数字摄像头分辨率一般为640×480(30万像素)或800×600(50万像素),速度在每秒30帧左右。数字摄像头的接口大多采用USB接口,也有些产品如平板电脑、笔记本电脑等已将数字摄像头集成为一体。

2. 从互联网上下载视频

视频也就是一些电影短片,通过互联网下载的视频一般都用于做片头或片尾。可以通过“百度”或“谷歌”来搜索相关的视频下载网站。

3. 从视频采集卡获取视频

目前,有线电视台播放和传输的虽然已经是数字视频信号,但它需经机顶盒解码并转换为模拟电视信号后才能由电视机播放与收看。如需输入计算机存储、处理和显示,必须进行数字化。PC中用于视频信号数字化的插卡称为视频采集卡,简称视频卡,它能将输入的模拟视频信号(及其伴音信号)进行数字化然后存储在硬盘中。因此需要在计算机上安装视频采集卡,将摄像机、视频采集卡与计算机相连,将摄像机中的视频录制到计算机中。

视频采集卡功能有以下几方面。

(1)从多种视频源中选择一种作为视频输入。

(2)支持不同的电视制式。

(3)能同时处理图像信号的伴音。

(4)可在显示器上监看输入的视频信号,其位置及大小可调。

(5)能将计算机生成的图像/图形/文本与视频图像叠加处理。

(6)可随时冻结(定格)一幅画面,并按指定格式保存。

(7)可实时压缩与存储视频及其伴音信息。

(8)可实时解压缩并播放视频及其伴音信息,输出设备可选(VGA监视器、电视机、录像机等)。

5.4.2 数字视频的压缩编码

1. 数字视频压缩的必要性

数字视频的数据量大得惊人。1分钟的标准清晰度(分辨率为720×576)数字电视其数据量约为1GB。这样大的数据量,无论是存储、传输还是处理都有很大的困难。解决这个问题的出路就是对数字视频信息进行数据压缩。

2. 数字视频压缩的可能性

(1)人眼、人耳等感觉器官灵敏度有限,允许画面有一定的失真。

(2)视频信息中相邻画面有高度的连贯性。

(3)视频信息的每个画面内部有很多信息冗余。

3. 视频的压缩编码的国际标准

1）MPEG 标准

国际标准 MPEG 标准主要有 MPEG-1、MPEG-2、MPEG-4 等格式。

（1）MPEG-1 层 1 主要用于数字盒式录音带；层 2 用于数字音频广播（DAB）、VCD；层 3 用于 Internet、MP3 音乐。

（2）MPEG-2 用途最广，主要用于 DVD、数字卫星电视、数字有线电视、高清晰度电视（HDTV），支持 5.1 声道和 7.1 声道的环绕立体声。

（3）MPEG-4 又分为 ASP 和 AVC。其中 ASP 用于低分辨率低码率的图像格式，如监控、IPTV、手机、MP4 播放器等领域；AVC 用于多种不同的图像格式，如 HDTV、蓝光盘、IPTV、XBOX、iPad、iPhone 等领域。

2）H.261 标准

主要应用于视频通信，如可视电话、会议电视等领域。

5.4.3 数字视频的应用

1. VCD 与 DVD

1）VCD

VCD 是 Video CD 的简称，该规范规定了如何将 MPEG-1 音频和视频数据记录在光盘上。一张普通 VCD 光盘可以存储约 60 分钟的音频和视频数据，图像质量达到家用录放像机的水平，可以播放立体声。VCD 播放机体积小，价格便宜，音频和视频质量较好。

2）DVD

DVD 即数字多用途光盘，具有规格多、用途广泛的优点。VCD 的存储容量为 650MB，而同样规格的 DVD 的存储容量为 4.7GB。DVD 采用 MPEG-2 标准压缩视频图像，画面质量比 VCD 明显提高。

DVD 具有如下特点。

（1）DVD-Video 可以提供 32 种文字或卡拉 OK 字幕，最多可以录放 8 种语言的声音。

（2）DVD-Video 具有情节交互性、多角度、变焦和家长锁定控制等功能。

（3）DVD-Video 的画面宽高比有 3 种选择：全景扫描、4∶3 普通屏幕和 16∶9 宽屏幕。

（4）DVD-Video 的伴音有 5.1 声道（左、右、中、左环绕、右环绕和超重低音，简称“5.1 声道”），可以实现三维环绕立体音响效果。

2. 可视电话与视频会议

1）可视电话

可视电话是指电话的语音和视频同步的通信技术，又称为“视频电话”。可视电话的终端设备集摄像、显示、声音与图像的编码/解码等功能于一体，内置高质量的数字变焦 CCD 镜头及 Modem，用普通电话线可实现连接通信。可视电话的视频编码标准为 MPEG-4 AVC。

2）视频会议

视频会议指的是通过数字音频数据实时传送声音和图像，使分布在不同地点的用户可以同时参加会议的一种多媒体通信技术。视频会议通常使用 Internet 实现音频和视频的传输，使用方便，成本较低。例如，Microsoft 免费提供的 MSN Messager 就可以实现视频会议的功能。视频会议除了要求计算机网络的配置之外，还特别需要摄像机/摄像头、话筒、音箱等多媒体外设。

3. 数字电视与点播电视

1）数字电视

数字电视是将电视信号进行数字化，再以数字形式进行编辑、制作、传输、接收和播放的新型电视技术。数字电视具有频道利用率高、图像清晰的特点，还可以开展交互式数据业务，包括电视购物、电视银行、电视商务、电视通信、电视游戏、点播电视、电视旅游和电视互动竞赛等。

数字电视的传输途径包括有线电视网络、Internet 网络和宽带网络。数字电视接收机一般分为以下 3 类。

（1）传统模拟电视＋数字机顶盒。

（2）专用的播放设备，如 DVD 播放机、MP4 播放器。

（3）支持数字电视的计算机，如连接因特网的 PC、平板电脑和手机等设备。

2）点播电视

点播电视又称为“视频点播”（VOD），指的是用户可以根据自己的需要选择电视节目，即互动式电视。从根本上改变了用户只能被动看电视的状况。

5.4.4 计算机动画

计算机动画与模拟电视信号经过数字化得到的自然数字视频不同，它是一种计算机合成的数字视频。计算机动画的基础是计算机图形学，它的制作过程是先在计算机中生成场景和形体的模型，然后描述它们的运动，最后再生成图像并转换成视频信号输出。动画的制作要借助于动画制作软件，如二维动画软件 Animator Pro 和三维动画软件 3ds Max、Maya、Adobe Director、Renderman 等。

因特网中为了使网页图文并茂、生动活泼，从而嵌入了 GIF 动画。GIF 图像文件中可以包含一组图像，显示时按照预先规定的时间和顺序反复播放，从而产生动画的效果。制作 GIF 动画的工具相当多，像 Adobe 的 ImageReady、Macromedia 的 Fireworks，Ulead 的 Gif Animator 等。

另一个广泛使用的网络动画制作软件是美国 Adobe 公司的 Flash。与 GIF 不同，用 Flash 制作的动画是矢量图形（也支持位图图像），不管怎样放大缩小，它都清晰可见。采用矢量图形制作的动画文件（文件扩展名为.swf，其源文件的扩展名为.fla）很小，便于在因特网上传输，而且采用流媒体技术，用户能流畅地观看动画。它可以将音乐（如 MP3 音乐）、声效、视频与动画画面结合在一起，制作出有声有色的高品质网络动画。此外，它还支持用户交互，在动画播放过程中，用户可以通过单击按钮、选择菜单、输入参数等来控制动画的播放过程。正是由于上述特点，Flash 已经成为目前网络动画的主流，大多数浏览器都能支持 Flash 动画的播放。

计算机动画发展非常迅速，应用领域也很广泛，包括娱乐、广告、电视、教育和科研各个方面。随着人工智能等技术的进展，它还将取得更大的发展。

5.4.5　视频的文件格式

1. AVI 格式

微软公司的音频视频交错(AVI)也是一种桌面系统上的低成本、低分辨率的视频格式。主要应用在多媒体光盘上,用来保存电视、电影等各种影像信息。

2. MPEG 格式

采用国际标准 MPEG 对音视频数据进行压缩和组织的文件,能支持多种分辨率、多种帧速率的视频图像编码,压缩效率非常高,同时图像和音响的质量也非常好,并且在 PC 上有统一的标准格式,兼容性相当好。

3. Quick Time 格式

苹果公司的 QuickTime 用于保存音频和视频信息,视频信息采用 MOV 文件格式,动画将保存为.mov 文件。现在它被包括 Apple Mac OS、Microsoft Windows 在内的所有主流计算机平台支持。

4. RM 格式

RM 是 Real Networks 公司的一种视频流媒体格式,可以在不下载音频/视频内容的条件下实现在线播放。采用 Real Networks 公司所制定的音频视频压缩规范。

5. WMV 格式

WMV 是微软推出的一种流媒体格式,体积非常小,很适合在网上播放和传输。

有关常用数字视频文件的具体应用,可参看本章资料链接。

5.5　真题强化

1. 判断题

(1) 数字视频的数据压缩比可以很高,几十甚至上百倍是很常见的。(2014 年秋真题)

(2) 与 GIF 不同,用 Flash 制作的动画可支持矢量图形,放大缩小都清晰可见。(2014 年秋真题)

(3) 数字摄像机是一种离线的数字视频获取设备。(2014 年秋真题)

(4) PC 中用于视频信号数字化的插卡称为显卡。(2014 年秋真题)

(5) 数字摄像头通过光学镜头采集图像,将图像转换成数字信号并输入到硬盘,不再需要安装使用专门的视频采集卡。(2014 年秋真题)

(6) Flash 动画在播放过程中用户无法与播放的内容进行交互。(2014 年秋真题)

(7) AutoCAD 是一种典型的图像编辑软件。(2014 年春真题)

(8) 在利用计算机生成图形的过程中,描述景物形状结构的过程称为“绘制”,也叫图像合成。(2015 年春真题)

(9) 使用计算机绘图的过程很复杂,需要进行大量计算,这是由软件和硬件(显示卡)合作完成的。(2015 年秋真题)

(10) Photoshop、ACDSee 32 和 FrontPage 都是图像处理软件。(2015 年秋真题)

(11) Photoshop 是有名的图像编辑处理软件之一。(2015 年秋真题)

(12) 医院中通过 CT 诊断疾病属于数字图像处理的重要应用之一。(2015 年秋真题)

2. 单项选择题

(1) 为了与使用数码相机、扫描仪得到的取样图像相区别,计算机通过对景物建模然后绘制而成的通常称为________。(2013 年秋真题)

A. 位图图像　　B. 3D 图像　　C. 矢量图形　　D. 点阵图像

(2) 下列关于计算机图形的应用中,错误的是________。(2013 年秋真题)

A. 可以用来设计电路图

B. 可以用来绘制机械零部件图

C. 计算机只能绘制实际存在的具体景物的图形,不能绘制假想的虚拟景物的图形

D. 可以制作计算机动画

(3) 对图像进行处理的目的不包括________。(2013 年秋真题)

A. 图像分析　　B. 图像复原和重建

C. 提高图像的视感质量　　D. 获取原始图像

(4) 下列关于计算机动画制作软件的说法中,错误的是________。(2013 年秋真题)

A. Flash 是美国 Adobe 公司推出的一款优秀的 Web 网页动画制作软件

B. AutoCAD 是一套优秀的三维动画软件

C. 制作 GIF 动画的软件很多,如 ImageReady、Fireworks、Gif Animator 等

D. 3ds Max 由国际著名的 Autodesk 公司制作开发,是一款集造型、渲染和动画制作于一身的三维动画制作软件

(5) 下列软件中,不支持可视电话功能的是________。(2013 年秋真题)

A. MSN Messenger　　B. 网易的 POPO

C. 腾讯公司的 QQ　　D. Outlook Express

(6) Photoshop 是一种________软件。(2012 年秋真题)

A. 多媒体创作　　B. 网页制作软件

C. 图像编辑处理　　D. 矢量绘图软件

(7) AutoCAD 是一种________软件。(2012 年秋真题)

A. 多媒体播放　　B. 图像编辑　　C. 文字处理　　D. 矢量绘图

(8) 目前广泛使用的 Adobe Acrobat 软件,它将文字、字形、排版格式、声音和图像等信息封装在一个文件中,既适合网络传输,也适合电子出版,其文件格式是________。(2013 年春真题)

A. TXT　　B. DOC　　C. HTML　　D. PDF

(9) 下列设备中不属于数字视频获取设备的是________。(2013 年春真题)

A. 数字摄像头　　B. 数字摄像机

C. 视频卡　　D. 图形卡

(10) 下列关于 MIDI 声音的叙述中,错误的是________。(2013 年春真题)

A. MIDI 声音的特点是数据量很少,且易于编辑修改

B. mid 文件和 wav 文件都是计算机的音频文件

C. MIDI 声音既可以是乐曲,也可以是歌曲

D. 类型为 MID 的文件可以由 Windows 的媒体播放器软件进行播放

(11) 下列关于数字图像的描述中错误的是________。(2013 年春真题)

A. 图像大小也称为图像分辨率

B. 图像位平面的数目决定了彩色分量的数目

C. 颜色的描述方法(颜色空间)不止 RGB 一种

D. 像素深度决定一幅图像中允许包含的像素的最大数目

(12) 下面有关超文本的叙述中,错误的是________。(2013 年春真题)

A. 超文本采用网状结构来组织信息,文本中的各个部分按照其内容的逻辑关系互相链接

B. WWW 网页就是典型的超文本结构

C. 超文本结构的文档其文件类型一定是 html 或 htm

D. 微软的 Word 和 PowerPoint 软件也能制作超文本文档

(13) 声卡是获取数字声音的重要设备,下列有关声卡的叙述中,错误的是________。(2013 年春真题)

A. 声卡既负责声音的数字化,也负责声音的重建与播放

B. 因为声卡非常复杂,所以只能将其做成独立的 PCI 插卡形式

C. 声卡既处理波形声音,也负责 MIDI 音乐的合成

D. 声卡可以将波形声音和 MIDI 声音混合在一起输出

(14) 网页是一种超文本文件,下面有关超文本的叙述中,正确的是________。(2013 年春真题)

A. 网页的内容不仅可以是文字,也可以是图形、图像和声音

B. 网页之间的关系是线性的、有顺序的

C. 相互链接的网页不能分布在不同的 Web 服务器中

D. 网页既可以是丰富格式文本,也可以是纯文本

(15) 下列有关字符编码标准的叙述中,正确的是________。(2013 年春真题)

A. UCS/Unicode 编码实现了全球不同语言文字的统一编码

B. ASCII、GB 2312、GBK 是我国为适应汉字信息处理需要而制定的一系列汉字编码标准

C. UCS/Unicode 编码与 GB 2312 编码保持向下兼容

D. GB 18030 标准等同于 Unicode 编码标准,它是我国为了与国际标准 UCS 接轨而发布的汉字编码标准

(16) 在国际标准化组织制定的有关数字视频及伴音压缩编码标准中,VCD 影碟采用的压缩编码标准为________。(2013 年春真题)

A. H.261　　B. MPEG-1　　C. MPEG-2　　D. MPEG-4

(17) 计算机中使用的图像文件格式有多种。下面关于常用图像文件的叙述中错误的是________。(2013 年春真题)

A. JPG 图像文件不会在网页中使用

B. BMP 图像文件在 Windows 环境下得到几乎所有图像应用软件的广泛支持

C. TIF 图像文件在扫描仪和桌面印刷系统中得到广泛应用

D. GIF 图像文件能支持动画,数据量很小

(18) 下列有关我国汉字编码标准的叙述中,错误的是________。(2014 年春真题)

A. GB 18030 汉字编码标准与 GBK、GB 2312 标准保持向下兼容

B. GB 18030 汉字编码标准收录了包括繁体字在内的大量汉字

C. GB 18030 汉字编码标准中收录的汉字在 GB 2312 标准中一定能找到

D. GB 2312 所有汉字的机内码都用两个字节来表示

(19) 与计算机能合成图像一样,计算机也能合成(生成)声音。计算机合成的音乐其文件扩展名为________。(2014 年春真题)

A. WAV　　B. MID　　C. MP3　　D. WMA

(20) 图像获取的过程包括扫描、分色、取样和量化,下面叙述中错误的是________。(2014 年春真题)

A. 图像获取的方法很多,但一台计算机只能选用一种

B. 图像的扫描过程指将画面分成 $m \times n$ 个网格,形成 $m \times n$ 个取样点

C. 分色是将彩色图像取样点的颜色分解成 R、G、B 三个基色

D. 取样是测量每个取样点的每个分量(基色)的亮度值

(21) 存放一幅 1024×768 像素的未经压缩的真彩色(24 位)图像,大约需________个字节的存储空间。(2014 年春真题)

A. 1024×768×24　　B. 1024×768×3

C. 1024×768×2　　D. 1024×768×12

(22) 在计算机中广泛使用的 ASCII 码,其中文含义是________。(2014 年秋真题)

A. 二进制编码　　B. 常用的字符编码

C. 美国标准信息交换码　　D. 汉字国标码

(23) 下列关于数字视频获取设备的叙述中,错误的是________。(2014 年秋真题)

A. 数字摄像机是一种离线的数字视频获取设备

B. 数字摄像头通过光学镜头和 CCD(或 CMOS)器件采集视频图像

C. 数字摄像头需通过视频卡才能获取数字视频

D. 视频卡可以将输入的模拟视频信号进行数字化,生成数字视频

(24) 下列关于计算机动画的说法中,错误的是________。(2014 年秋真题)

A. 计算机动画可以模拟三维景物的变化过程

B. 计算机动画制作需要经过模拟信号数字化的过程

C. 计算机动画的基础之一是计算机图形学

D. 计算机动画广泛应用于娱乐、教育和科研等方面

(25) 下列 4 种字符编码标准中,用于实现全球各种不同语言文字统一编码的国际标

准是________。(2014 年秋真题)

A. ASCII　　B. GBK　　C. UCS(Unicode)　　D. BIG-5

(26) 容量为 4.7GB 的 DVD 光盘片可以持续播放 2 小时的影视节目，由此可推算出使用 MPEG-2 对视频及其伴音进行压缩编码后，音频和视频数据合在一起的码率大约是________。(2014 年秋真题)

A. 640Kb/s　　B. 10.4Mb/s　　C. 5.2Mb/s　　D. 1Mb/s

(27) 台式 PC 中用于视频信号数字化的一种扩展卡称为________，它能将输入的模拟视频信号及伴音进行数字化后存储在硬盘上。(2014 年秋真题)

A. 视频采集卡　　B. 图形卡　　C. 声卡　　D. 网卡

(28) 数字图像压缩编码的方法很多，目前数码相机采用的大多是________。(2014 年秋真题)

A. MPEG　　B. JPEG　　C. MP3　　D. GIF

(29) 下列不属于文字处理软件的是________。(2014 年秋真题)

A. Word　　B. Acrobat

C. WPS　　D. Media Player

(30) 下列________图像文件格式是微软公司提出在 Windows 平台上使用的一种通用图像文件格式，几乎所有的 Windows 应用软件都能支持。(2014 年秋真题)

A. GIF　　B. JPG　　C. BMP　　D. TIF

(31) 文本编辑与排版操作的目的是使文本正确、清晰、美观，下列________操作不属于文本编辑排版操作。(2014 年秋真题)

A. 添加页眉和页脚　　B. 设置字体和字号

C. 设置行间距，首行缩进　　D. 对文本进行数据压缩

(32) 下列________不是用于制作计算机动画的软件。(2014 年秋真题)

A. 3ds max　　B. Maya　　C. CoolEdit　　D. Adobe Flash

(33) 在未进行数据压缩情况下，一幅图像的数据量与下列因素无关的是________。(2014 年秋真题)

A. 图像内容　　B. 水平分辨率　　C. 垂直分辨率　　D. 像素深度

(34) 在 PC 上利用摄像头录制视频时，视频文件的大小与________无关。(2014 年秋真题)

A. 图像分辨率　　B. 录制时长

C. 录制速度(每秒帧)　　D. 镜头视角

(35) 下列汉字输入方法中，最适合于将书、报、刊物、档案资料中的大量文字输入计算机的方法是________。(2014 年秋真题)

A. 印刷体汉字识别输入　　B. 语音识别输入

C. 键盘输入　　D. 联机手写输入

(36) 下列汉字输入方法中，输入效率最高的是________。(2014 年秋真题)

A. 语音输入

B. 键盘输入

C. 把印刷体汉字使用扫描仪输入,并通过软件转换为机内码形式

D. 联机手写输入

(37) 下列关于数字电视的说法错误的是________。(2015 年秋真题)

A. 我国不少城市已开通了数字有线电视服务,但目前大多数新买的电视机还不能直接支持数字电视的接收与播放

B. 目前普通的模拟电视不能接收数字电视节目,因此,要收看数字电视必须要购买新的数字电视机

C. 数字电视是数字技术的产物,目前电视传播业正进入向全面实现数字化过渡的时代

D. 数字电视的传播途径是多种多样的,因特网性能的不断提高已经使其成为数字电视传播的一种新媒介

(38) 数字卫星电视和 DVD 数字视盘采用的数字视频压缩编码标准是________。(2015 年秋真题)

A. MPEG-1　　B. MPEG-2　　C. MPEG-4　　D. MPEG-7

(39) 1KB 的内存空间中最多能存储采用 GB 2312 编码的汉字________个。(2015 年秋真题)

A. 128　　B. 256　　C. 512　　D. 1024

(40) 下列汉字输入方法中,需要掌握某种汉字输入编码的是________。(2015 年秋真题)

A. 联机手写输入　　B. 语音识别输入

C. 键盘输入　　D. 印刷体识别输入

(41) 像素深度为 6 位的单色图像中,不同亮度的像素数目最多为________个。(2015 年秋真题)

A. 64　　B. 256　　C. 4096　　D. 128

(42) IE 浏览器和 Outlook Express 中使用的 UTF-8 和 UTF-16 编码是________标准的两种实现。(2015 年秋真题)

A. GB 2312　　B. GBK　　C. UCS/Unicode　　D. GB 18030

(43) 下列关于 VCD 和 DVD 的叙述,正确的是________。(2015 年秋真题)

A. DVD 与 VCD 相比,压缩比高,因此画面质量不如 VCD

B. CD 是小型光盘的英文缩写,最早应用于数字音响领域,代表产品是 DVD

C. DVD 影碟采用 MPEG-2 视频压缩标准

D. VCD 采用模拟技术存储视频信息,而 DVD 则采用数字技术存储视频信息

(44) 下列关于数字图像的叙述中,正确的是________。(2015 年秋真题)

A. 一幅彩色图像的数据量计算公式为:图像数据量=图像水平分辨率×图像垂直分辨率/8

B. 黑白图像或灰度图像的每个取样点只有一个亮度值

C. 对模拟图像进行量化的过程也就是对取样点的每个分量进行 D/A 转换

D. 取样图像在计算机中用矩阵来表示,矩阵的行数称为水平分辨率,矩阵的列

数称为图像的垂直分辨率

(45) 下列软件中,能够用来阅读 PDF 文件的是________。(2015 年秋真题)

A. Acrobat Reader　B. Word　C. Excel　D. FrontPage

(46) 彩色显示器的颜色可由三个基色 R、G、B 合成得到,如果 R、G、B 三基色分别用 4 个二进制位表示,则该显示器可显示的颜色总数有________种。(2015 年秋真题)

A. 2048　B. 4096　C. 16　D. 256

(47) 下列关于数字电视特点的说法中,错误的是________。(2015 年秋真题)

A. 频道多,利用率高

B. 图像清晰度好

C. 可开展交互业务

D. 接收端必须安装模数转换器

(48) 下列有关我国汉字编码标准的叙述中,错误的是________。(2015 年秋真题)

A. GB 2312 国标字符集所包含的汉字许多情况下已不够使用

B. Unicode 是我国发布的多文种字符编码标准

C. GB 18030 编码标准中所包含的汉字数目超过 2 万个

D. 我国台湾地区使用的汉字编码标准与大陆不同

(49) 国际标准化组织(ISO)将世界各国和地区使用的主要文字符号进行统一编码的方案称为________。(2015 年秋真题)

A. UCS/Unicode　B. GB 2312　C. GBK　D. GB 18030

3. 填空题

(1) 声音获取设备包括麦克风和________。前者的作用是将声波转换为电信号,然后由后者进行数字化。后者既参与声音的获取,也负责声音的重建,它控制并完成声音的输入与输出。(2013 年秋真题)

(2) 一幅没有经过数据压缩的能表示 65536 种不同颜色的彩色图像,其数据量是 2MB,假设它的垂直分辨率是 1024,那么它的水平分辨率为________。(2014 年秋真题)

(3) 国际标准________的声音压缩编码按算法复杂程度分成 3 个层次,分别应用于不同场合,MP3 采用的是其中的第 3 层次。(2014 年秋真题)

(4) 用 Flash 制作的动画文件较小,便于在因特网上传输,文件后缀为________。(2014 年春真题)

(5) 汉字输入编码方法大体分为数字编码、字音编码、字形编码、形音编码 4 类,五笔字型法属于________编码类型。(2014 年春真题)

(6) 与数字摄像机录制的数字视频不同,计算机动画是一种________的数字视频,可借助于动画软件来制作。(2014 年春真题)

(7) 用 Flash 制作的动画文件较小,便于在因特网上传输,而且它还采用________媒体技术,用户能一边下载一边播放动画。(2014 年春真题)

(8) 数字有线电视所传输的音频、视频所采用的压缩编码标准是________。(2014 年春真题)

(9) 声音获取时,影响数字波形声音码率的因素有 3 个,分别为________频率、量化

位数和声道数。(2015 年秋真题)

(10) Word 文档由文字组成,文字带有字体、颜色等格式信息,将其复制到记事本中,其________信息将丢失。(2015 年秋真题)

(11) 如果需要拍摄分辨率为 1024×768 的数码相片,至少需要________万像素的数码相机。(2015 年秋真题)

(12) 后缀名为 htm 的文件是使用________语言描述的。(2015 年秋真题)

(13) 文本内容的组织方式分为线性文本和超文本两大类,采用网状结构组织信息,各信息块按照其内容的关联性用指针互相链接起来,使得阅读时可以非常方便地实现快速跳转,这种文本称为________。(2015 年秋真题)

(14) 美国 Adobe 公司的 Acrobat 软件,使用________格式文件将文字、字形、格式、声音和视频等信息封装在一个文件中,实现了纸张印刷和电子出版的统一。(2015 年秋真题)

(15) 色彩位数(色彩深度)反映了扫描仪对图像色彩的辨析能力。色彩位数为 8 位的彩色扫描仪,可以分辨出________种不同的颜色。(2015 年秋真题)

5.6 评价与讨论

1. 抛出问题

(1) 阐述 GB 2312、GBK、GB 18030 这 3 种编码的特点、区别与联系,以及与 UCS/Unicode 编码的不同。

(2) 阐述图像和图形有哪些不同点,分别适合哪些应用。

(3) 阐述数字视频有哪些标准,分别应用于哪些领域。

2. 说一说、评一评

学生在解决问题过程中,分小组讨论,最后选派代表回答问题,其他小组成员及教师给出点评,并从回答问题过程中了解学生对学习目标的掌握情况。

课堂重点突出,培养学生的实际应用能力,教师做好记录,为以后的教学获取第一手材料。

5.7 资料链接

PDF 全接触

PDF 是由 Adobe 公司发明的文件格式,是 Portable Document Format 的缩写,意为"便携文档格式",是一种电子文件格式,现已成为事实上的电子文档标准。

这种文件格式与操作系统平台无关,也就是说,PDF 文件不管是在 Windows、UNIX 还是在苹果公司的 Mac OS 操作系统中都是通用的。这一性能使它成为在 Internet 上进行电子文档发行和数字化信息传播的理想文档格式。越来越多的电子图书、产品说明、公司文告、网络资料、电子邮件开始使用 PDF 格式文件。

Adobe 公司设计 PDF 文件格式的目的是为了支持跨平台上的、多媒体集成的信息出版和发布，尤其是提供对网络信息发布的支持。为了达到此目的，PDF 具有许多其他电子文档格式无法相比的优点。PDF 文件格式可以将文字、字形、格式、颜色及独立于设备和分辨率的图形图像等封装在一个文件中。该格式文件还可以包含超文本链接、声音和动态影像等电子信息，支持特长文件，集成度和安全可靠性都较高。

对普通读者而言，用 PDF 制作的电子书具有纸版书的质感和阅读效果，可以“逼真地”展现原书的原貌，而显示大小可任意调节，给读者提供了个性化的阅读方式。由于 PDF 文件可以不依赖操作系统的语言和字体及显示设备，阅读起来很方便，并且非常安全：在 PDF 文件中，读者可以做到打开要密码，不允许修改、复制、打印……这些优点使读者能很快适应电子阅读与网上阅读，无疑有利于计算机与网络在日常生活中的普及。

1. 阅读 PDF

PDF 主要是供人阅读，而不是供人编辑。阅读 PDF，这是一个很容易解决的问题，并且大多数软件或在线应用都是免费的。对于经常阅读 PDF 的用户，可以选择下面的一款或几款 PDF 阅读软件。它们都很经典，并且稳定。

(1) Adobe Reader：是最正宗、出道最早、名分最正的 PDF 阅读软件，估计它占的份额在 80%以上。优点：最稳定、最兼容。

(2) Foxit Reader：优秀的国产软件。优点：体积小，仅 3MB，启动也快，绿色无须安装；中文支持极好。

(3) PDF-XChange Viewer：一款新秀，更新迅速，进步明显，功能特别丰富，会成为 Adobe 和 Foxit 的强有力的竞争者。

2. Word 转换成 PDF

(1) 主要通过 Adobe 公司提供的 Adobe Distiller 虚拟服务器实现的，在安装了 Adobe Acrobat 完全版后，在 Windows 系统的打印机任务中就会添加一个 Adobe Distiller 打印机，如图 5-13 所示。

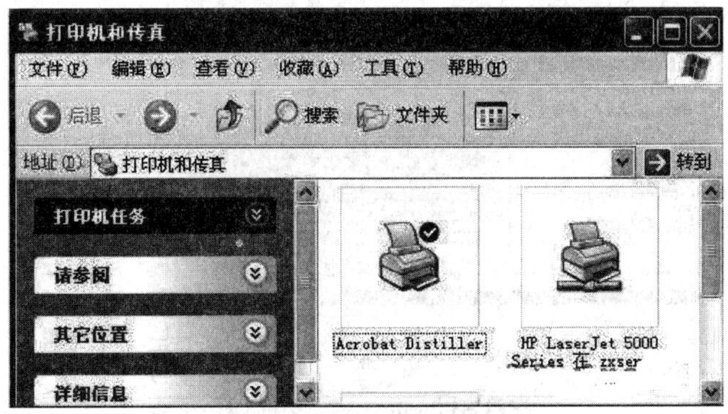

图 5-13 Adobe Distiller 打印机添加

现在比较流行的 DoctoPDF 类软件如 Pdfprint 等都是调用 Adobe Distiller 打印机实现的，如果想把一个 DOC 文件转换为 PDF 文件，只要用 Office Word 打开该 DOC 文件，然后在“文件”菜单“打印”子菜单中选择 Adobe Distiller 打印机即可。

(2) 最新版的 Word 软件具有制作 PDF 文件的功能，例如，在安装 Microsoft Save as PDF 加载项后可以使用 Word 2007 将 Word 文档保存为 PDF 文件，或者使用 Word 2010 直接制作 PDF 文件。

第 1 步，打开 Word 2010 文档窗口，选择“文件”→“另存为”命令。

第 2 步，在打开的“另存为”对话框中，选择“保存类型”为 PDF，然后选择 PDF 文件的保存位置并输入 PDF 文件名称，然后单击“保存”按钮。

第 3 步，完成 PDF 文件发布后，如果当前系统安装有 PDF 阅读工具(如 Adobe Reader)，则保存生成的 PDF 文件将被打开。

提示：用户还可以在选择保存类型为 PDF 文件后单击“选项”按钮，在打开的“选项”对话框中对另存为的 PDF 文件进行更详细的设置。

3. PDF 转换成 Word

PDF 格式最大的优点是其尺寸较小，阅读方便，非常适合在网络上传播和使用。但是 PDF 文件不能直接进行编辑，想要编辑或者进一步操作，通常是将其转换为 Word 文件。将 PDF 转换成 Word 的方法有软件转换法、人工转换法和在线转换法。

1) 软件转换法

ScanSoft PDF Converter for Microsoft Word 是由 ScanSoft 公司和微软共同组队开发的一个 Word 插件，它可以让用户在没有 Adobe Acrobat 的情况下将 PDF 文档转化为 Word 文档，并且完全保留原来的格式和版面设计。

ScanSoft PDF Converter for Microsoft Word 首先捕获 PDF 文档中的信息，分离文字和图片，表格和卷，再将其统一到 Word 格式。在 Microsoft Word 中可以直接通过选择“文件”→“打开”命令来打开 PDF 文件。ScanSoft PDF Converter for Microsoft Word 插件会自动弹出，在分析完 PDF 文件后即可自动转换成 DOC 格式的文档，如图 5-14 所示。

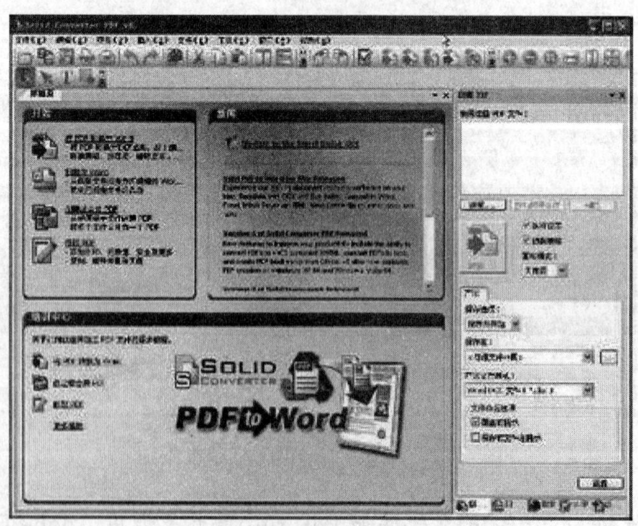

图 5-14 ScanSoft PDF 软件界面

2）人工转换法

易捷 PDF 转换是一项人工服务，帮助办公人员和学生快速在线将 PDF 转换为 Word 文档、PPT 文档、Excel 文档，即使是扫描的图片版 PDF 也同样能够轻松转换。另外，还能去除文档水印，解决 PDF 转换时常见的 PDF 转换乱码、PDF 不能复制、不能打印等问题。

易捷人工转换服务，因为是人工转换，所以为顾客提供了完整的转换解决方案，转换满意才收费。比起使用软件转换，人工转换就不必自己寻找教程、寻找软件、学习、下载等，可以节省大量的时间。

3）在线转换法

pdfonline 一个功能强大的英文 PDF 在线工具集合网站，包括了很多很实用的功能，其中 PDF 文件支持几乎所有的常见文件格式。

最初 PDF 只被看作是一种页面预览格式，而不是生产格式。然而市场的感觉并非如此，市场期望转化了这种格式的焦点，从而也改变了该产品。各种各样的电子书阅读器充斥着国内外市场，已经在很多领域取代纸质媒体。纸质媒体阅读率的下降很大程度上是因为广大读者将注意力从纸质媒体转向了电子类读物。虽然电子图书市场销售额远远不能同传统图书市场相比，但发展势头强劲。大多数电子阅读器厂商都开始全部或部分支持 PDF 格式。市面上使用较多的 PDF 电子阅读器有当当网手机阅读器、掌门科技的百阅、九月网的九月读书，以及开发出来的安卓手机专用阅读器。

常见数字视频格式

在工作或生活中，经常会碰到这样的问题，拍了一个录像回来，不知道认怎么样的方式保存在计算机里，或者怎样将计算机里的一段视频文件以合适的方式传给别人或刻成自己满意的光碟，还有就是从朋友那里复制来的一个电影在自己的计算机上放不出来，或者不清楚一段视频变成视频文件大概会占多大的空间，等等，这都关系到想转成的视频文件的格式，格式不同，转换出来的文件的大小、画面质量、传输的时间等参数就完全不同了，经过数字技术的发展，出现了很多视频格式。

1. 视频信号分类

视频信号可分为模拟视频信号和数字视频信号两大类。

(1) 模拟视频是指每一帧图像是实时获取的自然景物的真实图像信号。日常生活中看到的电视、电影都属于模拟视频的范畴。模拟视频信号具有成本低和还原性好等优点，视频画面往往会给人一种身临其境的感觉。但它的最大缺点是无论被记录的图像信号有多好，经过长时间的存放之后，信号和画面的质量都将大大降低；或者经过多次复制之后，画面的失真就会很明显。

(2) 数字视频信号是基于数字技术以及其他更为拓展的图像显示标准的视频信息，数字视频与模拟视频相比有以下特点。

① 数字视频可以不失真地进行无数次复制，而模拟视频信号每转录一次，就会有一次误差积累，产生信号失真。

② 模拟视频长时间存放后视频质量会降低，而数字视频便于长时间的存放。

③ 可以对数字视频进行非线性编辑,并可增加特技效果等。

④ 数字视频数据量大,在存储与传输的过程中必须进行压缩编码。随着数字视频应用范围不断发展,它的功效也越来越明显。

2. 视频文件压缩

压缩,简单地说是为了更容易地存放或携带,扔掉一些无关紧要的东西,保留一些重要的。在生活中人们已经经常在使用了,在视频领域里也同样在用这样的方法:一个运动画面是由每秒无数帧的静态照片串连而成的,而根据人的视觉残留效应,活动的图像只要每秒平均抽出24帧以上画面人眼就感觉不出来了,这就是根据人眼的特性的压缩。就好像要记住一句很长的话,通常记住其中的几个字就可以了。所以不管用什么手段,所有的压缩都是有损的,就像压缩饼干一样,去掉了水分的同时,也损失了原有的口感。

(1) 帧内压缩:可以把一帧画面分割成很多块,通过相邻宏块比较,用一定的算法进行压缩,以减少数据量。帧内压缩也称为空间压缩。当压缩一帧图像时,仅考虑本帧的数据而不考虑相邻帧之间的冗余信息,这实际上与静态图像压缩类似。帧内算法一般压缩率不大,而压损较大,但保留了原来的固有的帧,便于切割、编辑。所以早期的编辑都用这种方法。

(2) 帧间压缩:基于许多视频或动画的连续前后两帧具有很大的相关性,或者说前后两帧信息变化很小的特点,亦即连续的视频其相邻帧之间具有冗余信息。根据这一特性,压缩相邻帧之间的冗余量就可以进一步提高压缩量,减小压缩比。帧间压缩也称为时间压缩。也就是说,几帧连续的帧中抽出一个关键帧,通过与关键帧的比较,把相同的信息去掉。只保留与关键帧有变化的信息量。所以它的压缩率可以很高,而且损伤不大。但这样的视频不能切割、编辑。一定要先还原出原来缺失的帧后才能编辑。

以上的压缩方式在模拟时代来说是很困难的,随着数字化的到来,这样的压缩就变得比较容易了,下面就是数字压缩的产物。

3. 数字视频文件

第一大家族JPEG和MPEG(帧内和帧间压缩):包括认.mpg、.mpe、.mpa、.m15、.m1v、.mp2等为扩展名的视频文件都是出自这一家族,典型的有MPEG-1、MPEG-2和MPEG-4。

(1) MPEG-1被广泛应用在VCD的制作和一些视频片段下载方面,其中最多的就是VCD——几乎所有VCD都是使用MPEG-1格式压缩的(.dat格式的文件)。MPEG-1的压缩算法可以把一部120分钟长的电影(原始视频文件)压缩到1.2GB左右大小。一张VCD的容量是650MB,所以放VCD时一般要2张碟片才能看完一部电影。

(2) MPEG-2则应用在DVD的制作(.vob格式的文件),同时也在一些HDTV高清晰电视广播和一些高要求视频编辑、处理上有相当的应用。使用MPEG-2的压缩算法制作一部120分钟长的电影(原始视频文件)大小为4~8GB,当然其图像质量方面的指标是MPEG-1所无法比拟的。应用了DVD技术,一张DVD盘的容量是4.7GB,所以一部电影一般是1张碟片。

(3) MPEG-4是一种新的压缩算法,使用这种算法的ASF格式文件可以让一部120

分钟长的电影(原始视频文件)“瘦身”到 300MB 左右，由于其小巧便于传播，故成为网上在线观看的主要方式之一。在这里还要介绍一下 DivX 格式(形象地说是 DVD 杀手)，DivX 视频编辑技术是针对 DVD 而产生的，同时为了打破 ASF 的种种约束而发展起来的。它采用的是 MPEG-4 的算法，压缩一张 DVD 只需 2 张 VCD，也可以得到原 DVD 差不多的视频质量，运用 DivX 格式还可以把源文件压缩到 600MB 左右，但其图像质量却比 ASF 要高出许多，对机器的要求也不高：CPU 300MHz 以上、64MB 内存、4MHz 显卡就可以流畅播放了。

第二家族是 AVI 格式(即音频视频交错格式)。是将语音和影像同步组合在一起的文件格式。它对视频文件采用了一种有损压缩方式，但压缩比较高，因此尽管画面质量不是太好，但其应用范围仍然非常广泛。AVI 支持 256 色和 RLE 压缩。AVI 信息主要应用在多媒体光盘上，用来保存电视、电影等各种影像信息。

AVI 是目前电视台和影视公司使用比较广泛的一种格式。它最直接的优点就是兼容好，调用方便而且图像质量好，因此也常常与 DVD 相并称。但它的缺点也是十分明显的：体积大。也是因为这一点，才诞生了 MPEG-1 和 MPEG-4。2 小时影像的 AVI 文件的体积与 MPEG-2 相差无几，不过这只是针对标准分辨率而言的：根据不同的应用要求，AVI 的分辨率可以随意调整。窗口越大，文件的数据量也就越大。降低分辨率可以大幅减少它的体积，但图像质量就必然受损。在与 MPEG-2 格式文件体积差不多的情况下，AVI 格式的视频质量相对而言要差不少，但制作起来对计算机的配置要求不高，经常有人先录制好了 AVI 格式的视频，再转换为其他格式。

4. 流媒体格式(可以在计算机上边看边传的格式)

(1) RM 格式(Real 公司的格式)。RM 格式一开始就定位在视频流应用方面，也可以说是视频流技术的始创者。它可以在用 56Kb/s Modem 拨号上网的条件下实现不间断的视频播放，当然，其图像质量和 MPEG-2、DivX 等相比有一定差距，毕竟要实现在网上传输不间断的视频是需要很大带宽的，RM 格式将原来的视频文件进行两次编码变成很短小的文件。播放器是。

它是 Real 公司对多媒体世界的一大贡献，也是对于在线影视推广的贡献。它的诞生，也使得流文件为更多人所知。这类文件可以实现即时播放，这种“边传边播”的方法避免了用户必须等待整个文件从 Internet 上全部下载完毕才能观看的缺点，因而特别适合在线观看影视。RM 主要用于在低速率的网上实时传输视频的压缩格式，它同样具有小体积而又比较清晰的特点。RM 文件的大小完全取决于制作时选择的压缩率，这也是为什么有时会看到 1 小时的影像只有 200MB，而有的却有 500MB 之多。

(2) ASF 和 WMV 格式。ASF(ASF 是高级串流格式)用于排列、组织、同步多媒体数据以利于通过网络传输。ASF 是一种数据格式，它也可用于指定实况演示。ASF 最适合通过网络发送多媒体流，也同样适合在本地播放。任何压缩/解压缩运算法则(编解码器)都可用来编码 ASF 流。WMV 是由“同门”的 ASF 格式升级延伸得来。在同等视频质量下，WMV 格式的体积非常小，因此很适合在网上播放和传输。播放器是。

以.asf 和.wmv 为扩展名的视频文件，针对 RM 应运而生，也是 Windows Media 的核心。它们的共同特点是采用 MPEG-4 压缩算法，所以压缩率和图像的质量都很不错(只比 VCD 差一点，优于 RM 格式)。与绝大多数的视频格式一样，画面质量同文件尺寸成反比关系。也就是说，画质越好，文件越大；相反，文件越小，画质就越差。在制作 ASF 文件时，推荐采用 320×240 的分辨率和 30 帧/秒的帧速，可以兼顾到清晰度和文件体积，这时的 2 小时影像大小约为 1GB。

(3) MOV 格式。MOV 是一种大家熟悉的流式视频格式，在某些方面它甚至比 WMV 和 RM 更优秀，并能被众多的多媒体编辑及视频处理软件所支持，用 MOV 格式来保存影片是一个非常好的选择。播放器是 。

在所有视频格式中，也许 MOV 格式是最不知名的。也许你会听说过 Quick Time，MOV 格式的文件正是由它来播放的。在 PC 几乎一统天下的今天，从 Apple 移植过来的 MOV 格式自然是受到排挤的。它具有跨平台、存储空间要求小的技术特点，而采用了有损压缩方式的 MOV 格式文件，画面效果较 AVI 格式要稍微好一些。到目前为止，它共有 4 个版本，其中以 4.0 版本的压缩率最好。

第6章

计算机信息系统与数据库技术

【学习场景】

计算机信息系统在各行各业各领域被广泛使用，如图书馆的图书管理系统、超市的商品库存管理系统、商品销售额统计系统、公司员工的考勤记录系统、虚拟社区的用户信息系统、汽车站、火车站等售票系统以及学校里使用的教务管理系统等。

凡是涉及大量数据的存储、修改、查询、统计等操作就需要用到数据库技术。数据库技术已成为计算机信息系统的核心内容。如果说网络、操作系统等看作一个人的血肉之躯，则数据库系统是人的灵魂、精神，在当今，如果没有数据库，则计算机世界是苍白无力，甚至退化到不能用的地步。

数据库是“按照数据结构来组织、存储和管理数据的仓库”。在企业管理的日常工作中，常常需要把某些相关的数据放进这样的“仓库”，并根据管理的需要进行相应的处理。例如，人事部门常常要把单位职工的基本情况（职工号、姓名、年龄、性别、籍贯、工资、简历等）存放在表中，这张表就可以看成是一个数据库。有了这个“数据仓库”人们就可以根据需要随时查询某职工的基本情况，也可以查询工资在某个范围内的职工人数，等等。此外，在财务管理、仓库物流管理、生产管理，售后中也需要建立众多的这种“数据库”，使其可以利用计算机实现人事、财务、生产、仓库、物流、售后的自动化管理。

数据库中的很大一部分用于商务领域，目前商业决策面临的最大挑战不是缺少数据，而是数据太多，大部分企业无法发掘数据的价值给公司决策层提供支持。决策人员的困惑是：①海量数据，企业现有的信息无法高效处理；②数据混乱，根本找不到解决的办法；③原始的数据存放方法通用性差，不便于移植，在不同文件中存储大量重复信息，浪费存储空间，更新不便等。基于这些原因，数据库系统应运而生。它能够完全整合现有的业务系统，保护已有投资，并能在应用程序的配合下充分地分析数据，为决策提供支持。

【学习目标】

培养学生灵活运用关系数据库的能力。

【学习任务】

(1) 掌握计算机信息系统结构。

(2) 掌握计算机信息系统的特点。

(3) 掌握访问的数据库 C/S、B/S 模式。

(4) 掌握关系数据库的关系数据模式。

(5) 掌握关系数据库的基本操作。

(6) 了解 SQL 数据库的体系结构。

(7) 掌握 SQL 的 SELECT 数据查询语句。

6.1 信息系统

21 世纪人类已经进入信息时代,随着信息技术的高速发展,各类企事业单位如何高效、及时、全面地收集和利用信息资源,支持各个层次的管理人员做出正确的决策,将是他们急需解决的问题。因此,学习信息系统和数据库的相关基础知识,对于信息时代的每一个成员而言都是十分重要的。

6.1.1 计算机信息系统

计算机信息系统利用计算机硬件、软件、网络通信及其他办公设备,进行信息的获取、转换、存储、组织、加工、传输、更新和维护,按照一定的应用目标和规划,提供信息服务为主要目的的数据密集型、人机交互式的计算机应用系统。

1. 计算机信息系统的特点

(1) 涉及的数据量大,有时甚至是海量的。例如,中国国家图书馆的信息管理系统要包含 2 亿册图书及其借阅、归还等信息。

(2) 绝大部分数据是持久的,它不会随着程序运行结束而消失,一般需要长期保留在外存。例如,银行信息系统中的数以千万计的客户的所有存、贷款和交易明细都要存放在外存中保存 20 年之久。

(3) 数据资源使用具有共享性。小到一个部门一个单位,大到整个行业、地区甚至全国或者全球,能够共享使用数据资源。例如,中国人民银行的个人征信系统就包含了一个人在所有银行的信用卡、贷款等信息。

(4) 信息服务功能具有多样性。能够向用户提供统计、事务处理、分析、预测、决策、报警等信息。例如,仓库管理系统会自动提醒原材料低于安全库存等。

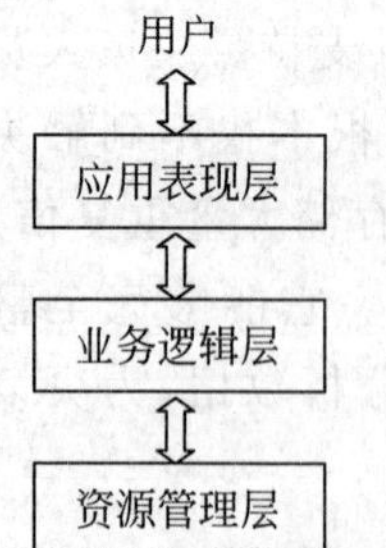

图 6-1 计算机信息系统层次结构图

2. 计算机信息系统的层次结构

在计算机硬件、系统软件和网络等基础设施支撑下运行的计算机信息系统通常划分为 3 个层次,如图 6-1 所示。

1) 资源管理层

资源管理层包括各种类型的数据信息,以及实现信息采集、存储、传输、存取和管理的各种资源管理系统，主要有数据库、数据库管理系统和目录服务系统等。

2）业务逻辑层

业务逻辑层由实现各种业务功能、流程、规则、策略等应用业务的一组程序代码构成。

3）应用表现层

应用表现层的其功能是通过人机交互等方式，将业务逻辑和资源紧密结合在一起，并以直观形象的形式向用户展现信息处理的结果。

3. 计算机信息系统的分类

（1）从功能上来分，常见的有电子数据处理系统、管理信息系统、决策支持系统。

（2）从应用领域来分，常见的有办公自动化系统、军事指挥信息系统、医疗信息系统、民航订票系统、电子商务系统、电子政务系统等。典型的信息系统介绍参见本章资料链接 6.3。

6.1.2 信息系统与数据库

数据库和数据库管理系统属于计算机信息系统结构中的资源管理层。它把信息系统中的大量数据按照一定的模型组织起来，提供存储、检索、维护数据的功能，使信息系统可以方便、及时、准确地从数据库中获取所需的信息。

1. 数据库

数据库简称为 DB，是存放大量数据的“仓库”。数据库中的数据是按一定方式组织、描述和存储在外部存储器设备上，所形成的具有较小的冗余度，较高的数据独立性和易扩展性，能为多个用户共享的相关数据的集合。

2. 数据库管理系统

数据库管理系统简称为 DBMS，是数据库系统的管理控制中心，是负责数据库建立、存取、维护、运行的系统软件。用户通过 DBMS 定义数据和操纵数据，并保证数据的安全性、完整性、多用户对数据的并发使用及发生故障后的数据库恢复。

现在流行使用的数据库管理系统有多种，主要有美国甲骨文公司的 Oracle、IBM 公司的 DB2、微软公司的 Microsoft SQL Server、Access 和 VFP，以及自由软件 MySQL 等。

3. 数据模型

为了有效地实现对数据的管理，数据库中的数据是按照一定的逻辑结构存放的，这种结构是用数据模型来表示的。目前成熟的应用在数据库系统中的数据模型有层次模型、网状模型和关系模型三种。

1）层次模型

层次模型(Hierchical)是数据库系统最早使用的一种模型，它的数据结构是一棵“有向树”。根结点在最上端，层次最高，子结点在下端，逐层排列，层次模型的特征如下。

（1）有且仅有一个结点没有父结点，它就是根结点。

（2）其他结点有且仅有一个父结点，如图 6-2 所示。

2）网状模型

网状模型(Network)以网状结构表示实体与实体之间的联系。网中的每一个结点代

表一个记录类型,联系用链接指针来实现。网状模型可以表示多个从属关系的联系,也可以表示数据间的交叉关系,即数据间的横向关系与纵向关系,它是层次模型的扩展,结构复杂,其特征如下。

(1) 允许结点有多于一个父结点。

(2) 可以有一个以上的结点没有父结点,如图 6-3 所示。

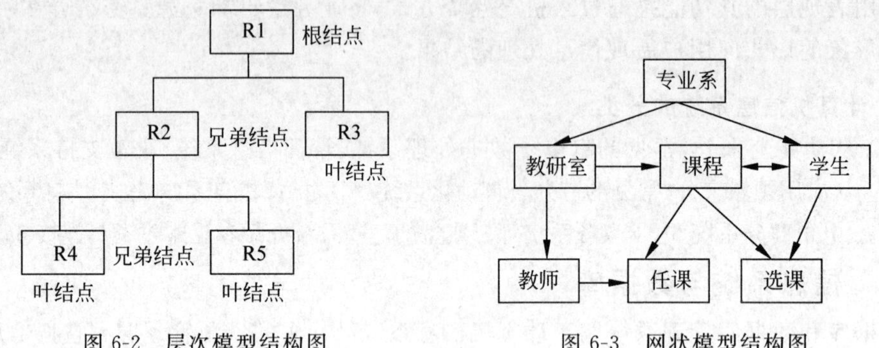

图 6-2 层次模型结构图　　图 6-3 网状模型结构图

3) 关系模型

关系模型(Relation)以二维表结构来表示实体与实体之间的联系,它是以关系数学理论为基础的。关系模型的数据结构是一个“二维表”组成的集合,每个二维表又可称为关系。在关系模型中,操作的对象和结果都是二维表。关系模型是目前最流行的数据库模型,支持关系模型的数据库管理系统称为关系数据库管理系统,Microsoft SQL Server 就是一种关系数据库管理系统,其特征如下。

(1) 数据结构简单、概念清楚。

(2) 行列是无次序的,每列属于原子属性。

(3) 能直接反映实体之间的关系(1∶1、1∶n、m∶n)。

(4) 通过公共属性建立表与表之间的联系,从而建立实体之间的联系。

(5) 实现了数据完整性。

(6) 具有严格的理论基础,严格的数学理论—集合论,如表 6-1 所示是一个表示学生情况的关系模型。

表 6-1 关系模型

学号	姓名	性别	出生日期	籍贯	专业
130000482	刘东旭	男	1994-7-27	江苏南通	机电一体化
130000259	曹小杰	男	1994-1-15	江苏淮安	汽车运用技术
130000085	李亚静	女	1994-8-26	浙江	会计

与层次和网状模型相比,关系模型的数据结构单一,不管实体还是实体间的联系都用关系来表示,此外,关系模型还将数据定义和数据操纵统一在一种语言中,易学易用。

建立在上述 3 种不同数据模型基础的数据库,分别称为关系数据库、层次数据库和网状数据库。其中,关系数据库借助于关系代数等数学概念和方法来处理数据,有严格的理论依据。现实世界中的各种实体以及实体之间的各种联系均可以用关系模型来表示。20世纪 80 年代以来,关系数据库已经成为数据库技术的主流。

4. 关系数据库

采用关系模型的数据库就是关系数据库,它采用二维表结构来表示各类实体及其间的联系,二维表由行和列组成,一个关系数据库由许多张二维表组成。在教务管理系统的数据库中,存放着与教务管理相关的大量数据,它们分别存于不同的二维表中,如图 6-4 所示,分别是学生表(学号,姓名,性别,出生日期,籍贯,院系代码,专业代码),成绩表(学号,选择题,Word,Excel,PPT,Access,成绩),院系表(院系代码,院系名称)。

学号	选择题	Word	Excel	PPT	Access	成绩
090010101	31	9	0	4	8	52
090010102	32	20	18	10	10	90
090010103	33	18	10	10	10	81
090010104	31	18	19	10	7	85
090010105	27	18	20	10	9	84

成绩表

学号	姓名	性别	出生日期	籍贯	院系代码	专业代码
090010101	褚梦佳	女	1991-2-19	山东	001	00103
090010102	蔡敏梅	女	1991-2-11	上海	001	00103
090010103	赵林莉	女	1991-12-2	江苏	001	00103
090010104	糜义杰	男	1991-10-3	江苏	001	00103
090010105	周丽萍	女	1991-3-17	江苏	001	00103

学生表

院系代码	院系名称
001	文学院
002	外文院
003	数科院
004	生科院
005	法学院

院系表

图 6-4 教务管理数据库中的 3 张表

5. 基于数据库的信息系统的组成

数据库系统简称 DBS,一般由数据库(DB)、数据库管理系统(DBMS)及其开发工具、应用系统、数据库管理员(DBA)和用户构成。数据库系统的目标是解决数据冗余,实现数据独立性,实现数据共享并解决由数据共享而带来的数据完整性、安全性及并发控制等一系列问题。其主要特点如下。

(1) 数据结构化。以数据库文件组织形式长期保存,数据库中的数据是有特定结构的,这种结构由数据库管理系统支持的数据模型表现出来。数据库系统不仅表示事物本身各项数据之间的联系,而且能表示事物与事物之间的联系,从而反映出现实世界事物之间的联系。

(2) 实现数据共享,冗余度小。数据库系统的数据组织结构采用面向全局的观点组织数据库中的数据,所以数据能够满足多用户、多应用程序的不同需求。数据共享程度大,不仅节约存储空间,还能保证数据的一致性。

(3) 应用程序与数据具有较高的独立性。在数据库系统中,应用程序与数据的逻辑结构和物理存储结构无关,数据具有较高的逻辑独立性和物理独立性。

(4) 具有统一的管理和数据控制功能。在数据库系统中,对数据的定义和描述已经从应用程序中分离出来,数据库可以被多个用户或应用程序共享,数据的操作往往具有并发性,即多个用户同时对同一数据库进行操作。例如,在火车售票系统中,各地的售票员需要同时对车票进行查询或出售,数据库管理系统必须提供必要的保护措施,以保证数据的安全性和完整性。

6.1.3 数据库访问

所谓"数据库访问",就是用户(最终用户和程序开发人员)根据使用要求对存储在数据库中的数据进行操作,例如,对相关二维表进行查询、计算、修改、分类等。上面说过,数据库的所有操作都是通过数据库管理系统(DBMS)进行的。为了方便用户进行数据访问,DBMS 一般都配置有数据库结构化查询语言(Structured Query Language,SQL)供用户使用。

SQL 是一种接近英语的,具有定义、操纵和控制数据库中数据的能力,非过程化的数据库语言。

1. 数据库中数据的访问

上面说过,数据库的所有操作都是通过数据库管理系统(DBMS)进行的,为了方便用户进行数据库访问,DBMS 配置了数据库结构化查询语言(SQL),用户通过它可方便完成数据库的访问。

例如,分析学生学习情况,查询"男学生选课成绩表",显示:姓名、系别、选课名、成绩。

(1) 实现原理如下。

① 通过 DBMS。

② 使用数据库语言(SQL)。

(2) 实现过程,如图 6-5 所示。

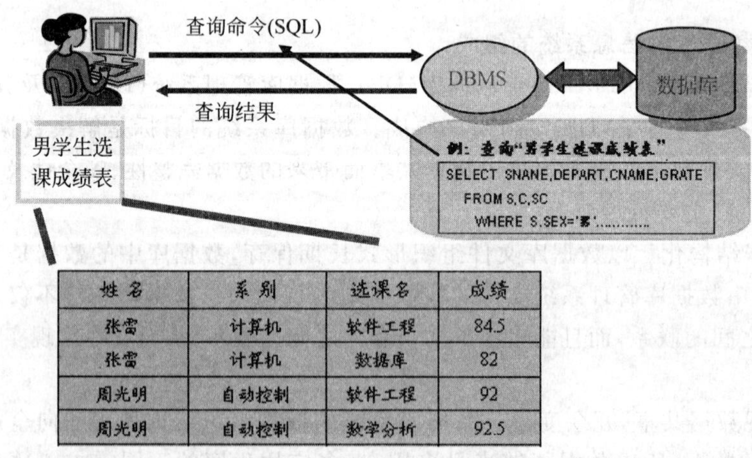

姓名	系别	选课名	成绩
张雷	计算机	软件工程	84.5
张雷	计算机	数据库	82
周光明	自动控制	软件工程	92
周光明	自动控制	数学分析	92.5

图 6-5 数据库中数据访问的过程

数据库除了在单台计算机上完成简单操作外,多数还是要为许多用户服务,尤其是分散的远程用户,就必须通过网络访问数据库,为了适应这种应用需求,目前计算机信息系统中的数据库访问通常采用客户机/服务器(C/S)模式或浏览器/服务器(B/S)模式。

2. C/S 模式访问数据库

C/S 模式是基于企业内部网络的应用系统。其体系结构一般由大量的客户和少量的服务器组成,通过局域网和其他类型的计算机网络相连接。客户提供用户界面和本地处理。服务器可以向用户提供诸如文件访问、打印或数据库访问等服务,如图 6-6 所示。

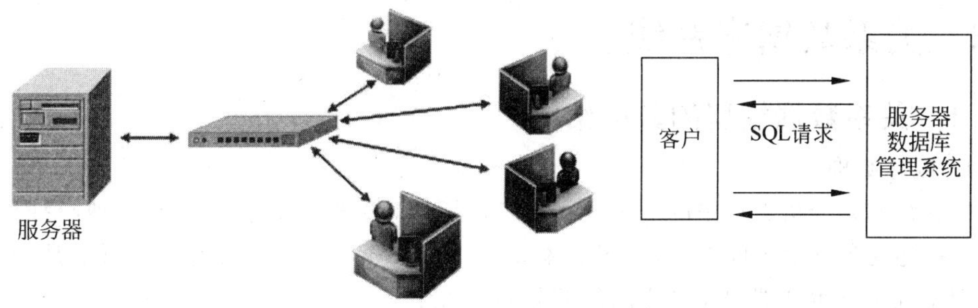

图 6-6 C/S 模式的数据库访问

C/S 模式数据库访问方式中,由于在网络上只传输查询语句和查询结果,这样可以减少网络数据的传输,提供系统效率;同时,在客户计算机上可以独立存放各自的应用程序,对其修改不影响其他用户的使用。因此 C/S 模式适用于客户较少而应用程序相对稳定的信息系统。典型的应用是 QQ 类的即时聊天,Outlook、Foxmail 等邮件收发程序。

3. B/S 模式访问数据库

B/S 实质上是中间增加了 Web 服务器的 C/S 模式,它是三层结构,如图 6-7 所示。

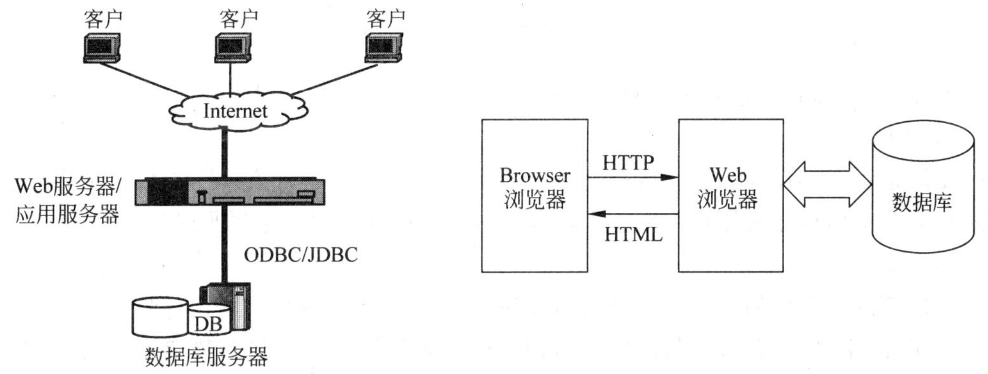

图 6-7 B/S 模式的数据库访问

(1) 第一层是客户层,客户计算机上配置有浏览器,起到应用表现层的作用。

(2) 中间层是业务逻辑层,其中的 Web 服务器专门为浏览器做“收发工作”和本地静态数据(包括网页、文件系统)的查询,而动态数据则由应用服务器运行动态网页所包括的应用程序而生成,再由 Web 服务器返回给浏览器。当应用程序中嵌有数据库查询语句 SQL 时,它就将数据库访问的任务作为一种“查询请求”委托数据库服务器执行。

(3) 第三层是数据库服务器层,它专门接收使用 SQL 语言描述的查询请求,访问数据库并将查询结果返回给中间层。ODBC/JDBC 是中间层与数据库服务器层的标准接口(也称为应用程序接口 API),通过这个接口,不仅可以向数据库服务器提出访问要求,而且还可以互相对话,它可以连接一个数据库服务器,也可以连接多个不同的数据库服务器。

典型的应用是淘宝网、土豆网、新浪网等。

6.2 关系数据库系统

6.2.1 关系数据模型的数据结构

1. 概念结构

概念结构是分析过程中的一个中间结果,通过对用户需求进行综合、归纳与抽象,从概念上描述对象和对象间的关联,用实体-联系工具 E-R 图表示。如图 6-8 所示是一个学生管理系统中学生和课程关系之间的部分 E-R 图。

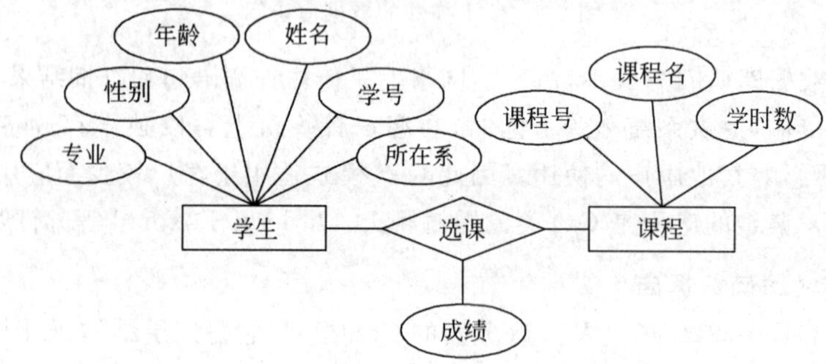

图 6-8 学生与课程关系的 E-R 图

实体、属性和联系是 E-R 图的三大要素。

1) 实体

实体是客观存在并可相互区别的事物,如一个学生、一个部门等,在 E-R 图中,实体用矩形并在框内标注实体名称来表示,如图 6-8 中的实体集“学生”“课程”。

2) 属性

属性刻画了实体的特性。一个实体往往可以有若干个属性。例如,学生实体可以用若干个属性(学号、姓名、性别、出生日期、专业等)来描述。属性的具体取值称为属性值,一个属性的取值范围称为该属性的值域或值集。在 E-R 图中,属性用椭圆形表示,并用连线将其与相应的实体连接起来。

3) 联系

实体集之间的对应关系称为联系,它反映现实世界事物之间的相互关联。有 3 种类型:一对一(1∶1)、一对多(1∶n)和多对多(m∶n)。在 E-R 图中,联系用菱形表示,菱形框内写明联系名,并用连线分别与有关实体连接起来,如图 6-8 所示的学生和课程间的联系是“选课”。

2. 逻辑结构

用关系数据模型描述的数据其逻辑结构具有二维表的形式，由表名、行和列组成的二维表的每一行称为一个元组，每一列称为一个属性。例如，学校的教务管理系统中的 3 张表，即学生表、院系表、成绩表都是二维表，如图 6-4 所示。

关系数据库的每个二维表的结构各不相同，它们是用关系数据模式来描述的，其形式如下：

$$R(A_1, A_2, \cdots, A_i, \cdots, A_n) \quad (1 \leqslant i \leqslant n)$$

其中，R 为关系模式名，即二维表名。A_i 是属性名，也就是表中的数据项。如对于图 6-4 中的表，表示成关系数据模式分别如下：

学生表(学号,姓名,性别,出生日期,籍贯,院系代码,专业代码)
院系表(院系代码,院系名称)
成绩表(学号,选择题,word,excel,ppt,access,成绩)

在关系模式中，用来唯一区分二维表中不同的元组（行）的是“主键”。“主键”实际上是该模式中的属性或属性组，上面 3 个关系数据模式中用下划线标注的属性就是该模式的主键。

3. 存储结构

二维表的数据以文件形式存储在外存储器中的结构称为存储结构。3 种结构之间的关系如图 6-9 所示。

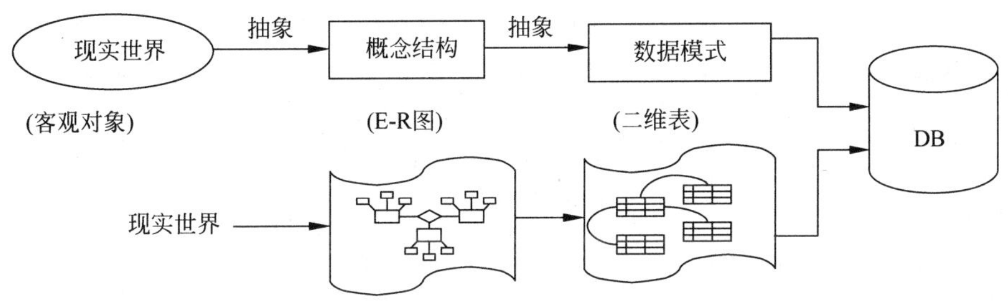

图 6-9　现实世界对象转换到计算机表示

各种关系数据库术语对照表如表 6-2 所示。

表 6-2　关系数据库术语对照表

关系数据库	数据库文件	关系数据库	数据库文件
关系名	表名	关系的行	二维表的记录或元组
关系	二维表	关系的列	二维表的属性或字段
关系模式	二维表的结构	属性的域	属性的取值范围

6.2.2　二维表的基本操作

1. 选择操作

选择操作是一元操作。应用与一个关系（二维表）并产生另一个新关系（二维表），新关系中的元组(行)是原关系中元组的子集,属性(列)与原关系相同。如图 6-10 所示是一个选择操作的例子。其操作要求是从学生表中选出性别为“女”的学生元组。

学号	姓名	性别	出生日期	籍贯	院系代码	专业代码
090010101	褚梦佳	女	1991-2-19	山东	001	00103
090010102	蔡敏梅	女	1991-2-11	上海	001	00103
090010103	赵林莉	女	1991-12-2	江苏	001	00103
090010104	糜义杰	男	1991-10-3	江苏	001	00103
090010105	周丽萍	女	1991-3-17	江苏	001	00103

选择操作

学号	姓名	性别	出生日期	籍贯	院系代码	专业代码
090010101	褚梦佳	女	1991-2-19	山东	001	00103
090010102	蔡敏梅	女	1991-2-11	上海	001	00103
090010103	赵林莉	女	1991-12-2	江苏	001	00103
090010105	周丽萍	女	1991-3-17	江苏	001	00103

图 6-10 选择操作

2. 投影操作

投影操作是一元操作。应用与一个关系(二维表)并产生另一个新关系(二维表),新关系中的属性(列)是原关系中属性(列)的子集,元组(行)与原关系相同。如图 6-11 所示是一个投影操作的例子。其操作要求是只显示学生表中的“姓名”“籍贯”属性。

学号	姓名	性别	出生日期	籍贯	院系代码	专业代码
090010101	褚梦佳	女	1991-2-19	山东	001	00103
090010102	蔡敏梅	女	1991-2-11	上海	001	00103
090010103	赵林莉	女	1991-12-2	江苏	001	00103
090010104	糜义杰	男	1991-10-3	江苏	001	00103
090010105	周丽萍	女	1991-3-17	江苏	001	00103

投影操作

姓名	籍贯
褚梦佳	山东
蔡敏梅	上海
赵林莉	江苏
糜义杰	江苏
周丽萍	江苏

图 6-11 投影操作

3. 连接操作

连接操作是二元操作。基于共有属性把两个关系(表)组合起来。连接操作比较复杂并有较大的变化。如图 6-12 所示,将学生表和院系表连接,生成一个信息更全面的二维表,新的二维表中不但包含学生表原来的信息,还在其上增加了该学生的“院系名称”信息。

6.2.3 关系数据库语言 SQL

在关系数据库中,用户通过 SQL(结构化查询语言)对数据库中的二维表进行各种各样的操作。SQL 不同于计算机的程序设计语言,因而称它为数据库语言。

学号	姓名	性别	籍贯	院系代码	专业代码
090010101	褚梦佳	女	山东	005	00103
090010102	蔡敏梅	女	上海	001	00103
090010103	赵林莉	女	江苏	001	00103
090010104	糜义杰	男	江苏	002	00105
090010105	周丽萍	女	江苏	002	00105
090010106	李丽	女	北京	003	00106
090010107	王立军	男	吉林	004	00205

院系代码	院系名称
001	文学院
002	外文院
003	数科院
004	生科院
005	法学院

学号	姓名	性别	籍贯	院系代码	专业代码	院系名称
090010101	褚梦佳	女	山东	005	00103	法学院
090010102	蔡敏梅	女	上海	001	00103	文学院
090010103	赵林莉	女	江苏	001	00103	文学院
090010104	糜义杰	男	江苏	002	00105	外文院
090010105	周丽萍	女	江苏	002	00105	外文院
090010106	李丽	女	北京	003	00106	数科院
090010107	王立军	男	吉林	004	00205	生科院

图 6-12 连接操作

1. SQL 数据库的体系结构

SQL 数据库有三级体系结构，如图 6-13 所示。应用系统的全局模式对应于基本表，其存储模式对应于存储文件，而面向用户的局部模式主要对应于视图，也可以对应部分基本表。SQL 中的元组称为“行”，属性称为“列”。

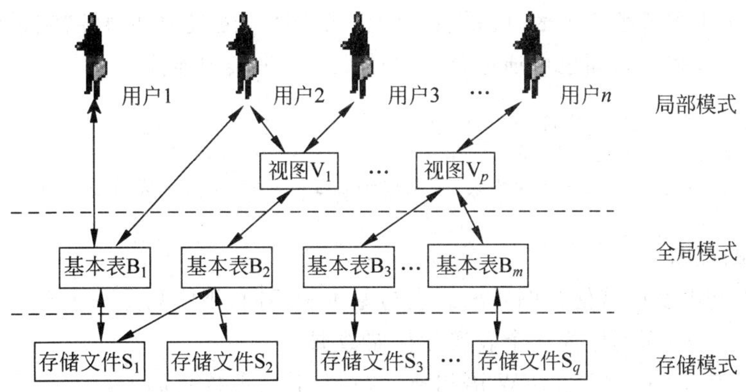

图 6-13 SQL 数据库体系结构

在这种体系结构中，用户可以用 SQL 语言对基本表和视图进行查询或其他操作。基本表和视图一样都是关系。视图是从基本表或其他视图导出的表。视图并不直接对应存储在数据库中的文件，因此视图实际是一个“虚表”。视图在概念上与基本表等同，用户可以在视图上再定义视图。

SQL语句可嵌入在程序设计语言(如C、C++等)或动态网页脚本语言(如ASP)中使用。用户也可在终端上以联机交互方式使用SQL语句,SQL包括了所有对数据库的操作。

2. SQL的数据查询

数据库查询是数据库的核心操作。SQL语言提供了SELECT语句进行数据库查询,该语句具有灵活的使用方式和完善的功能。

在实际应用中,对数据库最常用的关系操作有投影、选择和连接。对此,SQL提供SELECT查询语句,它的基本形式如下:

```
SELECT  A1,A2,…,An(指出目标表的列名序列,相应于投影操作)
    FROM  R1,R2,…,Rm(指出基本表或视图序列,相应于连接操作)
    [WHERE F](F为条件表达式,相应于选择操作的条件)
```

整个SELECT语句操作过程如下:将FROM子句所指出的基本表或视图进行连接,从中选取满足WHERE子句中条件F的行(元组),最后根据SELECT子句给出的列名序列顺序将查询结果表输出。

(1) 单表查询。从指定的一个表中找出符合条件的元组,例如,相对于图6-4,在学生表中查询所有女学生的情况,其查询语句可以描述如下:

```
SELECT  *
    FROM  学生表
    WHERE  性别='女';
```

该查询语句中的"*"表示列出学生表的所有属性。

(2) 连接查询。若一个查询同时涉及两个以上的表,则称之为连接查询。连接查询是关系数据库中最主要的查询。例如,相对于图6-4,基于院系、学生、成绩3个表查询各院系"选择题"、"成绩"的得分情况,要求列出院系名称、学号、姓名、选择题、成绩。这个查询涉及院系、学生和成绩3个表,院系表和学生表之间可通过公共属性"院系代码"作连接操作,学生表和成绩表之间也可通过公共属性"学号"来实现连接。

```
SELECT  院系名称,学号,姓名,选择题,成绩
    FROM 院系表,学生表,成绩表
    WHERE 院系表.院系代码=学生表.院系代码 and 学生表.学号=成绩表.学号
```

3. SQL的视图

视图可由基本表或其他视图导出。它与基本表不同,视图只是一个虚表,在数据字典中保留其逻辑定义,而不作为一个表实际存储数据。

SQL语言用CREATE VIEW语句建立视图,其一般格式如下:

```
CREATE  VIEW  <视图名>
    AS <子查询>
```

例如,若建立院系代码为001的学生的视图YX-S,其定义语句可写为

```
CREATE VIEW  YX-S
    AS
```

```
SELECT  学号,姓名,性别,出生日期,籍贯,专业代码
    FROM 学生表
    WHERE 院系代码 = '001';
```

视图定义后,用户就可以像对基本表操作一样对视图进行查询。因为视图是一个“虚表”,它并不存储数据,因而对于视图的修改有很多限制。

6.3　真题强化

1. 判断题

(1) 在一个关系数据库中存在多张二维表,这些二维表的“主键”标识可能相同,也可能不同。(2012 年秋真题)

(2) 在关系数据库中,关系数据模式 R 仅说明关系结构的语法,但并不是每个符合语法的元组都能成为 R 的元组,它还要受到语义的限制。(2012 年秋真题)

(3) 关系数据库中的“投影操作”是一种一元操作。它应用于一个关系并产生另一个新关系。新关系中的元组(行)是原关系中元组的子集。(2012 年秋真题)

(4) 为了方便用户进行数据库访问,关系型数据库系统一般都配置有 SQL(Structured Query Language)结构化查询语言供用户使用。(2013 年春真题)

(5) DBMS 提供多种功能,可使多个应用程序和用户用不同的方法在同一时刻或不同时刻建立、修改和查询数据库。(2013 年秋真题)

(6) 在信息系统的 B/S 模式中,ODBC/JDBC 是中间层与数据库服务器层的标准接口。通过它可以向数据库服务器提出访问要求,并进行互相对话。(2013 年秋真题)

(7) 数据库是按一定数据模式组织并长期存放在内存中的一组可共享数据的集合。(2015 年秋真题)

(8) 从用户角度看,关系数据模型中的数据结构就是二维表。(2014 年春真题)

(9) 关系数据库模型和关系模式在概念上是一致的,没有区别。(2015 年春真题)

(10) SQL 语言是一种面向数据库系统的结构化查询语言。(2014 年秋真题)

2. 单项选择题

(1) SQL 语言的 SELECT 语句中,说明选择操作的子句是________。(2012 年秋真题)

A. SELECT　　B. FROM　　C. WHERE　　D. GROUP BY

(2) 以下关于数据库系统的说法中,错误的是________。(2012 年秋真题)

A. 数据库系统的支持环境不包括操作系统

B. 数据库中存放数据和“元数据”(表示数据之间的联系)

C. 用户使用 SQL 实现对数据库的基本操作

D. 物理数据库指长期存放在硬盘上的可共享的相关数据的集合

(3) 计算机信息系统是一类数据密集型的应用系统,下列关于其特点的叙述中,错误的是________。(2012 年秋真题)

A. 大部分数据需要长期保存　　B. 计算机系统用主存储器保留数据

C. 数据可为多个应用程序共享　　D. 数据模式面向部门全局应用

(4) Access 数据库查询功能不可实现________。(2012 年秋真题)

A. 任何字段的求和　　B. 任何字段的计数

C. 任何字段的输出　　D. 任何正确字段表达式的输出

(5) 以下所列各项中,________不是基于数据库的信息系统所具有的特点。(2012 年秋真题)

A. 数据结构化,使用一定的模型定义数据

B. 数据共享性高,冗余度低

C. 实时管理和控制数据

D. 系统中的数据可为多个应用程序和多个用户所共享

(6) 数据库(DB)、数据库系统(DBS)和数据库管理系统(DBMS)三者之间的关系是________。(2012 年秋真题)

A. DBS 包括 DB 和 DBMS　　B. DBMS 包括 DB 和 DBS

C. DB 包括 DBS 和 DBMS　　D. DBS 就是 DB,也就是 DBMS

(7) 在以下所列的计算机信息系统抽象结构层次中,可实现分类查询的表单和展示查询结果的表格窗口________。(2013 年春真题)

A. 属于业务逻辑层　　B. 属于资源管理层

C. 属于应用表现层　　D. 不在以上所列层次中

(8) 若关系数据库的二维表 R 中有 m 个元组,每个元组有 n 列,按一定要求对其进行"投影"操作,得到的结果为二维表 S。S 中的每个元组列的个数________。(2013 年春真题)

A. 等于 n　　B. 小于 n　　C. 大于等于 n　　D. 任意

(9) 在 Access 数据库汇总查询中,关于分组的叙述错误的是________。(2013 年春真题)

A. 可按多个字段分组

B. 可按单个字段分组

C. 可按字段表达式分组

D. 可不指定分组,系统根据题目要求自动分组

(10) 在关系数据库系统中,一个关系相当于________。(2013 年春真题)

A. 一条记录　　B. 一张二维表

C. 一个数据库　　D. 一个关系表达式

(11) 下列关于 Access 数据库、Excel 工作表数据处理的叙述中,错误的是________。(2013 年春真题)

A. Excel 工作表可导入 Access 数据库,生成 Access 表

B. Access 查询结果可导出为 Excel 工作表

C. 在进行复杂数据处理时,Access 数据库较 Excel 工作表方便

D. Excel 不能进行涉及多 Excel 工作表的数据统计工作

(12) 描述关系模型的三大要素是________。(2014 年春真题)

A. 局部模式、全局模式和存储模式

B. 关系模型、网络模型和层次模型

C. 实体、联系和属性

D. 关系结构、完整性和关系操作

(13) 在以下所列的计算机信息系统抽象结构层次中，系统中为实现相关业务功能(包括流程、规则、策略等)所编制的程序代码________。(2013 年秋真题)

A. 属于业务逻辑层　　B. 属于资源管理层

C. 属于应用表现层　　D. 不在以上所列层次中

(14) 在关系系统中，对应关系二维表的主键必须是________。(2013 年秋真题)

A. 第一个属性或属性组　　B. 不能为空值的一组属性

C. 能唯一确定元组的一组属性　　D. 具有字符值的属性组

(15) 关系数据库的 SQL 查询操作由 3 个基本运算组合而成，其中不包括________。(2013 年秋真题)

A. 连接　　B. 选择　　C. 投影　　D. 比较

(16) 在下列选项中，描述关系模型的三大要素不包括________。(2014 年秋真题)

A. 关系结构　　B. 完整性　　C. 关系操作　　D. 关系完备性

(17) 在下列关系数据库二维表操作中，________操作的结果二维表模式与原二维表模式相同。(2013 年秋真题)

A. 投影　　B. 连接　　C. 选择　　D. 自然连接

(18) Access 数据库查询不可直接对________进行。(2013 年秋真题)

A. 单个 Access 表　　B. 多个 Access 表

C. 多个 Access 表及其查询　　D. 多个 Access 表以及 Excel 工作表

(19) 关于计算机信息处理能力：①它不但能处理数值数据，而且还能处理图像和声音等数据；②它不仅能对数据进行计算，还能进行分析和推理；③它具有相当大的信息存储能力；④它能方便而迅速地与其他计算机交换信息。上面这些叙述中________是正确的。(2015 年秋真题)

A. ①②④　　B. ①③④

C. ①②③④　　D. ②③④

(20) 以下所列各项中，________不是计算机信息系统所具有的特点。(2015 年秋真题)

A. 涉及的数据量很大，有时甚至是海量的

B. 除去具有基本数据处理的功能，也可以进行分析和决策支持等服务

C. 系统中的数据可为多个应用程序和多个用户所共享

D. 数据都是临时的，随着运行程序结束而消失

(21) 数据设计可分阶段进行，其正确顺序是________。(2014 年秋真题)

A. 概念结构设计、逻辑结构设计、物理结构设计

B. 逻辑结构设计、物理结构设计、概念结构设计

C. 物理结构设计、概念结构设计、逻辑结构设计

D. 概念结构设计、物理结构设计、逻辑结构设计

(22) 在一个信息系统中,分散的用户不但可以共享数据在内的各种计算机资源,而且还可以在系统的支持下,合作完成某一任务,如共同拟定计划、共同设计产品等。这已成为信息系统发展的一个趋势,称为________。(2014 年春真题)

A. 计算机辅助协同工作　　B. 功能智能化
C. 系统集成化　　D. 信息多媒体化

(23) 在数据库领域中,SQL 的中文含义是________。(2015 年秋真题)

A. 系统查询语言　　B. 系统询问标志
C. 结构化查询语言　　D. 序列查询语言

(24) 信息系统中 B/S 模式的三层结构是指________。(2014 年秋真题)

A. 应用层、传输层、网络互联层
B. 应用程序员、支持系统层、数据库层
C. 浏览器层、Web 服务器层、数据库服务器层
D. 客户层、HTTP 网络层、网页层

(25) 目前在数据库系统中普遍采用的数据模型是________。(2015 年春真题)

A. 关系模型　　B. 层次模型
C. 网络模型　　D. 面向对象模型

(26) 二维表 R 中有 20 个元组,按一定条件对其进行“选择”操作,得到的结果为二维表 S,则 S 中的元组个数为________。(2013 年秋真题)

A. 20　　B. 小于等于 20
C. 大于等于 20　　D. 任意

(27) 信息处理系统是综合使用多种信息技术的系统,下面叙述中错误的是________。(2015 年秋真题)

A. 从自动化程度来看,信息处理系统有人工的、半自动的和全自动的
B. 银行以识别和管理货币为主,不必使用先进的信息处理技术
C. 信息处理系统是用于辅助人们进行信息获取、传递、存储、加工处理及控制的系统
D. 现代信息系统处理大多采用了数字电子技术

3. 填空题

(1) 计算机信息系统具有层次结构,分别为应用表现层、________和资源管理层。(2012 年秋真题)

(2) 关系数据模式 $R(A_1, A_2, \cdots, A_n)$ 中的 R 表示________,A_n 表示________。(2013 年春真题)

(3) 在关系数据库 SQL 的数据查询 SELECT 语句中,FROM 子句对应于________操作,WHERE 子句对应于________操作。(2013 年春真题)

(4) 在以下所列的计算机信息系统抽象结构层次中,数据库管理系统和数据库属于________层。(2013 年秋真题)

(5) 若关系数据库的二维表 R 中有 m 个元组,每个元组有 n 列,按一定要求对其进行“选择”操作,得到的结果为二维表 S。S 中的元组的个数________。(2013 年秋真题)

(6) 目前在数据库系统中普遍采用的数据模型是________模型。(2013 年秋真题)

(7) 计算机信息系统具有层次结构,分别为应用表现层、业务逻辑层和________层。(2014 年春真题)

(8) 在数据库系统中,位于用户和数据库之间的一层数据库管理软件是________。(2014 年秋真题)

(9) 在 SQL 语言中,建立视图的语句是________。(2015 年秋真题)

6.4 评价与讨论

1. 抛出问题

(1) 阐述信息系统中数据库访问的 C/S 和 B/S 模式有哪些异同。

(2) 阐述对数据模型与数据模式的理解和区分。

(3) 举例说明 SQL-SELECT 查询语句中如何体现"选择""投影""连接"操作的。

2. 说一说、评一评

学生在解决问题过程中,分小组讨论,最后选派代表回答问题,其他小组成员及教师给出点评,并从回答问题过程中了解学生对学习目标的掌握情况。

课堂重点突出,培养学生的实际应用能力,教师做好记录,为以后的教学获取第一手材料。

6.5 资料链接

典型信息系统介绍

1. 电子商务

电子商务指的是利用各种信息、网络技术,采用简单、快捷、低成本的电子通信方式,买卖双方不谋面而进行的各种商贸及经营管理活动。一个较完整的电子商务应主要包括对产品的开发研制、生产加工、物流配送、支付结算及客户服务等所有环节的电子化、网络化运作。在整个电子商务过程中网上银行、在线电子支付等条件和数据加密、电子签名等技术发挥着重要的、不可或缺的作用。电子商务按照交易对象来分,主要有以下 4 类。

(1) 企业对客户的电子商务,简称 B2C。即企业通过互联网为消费者提供一个新型的购物环境——网上商店,消费者通过网络在网上购物、在网上支付。这种模式节省了客户和企业的时间和空间,大大提高了交易效率,特别对于工作忙碌的上班族,这种模式可以为其节省宝贵的时间。典型的有淘宝商城、亚马逊、凡客诚品、京东、当当网等。如图 6-14 所示为"京东商城"网站主页。

(2) 企业对企业的电子商务,简称 B2B。B2B 是指进行电子商务交易的供需双方都是商家(或企业、公司),他们使用 Internet 的技术或各种商务网络平台,完成商务交易的过程。这些过程包括发布供求信息,订货及确认订货,支付过程及票据的签发、传送和接收,确定配送方案并监控配送过程等。典型的有阿里巴巴、中国制造网等。如图 6-15 所示为"阿里巴巴"网站主页。

图 6-14 “京东商城”网站主页

图 6-15 “阿里巴巴”网站主页

(3) 客户对客户的电子商务，简称 C2C。通过为买卖双方提供一个在线交易平台，使卖方可以主动提供商品上网拍卖，而买方可以自行选择商品进行竞价。典型的有中拍在线、易趣、腾讯拍拍等。如图 6-16 所示为“腾讯拍拍”网站主页。

图 6-16　“腾讯拍拍”网站主页

(4) 企业对政府的电子商务,简称 B2G。B2G 是指政府机构在网上进行产品、服务的招标和采购。这种运作模式的来源是投标费用的降低。

2. 电子政务

所谓电子政务,就是运用计算机、网络和通信等现代信息技术手段,实现政府组织结构和工作流程的优化重组,超越时间、空间和部门分隔的限制,建成一个精简、高效、廉洁、公平的政府运作模式,以便全方位地向社会提供优质、规范、透明、符合国际水准的管理与服务。如图 6-17 所示是一个简单的电子政务系统的结构。

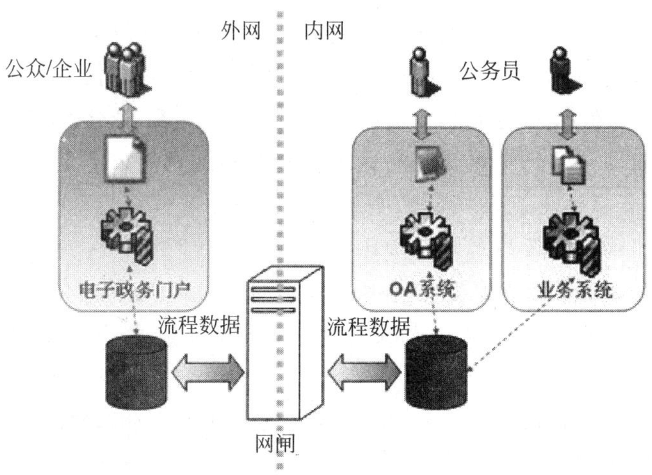

图 6-17　电子政务系统

开展电子政务建设的意义在于通过网络实现信息资源的共享，有效地提高政府城市管理、市场监控和为民服务的能力。政府部门、各级领导通过网络及时了解、指导和监督各部门的工作，既提高办事效率，增加办事执法的透明度，又节省政府开支，起到反腐倡廉的作用。同时，通过电子政务进一步建立政府与人民群众直接沟通的渠道，为社会提供更广泛、更便捷的信息与服务，发挥政府信息网络化在社会信息网络化中的作用。

3. 远程医疗

远程医疗是指将计算机技术、通信技术与多媒体技术同医疗技术相结合，旨在提高诊断与医疗水平、降低医疗开支、满足广大人民群众保健需求的一项全新的医疗服务。目前，远程医疗技术已经从最初的电视监护、电话远程诊断发展到利用高速网络进行数字、图像、语音的综合传输，并且实现了实时的语音和高清晰图像的交流，为现代医学的应用提供了更广阔的发展空间，如图 6-18 所示。

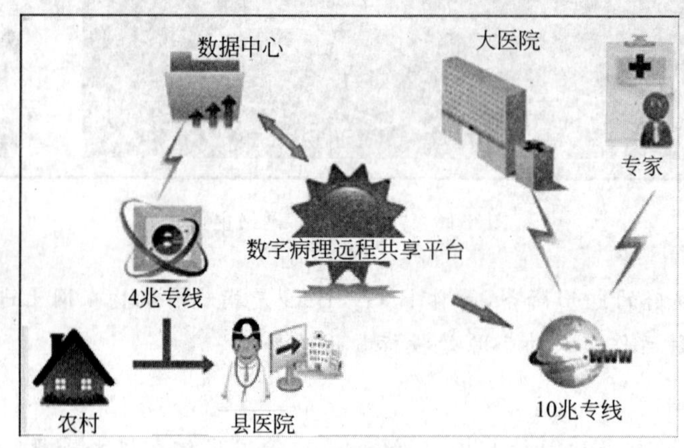

图 6-18 远程医疗

首先，在一定程度上缓解了我国专家资源、人口分布极不平衡的现状。我国人口的80%分布在县以下医疗卫生资源欠发达地区，而我国医疗卫生资源 80%分布在大、中城市，医疗水平发展不平衡，三级医院和高、精、尖的医疗设备也以分布在大城市为多。即使在大城市，病人也希望能到三级医院接受专家的治疗，造成基层医院病人纷纷流入市级医院，加重了市级医院的负担，造成床位紧张，而基层床位闲置，最终导致医疗资源分布不均和浪费。利用远程会诊系统可以让欠发达地区的患者也能够接受大医院专家的治疗。另外，通过远程教育等措施也能在一定程度上提高中小医院医师的水平。

其次是缓解了偏远地区的患者转诊比例高、费用昂贵的问题。中国幅员辽阔，人口众多，边远地区的病人，由于当地的医疗条件比较落后，危重、疑难病人往往要被送到上级医院进行专家会诊。这样，到外地就诊的交通费、家属陪同费用、住院医疗费等给病人增加了经济上的负担。同时，路途的颠簸也给病人的身体造成了更多的不适，而许多没有条件到大医院就诊的病人则耽误了诊疗，给病人和家属造成了身心上的痛苦。据调查，偏远地区患者转到上一级医院的比例相当高；平均花费非常昂贵，除去治疗费用外的其他花费（诊断费用、各种检查费用、路费、陪护费、住宿费、餐费等）需要数千元，让病人几乎无力承担。而远程会诊系统可以让病人在本地就能得到相应的治疗,大大减少了就诊费用。

4. 远程教育

远程教育是利用互联网、卫星以及其他所有通信技术手段,将集中的优秀教学资源传输到分散在不同时空的远程学员的一种新型教育方式。它具有时空自由、资源共享、系统开发、便于协作等优点,是强调以学生为主体的数字化环境下进行交互式学习的方式。

远程教育的优势如下。

(1) 资源利用最大化。

(2) 学习行为自主化。

(3) 学习形式交换化。

(4) 教学管理自动化。

5. 数字图书馆

数字图书馆(D-Lib)是用数字技术处理和存储各种图文并茂文献的图书馆,实质上是一种多媒体制作的分布式信息系统。它把各种不同载体、不同地理位置的信息资源用数字技术存储,以便于跨越区域、面向对象的网络查询和传播。它涉及信息资源加工、存储、检索、传输和利用的全过程。通俗地说,数字图书馆就是虚拟的、没有围墙的图书馆,是基于网络环境下共建共享的可扩展的知识网络系统,是超大规模的、分布式的、便于使用的、没有时空限制的、可以实现跨库无缝链接与智能检索的知识中心。

数字图书馆的优势如下。

(1) 信息存储空间小,不易损坏。

(2) 信息查阅检索方便。

(3) 远程迅速传递信息。

(4) 同一信息可多人同时使用。

数据模型

1. 数据模型主要研究内容

数据模型是现实世界数据特征的抽象,用于描述一组数据的概念和定义。数据模型是数据库中数据的存储方式,是数据库系统的基础。数据模型的研究包括以下 3 个方面。

1) 概念数据模型

这是面向数据库用户的现实世界的数据模型,主要用来描述世界的概念化结构,它使数据库的设计人员在设计的初始阶段摆脱计算机系统及数据库管理系统的具体技术问题,集中精力分析数据以及数据之间的联系等,与具体的数据库管理系统无关。概念数据模型必须换成逻辑数据模型才能在数据库管理系统中实现。

2) 逻辑数据模型

这是用户在数据库中看到的数据模型,是具体的数据库管理系统所支持的数据模型,主要有网状数据模型、层次数据模型和关系数据模型 3 种类型。此模型既要面向用户,又要面向系统,主要用于数据库管理系统的实现。在数据库中用数据模型来抽象、表示和处理现实世界中的数据和信息,主要是研究数据的逻辑结构。

3）物理数据模型

这是描述数据在存储介质上的组织结构的数据模型，它不但与具体的数据库管理系统有关，而且还与操作系统和硬件有关。每一种逻辑数据模型在实现时都有与其相对应的物理数据模型。数据库管理系统为了保证其独立性与可移植性，将大部分物理数据模型的实现工作交由系统自动完成，而设计者只设计索引、聚集等特殊结构。

2. 数据模型转化的过程

数据模型转化是一个逐步转化的过程，经历了现实世界、信息世界和计算机世界这3个不同的世界，经历了两级抽象和转换，如图6-19所示。

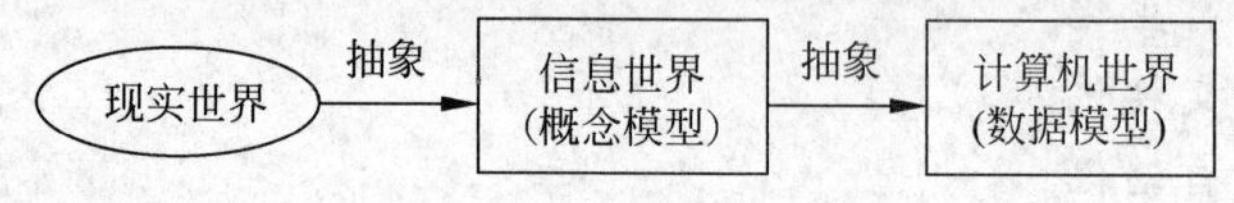

图6-19 数据模型转化过程

1）现实世界

现实世界是指客观存在的事物及其相互间的联系。现实世界中的事物有着众多的特征和千丝万缕的联系，但人们只选择感兴趣的一部分来描述。例如，学生，人们通常用学号、姓名、班级、成绩等特征来描述和区分，而对身高、体重、长相不太关心；而如果对象是演员，则可能正好截然相反。这里的事物可以是具体的、可见的实物，也可以是抽象的事物。

2）信息世界

信息世界是人们把现实世界的信息和联系，通过"符号"记录下来，然后用规范化的数据库定义语言来定义描述而构成的一个抽象世界。信息世界实际上是对现实世界的一种抽象描述。在信息世界中，不是简单地对现实世界进行符号化，而是要通过筛选、归纳、总结、命名等抽象过程产生出概念模型，用以表示对现实世界的抽象与描述。

3）计算机世界

计算机世界是将信息世界的内容数据化后的产物。将信息世界中的概念模型进一步地转换成数据模型，形成便于计算机处理的数据表现形式。

3. 数据模型的三要素

数据模型所描述的内容有3个部分，分别是数据结构、数据操作和数据约束。

1）数据结构

数据结构用于描述系统的静态特征，包括数据的类型、内容、性质及数据之间的联系等。它是数据模型的基础，也是刻画一个数据模型性质最重要的方面。在数据库系统中，人们通常按照其数据结构的类型来命名数据模型。例如，层次模型和关系模型的数据结构就分别是层次结构和关系结构。

2）数据操作

数据操作用于描述系统的动态特征，包括数据的插入、修改、删除和查询等。数据模型必须定义这些操作的确切含义、操作符号、操作规则及实现操作的语言。

3）数据约束

数据约束条件实际上是一组完整性规则的集合。完整性规则是指给定数据模型中的数据及其联系所具有的制约和存储规则，用以限定符合数据模型的数据库及其状态的变化，以保证数据的正确性、有效性和相容性。例如，限制一个表中学号不能重复，或者年龄的取值不能为负，都属于完整性规则。

4. 数据库的二级映像与数据独立性

数据库系统的三级模式结构提供了两层映像：局部模式/模式映像和模式/存储模式映像。

1）局部模式/模式映像

模式描述的是数据的全局逻辑结构，局部模式描述的是数据的局部逻辑结构。对应于一个模式可以有任意多个局部模式；对于每一个局部模式，数据库系统都有一个局部模式/模式的映像，它定义了局部模式与模式之间的对应关系。

上述理论中，当模式改变时，通过 DBA 对局部模式/模式映像做相应改变，可使局部模式保持不变；应用程序是依据数据库局部模式编写的，因而应用程序不必修改，保持了数据与程序的逻辑独立，简称"数据的逻辑独立性"。

2）模式/存储模式映像

数据库中只有一个模式，也只有一个存储模式，所以模式/存储模式映像是唯一的，它定义了数据库全局逻辑结构域存储结构之间的对应关系。

上述理论中，当存储模式（数据库的存储结构）改变时，通过 DBA 对模式/存储模式映像做相应改变，可使模式保持不变，从而应用程序不必改变，保持了数据与程序的物理独立，简称"数据的物理独立性"。

云　计　算

云计算是基于互联网的相关服务的增加、使用和交付模式，通常涉及通过互联网来提供动态易扩展且经常是虚拟化的资源。云是网络、互联网的一种比喻说法，它是通过网络提供可伸缩的廉价的分布式计算能力。云计算代表了以虚拟化技术为核心、以低成本为目标的动态可扩展网络应用基础设施，是近年来最有代表性的网络计算技术与模式，如图 6-20 所示。

图 6-20　云计算示意图

“云”是相应的计算机群，以及由它组成能够提供硬件、平台、软件等资源的计算机网络。通过统筹调用，提供所需的服务。目前，Google 已经有好几个这样的“云”，微软、雅虎、亚马逊、IBM、英特尔和百度等公司也有或正在建设这样的“云”。

1. 云计算的特点

云计算是使计算分布在大量的分布式计算机上，而非本地计算机或远程服务器中，企业数据中心的运行将与互联网更相似。这使得企业能够将资源切换到需要的应用上，根据需求访问计算机和存储系统。

好比是从古老的单台发电机模式转向了电厂集中供电的模式。它意味着计算能力也可以作为一种商品进行流通，就像煤气、水电一样，取用方便，费用低廉。最大的不同在于，它是通过互联网进行传输的。

2. 云计算的应用

1）云物联

“物联网就是物物相连的互联网”。这有两层意思：第一，物联网的核心和基础仍然是互联网，是在互联网基础上的延伸和扩展的网络；第二，其用户端延伸和扩展到了任何物品与物品之间，进行信息交换和通信。

2）云安全

云安全(Cloud Security)是一个从“云计算”演变而来的新名词。云安全的策略构想是，使用者越多，每个使用者就越安全，因为如此庞大的用户群足以覆盖互联网的每个角落，只要某个网站被挂马或某个新木马病毒出现，就会立刻被截获。

“云安全”通过网状的大量客户端对网络中软件行为进行异常监测，将获取到的互联网中木马、恶意程序的最新信息推送到 Server 端进行自动分析和处理，再把病毒和木马的解决方案分发到每一个客户端。

3）云存储

云存储是在云计算(Cloud Computing)概念上延伸和发展出来的一个新的概念，是指通过集群应用、网格技术或分布式文件系统等功能，将网络中大量各种不同类型的存储设备通过应用软件集合起来协同工作，共同对外提供数据存储和业务访问功能的一个系统。当云计算系统运算和处理的核心是大量数据的存储和管理时，云计算系统中就需要配置大量的存储设备，那么云计算系统就转变成为一个云存储系统，所以云存储是一个以数据存储和管理为核心的云计算系统，如图 6-21 所示。

图 6-21 云存储示意图

4）云游戏

云游戏是以云计算为基础的游戏方式，在云游戏的运行模式下，所有游戏都在服务器端运行，并将渲染完毕后的游戏画面压缩后通过网络传送给用户。在客户端，用户的游戏设备不需要任何高端处理器和显卡，只需要基本的视频解压能力就可以了。

从技术上看，大数据与云计算的关系就像一枚硬币的正反面一样密不可分。大数据必然无法用单台的计算机进行处理，必须采用分布式计算架构。它的特色在于对海量数据的挖掘，但它必须依托云计算的分布式处理、分布式数据库、云存储和虚拟化技术。

物　联　网

1. 什么是物联网

按照国际电信联盟(ITU)的定义，物联网主要解决物品与物品(Thing to Thing，T2T)，人与物品(Human to Thing，H2T)，人与人(Human to Human，H2H)之间的互联。但是与传统互联网不同的是，H2T 是指人利用通用装置与物品之间的连接，从而使得物品连接更加简化，而 H2H 是指人之间不依赖于 PC 而进行的互连。因为互联网并没有考虑对于任何物品连接的问题，故人们使用物联网来解决这个传统意义上的问题。

物联网顾名思义就是连接物品的网络，许多学者讨论物联网时，经常会引入一个 M2M 的概念，可以解释成为人到人(Man to Man)、人到机器(Man to Machine)、机器到机器(Machine to Machine)。但是，M2M 的所有的解释并不仅限于能够解释物联网，同样的，M2M 这个概念在互联网中也已经得到了很好的阐释，就连人与人之间的互动，也已经通过第三方平台或者网络电视完成。人到机器的交互一直是人体工程学和人机界面等领域研究的主要课题；但是机器与机器之间的交互已经由互联网提供了最为成功的方案。从本质上而言，人与机器、机器与机器的交互，大部分是为了实现人与人之间的信息交互。万维网(World Wide Web)技术成功的动因在于：通过搜索和链接，提供了人与人之间异步进行信息交互的快捷方式。

中国物联网校企联盟将物联网定义为当下几乎所有技术与计算机、互联网技术的结合，实现物体与物体之间环境以及状态信息实时的共享以及智能化的收集、传递、处理、执行。广义上说，当下涉及信息技术的应用都可以纳入物联网的范畴。

2. 产生背景

物联网的实践最早可以追溯到 1990 年施乐公司的网络可乐贩售机——Networked Coke Machine。

1999 年在美国召开的移动计算和网络国际会议上首先提出物联网这个概念，该概念是 1999 年 MIT Auto-ID 中心的 Ashton 教授在研究 RFID 时最早提出来的，并提出了结合物品编码、RFID 和互联网技术的解决方案，并当时基于互联网、RFID 技术、EPC 标准，在计算机互联网的基础上，利用射频识别技术、无线数据通信技术等，构造了一个实现全球物品信息实时共享的 Internet of Things(物联网)，这也是在 2003 年掀起第一轮华夏物联网热潮的基础。1999 年，在美国召开的移动计算和网络国际会议上提出了“传感网是下一个世纪人类面临的又一个发展机遇”。

2003 年，美国《技术评论》提出传感网络技术将是未来改变人们生活的十大技术之首。

2005 年 11 月 17 日，在突尼斯举行的信息社会世界峰会(WSIS)上，国际电信联盟(ITU)发布《ITU 互联网报告 2005：物联网》，引用了“物联网”的概念。物联网的定义和范围已经发生了变化，覆盖范围有了较大的拓展，不再只是指基于 RFID 技术的物联网。

2008年后，为了促进科技发展，寻找经济新的增长点，各国政府开始重视下一代的技术规划，将目光放在了物联网上。在中国，同年11月在北京大学举行的第二届中国移动政务研讨会“知识社会与创新2.0”中提出移动技术、物联网技术的发展代表着新一代信息技术的形成，并带动了经济社会形态、创新形态的变革，推动了面向知识社会的以用户体验为核心的下一代创新(创新2.0)形态的形成，创新与发展更加关注用户，注重以人为本。而创新2.0形态的形成又进一步推动新一代信息技术的健康发展。

2009年1月9日，IBM全球副总裁麦特·王博士做了主题为《构建智慧的地球》的演讲，提出把感应器嵌入和装备到家居、电网、铁路、桥梁、隧道、公路、建筑、供水系统、大坝、油气管道等各种物体中，并且被普遍连接，形成“物联网”，然后将“物联网”与现有的互联网整合起来，实现人类社会与物理系统的整合。

2009年1月28日，奥巴马就任美国总统后，与美国工商业领袖举行了一次“圆桌会议”，作为仅有的两名代表之一，IBM首席执行官彭明盛首次提出“智慧地球”这一概念，建议新政府投资新一代的智慧型基础设施。当年，美国将新能源和物联网列为振兴经济的两大重点。

2009年2月24日，IBM论坛上，IBM大中华区首席执行官钱大群公布了名为“智慧的地球”的最新策略。此概念一经提出，即得到美国各界的高度关注，甚至有分析认为IBM公司的这一构想极有可能上升至美国的国家战略，并在世界范围内引起轰动。IBM认为，IT产业下一阶段的任务是把新一代IT技术充分运用在各行各业之中。在策略发布会上，IBM还提出，如果在基础建设的执行中植入“智慧”的理念，不仅仅能够在短期内有力地刺激经济、促进就业，而且能够在短时间内为中国打造一个成熟的智慧基础设施平台。IBM希望“智慧的地球”策略能掀起“互联网”浪潮之后的又一次科技产业革命。IBM前首席执行官郭士纳曾提出一个重要的观点，认为计算模式每隔15年发生一次变革。这一判断像摩尔定律一样准确，人们把它称为“十五年周期定律”。1965年前后发生的变革以大型机为标志，1980年前后以个人计算机的普及为标志，而1995年前后则发生了互联网革命。每一次这样的技术变革都引起企业间、产业间甚至国家间竞争格局的重大动荡和变化。而互联网革命一定程度上是由美国“信息高速公路”战略所催熟。20世纪90年代，美国克林顿政府计划用20年时间，耗资2000亿～4000亿美元，建设美国国家信息基础结构，创造了巨大的经济和社会效益。

而今天，“智慧地球”战略被不少美国人认为与当年的“信息高速公路”有许多相似之处，同样被他们认为是振兴经济、确立竞争优势的关键战略。该战略能否掀起如当年互联网革命一样的科技和经济浪潮，不仅为美国关注，更为世界所关注。

2009年8月，温家宝总理在视察中科院无锡物联网产业研究所时，对于物联网应用也提出了一些看法和要求。自温总理提出“感知中国”以来，物联网被正式列为国家五大新兴战略性产业之一，写入“政府工作报告”，物联网在中国受到了全社会极大的关注，其受关注程度是在美国、欧盟以及其他各国不可比拟的。

物联网的概念已经是一个“中国制造”的概念，它的覆盖范围与时俱进，已经超越了1999年Ashton教授和2005年ITU报告所指的范围，物联网已被贴上“中国式”标签。

截至2010年，发改委、工信部等部委正在会同有关部门，在新一代信息技术方面开展研究，以形成支持新一代信息技术的一些新政策措施，从而推动我国经济的发展。

物联网被十二五规划列为七大战略新兴产业之一，是引领中国经济华丽转身的主要力量，物联网在十二五期间产业规模将达到 6000 亿元，研究机构 Forrester 预测 10 年内物联网将成为一个上万亿元产业，规模比互联网大 30 倍。而智能家居将是物联网最重要的组成部分，也是最贴近民生的物联网项目，所以将获得最多人的关注。

3. 物联网的构成与技术架构

从技术架构上来看，物联网可分为三层：感知层、网络层和应用层，如图 6-22 所示。

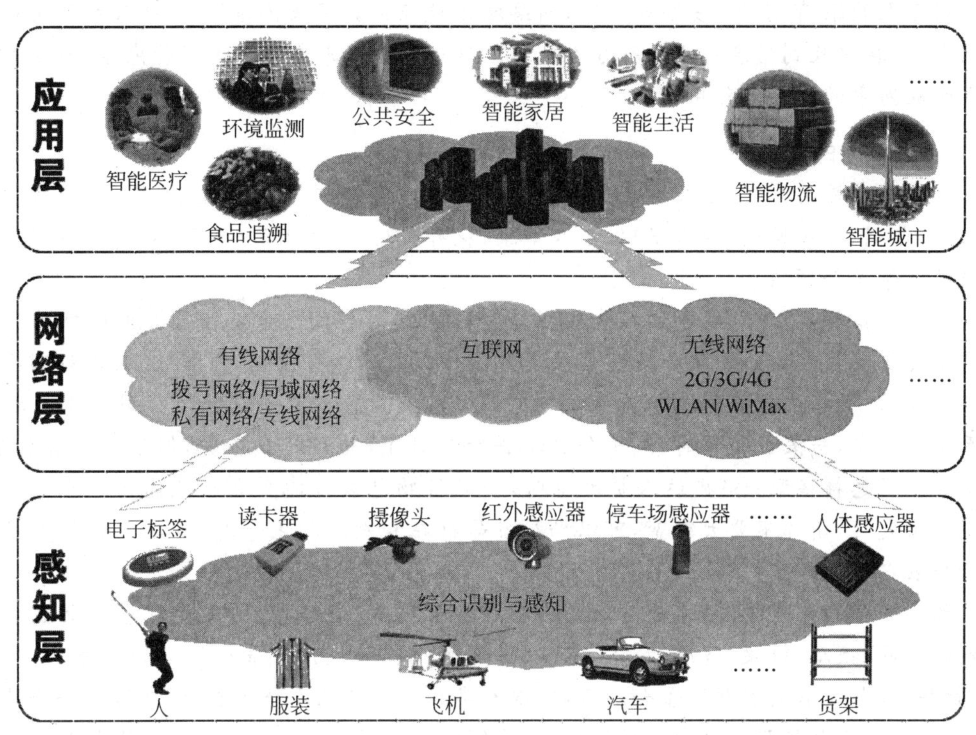

图 6-22　物联网的构成

感知层由各种传感器以及传感器网关构成，包括二氧化碳浓度传感器、温度传感器、湿度传感器、二维码标签、RFID 标签和读写器、摄像头、GPS 等感知终端。感知层的作用相当于人的眼耳鼻喉和皮肤等神经末梢，它是物联网识别物体、采集信息的来源，其主要功能是识别物体，采集信息。

网络层由各种私有网络、互联网、有线和无线通信网、网络管理系统和云计算平台等组成，相当于人的神经中枢和大脑，负责传递和处理感知层获取的信息。

应用层是物联网和用户（包括人、组织和其他系统）的接口，它与行业需求结合，实现物联网的智能应用。

在物联网应用中有以下 3 项关键技术。

(1) 传感器技术，这也是计算机应用中的关键技术。大家都知道，到目前为止绝大部分计算机处理的都是数字信号。自从有计算机以来就需要传感器把模拟信号转换成数字信号计算机才能处理。

(2) RFID标签也是一种传感器技术,RFID技术是融合了无线射频技术和嵌入式技术为一体的综合技术,RFID在自动识别、物品物流管理中有着广阔的应用前景。

(3) 嵌入式系统技术是综合了计算机软硬件、传感器技术、集成电路技术、电子应用技术为一体的复杂技术。经过几十年的演变,以嵌入式系统为特征的智能终端产品随处可见;小到人们身边的MP3,大到航天航空的卫星系统。嵌入式系统正在改变着人们的生活,推动着工业生产以及国防工业的发展。如果把物联网用人体做一个简单比喻,传感器相当于人的眼睛、鼻子、皮肤等感官,网络就是神经系统用来传递信息,嵌入式系统则是人的大脑,在接收到信息后要进行分类处理。这个例子很形象地描述了传感器、嵌入式系统在物联网中的位置与作用。

4. 物联网的应用

物联网的应用广泛,遍及智能交通、环境保护、政府工作、公共安全、平安家居、智能消防、工业监测、环境监测、老人护理、个人健康、花卉栽培、水系监测、食品溯源、敌情侦查和情报搜集等多个领域。

国际电信联盟于2005年的报告曾描绘"物联网"时代的图景:当司机出现操作失误时汽车会自动报警;公文包会提醒主人忘带了什么东西;衣服会"告诉"洗衣机对颜色和水温的要求,等等。物联网在物流领域内的应用则可比如为:一家物流公司应用了物联网系统的货车,当装载超重时,汽车会自动告知超载了,并且超载多少,但空间还有剩余,告知轻重货怎样搭配;当搬运人员卸货时,一只货物包装可能会大叫:"你扔疼我了!"或者说:"亲爱的,请你不要太野蛮,可以吗?"当司机在和别人扯闲话时,货车会装作老板的声音怒吼:"该发车了!"

物联网把新一代IT技术充分运用在各行各业之中,具体地说,就是把感应器嵌入和装备到电网、铁路、桥梁、隧道、公路、建筑、供水系统、大坝、油气管道等各种物体中,然后将"物联网"与现有的互联网整合起来,实现人类社会与物理系统的整合,在这个整合的网络中,存在能力超级强大的中心计算机群,能够对整合网络内的人员、机器、设备和基础设施实施实时的管理和控制,在此基础上,人类可以以更加精细和动态的方式管理生产和生活,达到"智慧"状态,提高资源利用率和生产力水平,改善人与自然间的关系。

物联网传感器产品已率先在上海浦东国际机场防入侵系统中得到应用。系统铺设了3万多个传感节点,覆盖了地面、栅栏和低空探测,可以防止人员的翻越、偷渡、恐怖袭击等攻击性入侵。上海世博会也与中科院无锡高新微纳传感网工程技术研发中心签下订单,购买防入侵微纳传感网1500万元产品。

大 数 据

1. 大数据的含义和特征

大数据(Big Data)又称为巨量资料,指需要新处理模式才能具有更强的决策力、洞察力和流程优化能力的海量、高增长率和多样化的信息资产。"大数据"概念最早由维克托·迈尔·舍恩伯格和肯尼斯·库克耶在《大数据时代》中提出,指不用随机分析法(抽样调查)的捷径,而是采用所有数据进行分析处理。而维基百科定义的大数据是指无法在可承受的时间范围内用常规软件工具进行捕捉、管理和处理的数据集合。

大数据技术的战略意义不在于掌握庞大的数据信息，而在于对这些含有意义的数据进行专业化处理。从技术上看，大数据与云计算的关系就像一枚硬币的正反面一样密不可分。大数据必然无法用单台的计算机进行处理，必须采用分布式架构。它的特色在于对海量数据进行分布式数据挖掘，但它必须依托云计算的分布式处理、分布式数据库和云存储、虚拟化技术。随着云时代的来临，大数据也吸引了越来越多的关注，大数据的基本特征主要表现在以下 3 个方面。

(1) 更大的容量。从 TB 级跃升至 PB 级（这个级别的数据量时，常通称为“海量数据”），设置 EB 级。据 IDC 监测统计，2011 年全球数据总量已经达到 1.8ZB，而这个数值还在以每两年翻一番的速度增长，预计到 2020 年全球将总共拥有 35ZB。如此大的数据量，大约需要 376 亿个 1TB 硬盘才能存储。

(2) 数据的多样性。现对于以往便于存储的关系类结构化数据而言，包括网络日志、音频、视频、图片、地理位置等的非结构化数据越来越多。这些多样的数据对其存储、管理和分析能力提出了新的要求。

(3) 数据的处理速度。主要是指有效处理大数据需要在数据变化过程中对它的种类和内容进行分析，而不是在它静止后进行分析。

2. 大数据的价值

目前，人们已经能够通过有效的存储、管理和分析，从已积累的以及由互联网等数据源连续产生的海量数据中，获得具有价值的信息，这就给大数据赋予了一个新的特征——“价值”。已经有不少应用大数据创造价值的实例。例如，某些药物的疗效和毒副作用无法通过技术和简单样本验证，但是可以对几十年病例的海量数据进行分析而得到结果；又如，当经济部门获得相关企业、居民及政府决策和行为的海量数据后，就可以指定宏观经济计量模型，并得出税政政策的最佳方案。据相关资料报告，大数据分析每年将为美国医疗系统带来 3000 亿美元的增益，为欧洲公共管理部门带来 2500 亿欧元的净收入，为世界零售业增加 30％的纯利润，为全球制造业减少 50％的产品研发成本。

必须看到，上述大数据所用的“神机妙算”和“未卜先知”的能力，并不在于数据本身，而决定于能够将决策信息从海量数据中提取出来的大数据分析挖掘技术。一般而言，大数据产生价值有两种途径：一是数据本身隐含的信息，虽然收集到的数据本身是杂乱无章的，但可以从中挖掘出隐含的信息寻找到价值；二是处理海量数据过程中产生的价值。很多单独存在的数据汇聚后进行整体分析和处理，就会产生新的价值。

3. 大数据技术

大数据技术就是从多种类型的海量数据中快速获得有价值信息的技术，主要包括大数据采集和预处理、大数据存储及管理、大数据分析及挖掘三个方面。其他值得重视的大数据技术还有大数据展现及可视化、大数据安全等。

1) 大数据采集和预处理技术

大数据采集：指通过 RFID 射频、传感器、社交网络及移动互联网等方式获得各种类型的结构化、半结构化及非结构化的海量数据。例如，我国的高铁火车售票网站和淘宝网站，它们的访问量在峰值时都达到数百万，需要在采集端部署大量数据库，并在数据库之间负载均衡和合理分片。

大数据预处理：因为要对大数据进行有效分析，必须将前端数据再导入到一个集中的大型分布式数据库，或者分布式存储集群，在导入基础上完成对已接收数据的辨析、抽取（将复杂数据转化为单一或者便于处理的结构）、清洗（对数据过滤“去噪”，提取出有效数据）等处理。

2）大数据存储及管理技术

主要解决复杂结构大数据的可存储、可表示、有效传输以及分布存储和并行处理等关键问题。需要开发新型数据库，研讨大数据的去冗余及高效低成本的大数据存储、异构数据融合、数据组织和大数据建模、大数据索引、大数据移动、备份、复制和可视化等技术。

3）大数据分析及挖掘技术

从数据分析和数据挖掘技术的演变历程看，随着互联网的发展，数据的规模越来越大，挖掘的对象变得越来越复杂；从数据库到多媒体数据和复杂社会网络；挖掘的需求也从分类、聚类和关联到复杂的隐患和预测分析；挖掘过程中的交互方式从单机的人机交互发展到社会网络用户的交互；对于网络环境下产生的TB级和PB级的复杂数据，需要有高效的挖掘算法；同时社会网络的应用提出了即时组合的个性化挖掘服务要求。

4. 云计算与大数据的关系

云计算和大数据是信息技术发展中出现的新理念和计算形态，两者有不少相似之处，它们都是为数据存储和管理服务的，都需要占用大量的存储和计算资源，而大数据的海量数据的存储、管理和并行处理技术也都是云计算的关键技术。

然而，从应用需求的角度看，云计算和大数据是有区别的。前者体现在资源的服务模式方面，主要指资源动态分配和按需付费的商业模式，就像计算机和操作系统，它将大量的硬件资源虚拟化之后再进行分析使用。后者相当于海量数据的“数据库”，面向业务问题解决并关注数据架构，其需求主要集中在分析和决策应用方面。

不难发现，云计算和大数据技术的发展密切相关，它们都需要构建一种新的计算架构，使用并行处理技术，用以进行海量“非结构”数据的存储、管理和分析。于是，具有可扩展性能的分布式存储成为其数据的主流架构方式。在具体应用方面两者实际上是工具和应用的关系，即云计算为大数据提供了有力的工具，而大数据也为云计算规模与分布式的计算能力提供了应用空间。可以说，大数据技术是云计算技术的延伸。

综上所述，云计算与大数据相结合，两者相得益彰，都能发挥其最大优势。这样，云计算能为大数据分析提供强大的基础设施和计算资源，以及动态和可伸缩的计算能力，使得大数据分析挖掘成为可能；而来自大数据的决策性的业务需求则为云计算服务找到了更好的实际应用。

附录 A

全国计算机等级考试一级 MS Office 考试大纲

一、基本要求

(1) 具有微型计算机的基础知识(包括计算机病毒的防治常识)。

(2) 了解微型计算机系统的组成和各部分的功能。

(3) 了解操作系统的基本功能和作用,掌握 Windows 的基本操作和应用。

(4) 了解文字处理的基本知识,熟练掌握文字处理软件 Word 的基本操作和应用,熟练掌握一种汉字(键盘)输入方法。

(5) 了解电子表格软件的基本知识,掌握电子表格软件 Excel 的基本操作和应用。

(6) 了解多媒体演示软件的基本知识,掌握演示文稿制作软件 PowerPoint 的基本操作和应用。

(7) 了解计算机网络的基本概念和因特网(Internet)的初步知识,掌握 IE 浏览器软件和 Out-look Express 软件的基本操作和使用。

二、考试内容

1. 计算机基础知识

(1) 计算机的发展、类型及其应用领域。

(2) 计算机中数据的表示、存储与处理。

(3) 多媒体技术的概念与应用。

(4) 计算机病毒的概念、特征、分类与防治。

(5) 计算机网络的概念、组成和分类;计算机与网络信息安全的概念和防控。

(6) 因特网网络服务的概念、原理和应用。

2. 操作系统的功能和使用

(1) 计算机软、硬件系统的组成及主要技术指标。

(2) 操作系统的基本概念、功能、组成及分类。

(3) Windows 操作系统的基本概念和常用术语、文件、文件夹、库等。

(4) Windows 操作系统的基本操作和应用。

① 桌面外观的设置,基本的网络配置。

② 熟练掌握资源管理器的操作与应用。

③ 掌握文件、磁盘、显示属性的查看、设置等操作。

④ 中文输入法的安装、删除和选用。

⑤ 掌握检索文件、查询程序的方法。

⑥ 了解软、硬件的基本系统工具。

3. 文字处理软件的功能和使用

(1) Word 的基本概念,Word 的基本功能和运行环境,Word 的启动和退出。

(2) 文档的创建、打开、输入、保存等基本操作。

(3) 文本的选定、插入与删除、复制与移动、查找与替换等基本编辑技术;多窗口和多文档的编辑。

(4) 字体格式设置、段落格式设置、文档页面设置、文档背景设置和文档分栏等基本排版技术。

(5) 表格的创建、修改;表格的修饰;表格中数据的输入与编辑;数据的排序和计算。

(6) 图形和图片的插入;图形的建立和编辑;文本框、艺术字的使用和编辑。

(7) 文档的保护和打印。

4. 电子表格软件的功能和使用

(1) 电子表格的基本概念和基本功能,Excel 的基本功能、运行环境、启动和退出。

(2) 工作簿和工作表的基本概念和基本操作,工作簿和工作表的建立、保存和退出;数据输入和编辑;工作表和单元格的选定、插入、删除、复制、移动;工作表的重命名和工作表窗口的拆分和冻结。

(3) 工作表的格式化,包括设置单元格格式、设置列宽和行高、设置条件格式、使用样式、自动套用模式和使用模板等。

(4) 单元格绝对地址和相对地址的概念,工作表中公式的输入和复制,常用函数的使用。

(5) 图表的建立、编辑和修改以及修饰。

(6) 数据清单的概念,数据清单的建立,数据清单内容的排序、筛选、分类汇总,数据合并,数据透视表的建立。

(7) 工作表的页面设置、打印预览和打印,工作表中链接的建立。

(8) 保护和隐藏工作簿和工作表。

5. PowerPoint 的功能和使用

(1) 中文 PowerPoint 的功能、运行环境、启动和退出。

(2) 演示文稿的创建、打开、关闭和保存。

(3) 演示文稿视图的使用,幻灯片基本操作(版式、插入、移动、复制和删除)。

(4) 幻灯片基本制作(文本、图片、艺术字、形状、表格等插入及其格式化)。

(5) 演示文稿主题选用与幻灯片背景设置。

(6) 演示文稿放映设计(动画设计、放映方式、切换效果)。

(7) 演示文稿的打包和打印。

6. 因特网(Internet)的初步知识和应用

(1) 了解计算机网络的基本概念和因特网的基础知识，主要包括网络硬件和软件，TCP/ IP 协议的工作原理，以及网络应用中常见的概念，如域名、IP 地址、DNS 服务等。

(2) 能够熟练掌握浏览器、电子邮件的使用和操作。

三、考试方式

(1) 采用无纸化考试，上机操作。考试时间为 90 分钟。

(2) 软件环境：Windows 7 操作系统、Microsoft Office 2010 办公软件。

(3) 在指定时间内完成下列各项操作。

① 选择题(计算机基础知识和网络的基本知识)。(20 分)

② Windows 操作系统的使用。(10 分)

③Word 操作。(25 分)

④ Excel 操作。(20 分)

⑤ PowerPoint 操作。(15 分)

⑥ 浏览器(IE)的简单使用和电子邮件收发。(10 分)

附录 B

江苏省高等学校非计算机专业学生计算机基础知识和应用能力等级考试大纲

一、总体要求

(1) 掌握计算机信息处理与应用的基础知识。

(2) 能比较熟练地使用操作系统、网络及 Office 等常用的软件。

二、考试范围

1. 计算机信息处理技术的基础知识

(1) 信息技术概况。

① 信息与信息处理基本概念。

② 信息化与信息社会的基本含义。

③ 数字技术基础：比特、二进制数，不同进制数的表示、转换及其运算，数值信息的表示。

④ 微电子技术、集成电路及 IC 基本知识。

(2) 计算机组成原理。

① 计算机硬件的组成及其功能；计算机的分类。

② CPU 的结构；指令与指令系统；指令的执行过程；CPU 的性能指标。

③ PC 的主板、芯片组与 BIOS；内存储器。

④ PCI/O 操作的原理；I/O 总线与 I/O 接口。

⑤ 常用输入设备(键盘、鼠标器、扫描仪、数码相机)的功能、性能指标及基本工作原理。

⑥ 常用输出设备(显示器、打印机)的功能、分类、性能指标及基本工作原理。

⑦ 常用外存储器(软盘、硬盘、光盘)的功能、分类、性能指标及基本工作原理。

(3) 计算机软件。

① 计算机软件的概念、分类及特点。

② 操作系统的功能、分类和基本工作原理。

③ 常用操作系统及其特点。

④ 算法与数据结构的基本概念。

⑤ 程序设计语言的分类和常用程序设计语言；语言处理系统及其工作过程。

(4) 计算机网络

① 计算机网络的组成与分类；数据通信的基本概念；多路复用技术与交换技术；常用传输介质。

② 局域网的组成、特点和分类；局域网的基本原理；常用局域网。

③ 因特网的组成与接入技术；网络互连协议 TCP/IP 的分层结构、IP 地址与域名系统、IP 数据报与路由器原理。

④ 因特网提供的服务；电子邮件、即时通信、文件传输与 WWW 服务的基本原理。

⑤ 网络信息安全的常用技术；计算机病毒防范。

(5) 数字媒体及应用

① 西文与汉字的编码；数字文本的制作与编辑；常用文本处理软件。

② 数字图像的获取、表示及常用图像文件格式；数字图像的编辑、处理与应用；计算机图形的概念及其应用。

③ 数字声音获取的方法与设备；数字声音的压缩编码；语音合成与音乐合成的基本原理与应用。

④ 数字视频获取的方法与设备；数字视频的压缩编码；数字视频的应用。

(6) 计算机信息系统与数据库

① 计算机信息系统的特点、结构、主要类型和发展趋势。

② 数据库系统的特点与组成。

③ 关系数据库的基本原理及常用关系型数据库。

④ 信息系统的开发与管理的基本概念，典型信息系统。

2. 常用软件的使用

(1) 操作系统的使用

① Windows 操作系统的安装与维护。

② PC 硬件和常用软件的安装与调试，网络、辅助存储器、显示器、键盘、打印机等常用外部设备的使用与维护。

③ 文件管理及操作。

(2) 因特网应用

① IE 浏览器：IE 浏览器设置，网页浏览，信息检索，页面下载。

② 文件上传、下载及相关工具软件的使用(WinRAR、迅雷下载、网际快车等)。

③ 电子邮件：创建账户和管理账户，书写、收发邮件。

④ 常用搜索引擎的使用。

(3) Word 文字处理

① 文字编辑：文字的增、删、改、复制、移动、查找和替换；文本的校对。

② 页面设置：页边距、纸型、纸张来源、版式、文档网格、页码、页眉、页脚。

③ 文字段落排版：字体格式、段落格式、首字下沉、边框和底纹、分栏、背景、应用模板。

④ 高级排版：绘制图形、图文混排、艺术字、文本框、域、其他对象插入及格式设置。

⑤ 表格处理：表格插入、表格编辑、表格计算。

⑥ 文档创建：文档的创建、保存、打印和保护。

(4) Excel 电子表格

① 电子表格编辑：数据输入、编辑、查找、替换；单元格删除、清除、复制、移动；填充柄的使用。

② 公式、函数应用：公式的使用；相对地址、绝对地址的使用；常用函数(SUM、AVERAGE、MAX、MIN、COUNT、IF)的使用。

③ 工作表格式化：设置行高、列宽；行列隐藏与取消；单元格格式设置。

④ 图表：图表创建；图表修改；图表移动和删除。

⑤ 数据列表处理：数据列表的创建、删除、复制、移动及重命名；工作表及工作簿的保护、保存。

⑥ 工作簿管理及保存：工作表的创建、删除、复制、移动及重命名；工作表及工作簿的保护、保存。

(5) PowerPoint 演示文稿

① 基本操作：利用向导制作演示文稿；幻灯片插入、删除、复制、移动及编辑；插入文本框、图片、SmartArt 图形及其他对象。

② 文稿修饰：文字、段落、对象格式设置；幻灯片的主题、背景设置、母版应用。

③ 动画设置：幻灯片中对象的动画设置、幻灯片间切换效果设置。

④ 超链接：超级链接的插入、删除、编辑。

⑤ 演示文稿放映设置和保存。

(6) 综合应用

① Word 文档与其他格式文档相互转换；嵌入或链接其他应用程序对象。

② Excel 工作表与其他格式文件相互转换；嵌入或链接其他应用程序对象。

③ PowerPoint 嵌入或链接其他应用程序对象。

说明：

(1) 软件环境：Windows XP/Windows 7 操作系统，Microsoft Office 2010 办公软件。

(2) 考试方式为无纸化网络考试，考试时间为 90 分钟。

(3) 试卷包含两部分内容。理论部分占 45 分，分单选题、填空题、是非题 3 种类型。操作题部分占 55 分，为 Word、Excel、PowerPoint 应用操作。

附录 C

习题参考答案

第 1 章　信息技术概述

1. 判断题

(1) T　(2) F　(3) T　(4) T　(5) F　(6) F

2. 单项选择题

(1) D　(2) B　(3) D　(4) B　(5) B　(6) A
(7) A　(8) D　(9) C　(10) D　(11) D　(12) C
(13) D　(14) B　(15) C　(16) C　(17) C　(18) A
(19) D　(20) A

3. 填空题

(1) 1 或一　(2) 255　(3) A5　(4) －128　(5) 补　(6) 0.01
(7) 1　(8) 11111111

第 2 章　计算机组成原理

1. 判断题

(1) T　(2) T　(3) T　(4) F　(5) T　(6) F
(7) T　(8) T　(9) T　(10) F　(11) F　(12) F
(13) F　(14) T　(15) T　(16) F　(17) F　(18) T
(19) T　(20) T　(21) F　(22) T　(23) T　(24) T
(25) F　(26) F　(27) T　(28) F　(29) T　(30) T

2. 单项选择题

(1) A　(2) C　(3) B　(4) D　(5) D　(6) A
(7) D　(8) B　(9) D　(10) B　(11) A　(12) C
(13) B　(14) B　(15) B　(16) D　(17) A　(18) A
(19) D　(20) A　(21) D　(22) B　(23) D　(24) C
(25) B　(26) B　(27) D　(28) C　(29) B　(30) C
(31) C　(32) B　(33) C　(34) D　(35) A　(36) A

(37) C (38) C (39) B (40) D (41) D (42) B
(43) D (44) B (45) B (46) D (47) A (48) B
(49) B (50) A (51) D (52) D (53) B (54) C
(55) D (56) C

3. 填空题

(1) 硬 (2) 总线 (3) 芯片组 (4) CMOS (5) 电池
(6) BIOS (7) 多 (8) 寄存器 (9) 控制器 (10) 平板
(11) 光电转换 (12) CCD (13) 显卡 (14) 对角线 (15) USB
(16) 256 (17) USB (18) 40 (19) dpi

第3章 计算机软件

1. 判断题

(1) F (2) F (3) T (4) T (5) F (6) T
(7) F (8) T (9) F (10) T (11) T (12) F
(13) F

2. 单项选择题

(1) A (2) B (3) C (4) A (5) A (6) B
(7) B (8) A (9) C (10) D (11) A (12) A
(13) C (14) D (15) D (16) B (17) D (18) C
(19) C (20) A (21) D (22) D (23) B (24) B
(25) D (26) D (27) A

3. 填空题

(1) 任务管理器 (2) 活动 (3) 存储
(4) 后台 (5) 多任务 (6) Photoshop
(7) 中央处理器或 CPU (8) 文件 (9) 图标
(10) IE 或 IE 浏览器 (11) BIOS (12) 多任务
(13) 格式

第4章 计算机网络与因特网

1. 判断题

(1) F (2) T (3) F (4) F (5) F (6) T
(7) T (8) F (9) T (10) T (11) F (12) T
(13) F (14) F (15) F (16) F (17) T (18) F

2. 单项选择题

(1) D (2) C (3) C (4) C (5) A (6) C
(7) A (8) A (9) C (10) C (11) D (12) C
(13) C (14) C (15) D (16) D (17) B (18) B

(19) A　(20) D　(21) D　(22) B　(23) D　(24) C
(25) B　(26) C　(27) B　(28) B　(29) C　(30) D
(31) B　(32) D　(33) B　(34) A　(35) B　(36) D
(37) C　(38) C　(39) A　(40) A　(41) C　(42) A
(43) C　(44) B　(45) A　(46) C　(47) D　(48) A
(49) C　(50) B　(51) D　(52) B　(53) B　(54) A
(55) C

3. 填空题

(1) 双绞线　(2) 应用　(3) IP 地址　(4) 255
(5) SMTP　(6) 路由器　(7) 数据　(8) usl. edu. cn
(9) 同步　(10) 频分　(11) 目的计算机 MAC 地址
(12) 快　(13) anonymous　(14) 广域网　(15) FTP

第 5 章　数字媒体及应用

1. 判断题

(1) T　(2) T　(3) T　(4) F　(5) F　(6) F
(7) F　(8) F　(9) T　(10) F　(11) T　(12) T

2. 单项选择题

(1) C　(2) C　(3) D　(4) B　(5) D　(6) C
(7) D　(8) D　(9) D　(10) C　(11) D　(12) C
(13) B　(14) A　(15) A　(16) B　(17) A　(18) C
(19) B　(20) A　(21) B　(22) C　(23) C　(24) B
(25) C　(26) C　(27) A　(28) B　(29) D　(30) C
(31) D　(32) C　(33) A　(34) D　(35) A　(36) C
(37) B　(38) B　(39) C　(40) C　(41) A　(42) C
(43) C　(44) B　(45) A　(46) B　(47) D　(48) B
(49) A

3. 填空题

(1) 声卡　(2) 1024　(3) MPEG-1　(4) GIF 或 gif
(5) 字形　(6) 人造或合成　(7) 流　(8) MPEG-2
(9) 取样　(10) 格式　(11) 80　(12) 超文本标记
(13) 超文本　(14) PDF　(15) 256

第 6 章　计算机信息系统与数据库技术

1. 判断题

(1) T　(2) T　(3) F　(4) T　(5) T　(6) T
(7) F　(8) T　(9) F　(10) T

2. 单项选择题

(1) C	(2) A	(3) B	(4) A	(5) C	(6) A
(7) C	(8) B	(9) D	(10) B	(11) D	(12) C
(13) A	(14) C	(15) D	(16) D	(17) C	(18) D
(19) C	(20) D	(21) A	(22) A	(23) C	(24) C
(25) A	(26) B	(27) B			

3. 填空题

(1) 业务逻辑层　(2) 模式名,属性名　(3) 连接,选择　(4) 资源管理

(5) 小于等于 m　(6) 关系　(7) 资源管理层　(8) DBMS

(9) CREATE VIEW

参考文献

[1] 孙福炎,孙志挥.大学计算机信息技术教程[M].南京:南京大学出版社,2015.
[2] 周洁波,王丁.计算机组装与维护[M].北京:人民邮电出版社,2008.
[3] 蔡绍稷,吉根林.大学计算机基础[M].南京:南京师范大学出版社,2010.
[4] 李宛洲.计算机软件技术基础[M].北京:机械工业出版社,2010.
[5] 陈一明,吴良海.程序设计基础与实验教程[M].上海:复旦大学出版社,2012.
[6] 吴小刚.SQL Server 2005 数据库原理与实训教程[M].北京:北京交通大学出版社,2010.
[7] 肖朝晖,罗娅.计算机网络基础[M].北京:清华大学出版社,2010.
[8] 黄荣怀.数字媒体技术与应用[M].北京:中央广播电视大学出版社,2011.
[9] 邓良松,刘海岩,陆丽娜.软件工程[M].2 版.西安:西安电子科技大学出版社,2004.
[10] 周丽娟,王洁,徐敏.数据库应用系统设计与实践[M].北京:中国铁道出版社,2010.